Lecture Notes in Mathematics

Edited by A. Dold and B. Eckmann

890

Model Theory and Arithmetic

Comptes Rendus d'une Action Thématique
Programmée du C.N.R.S. sur la Théorie
des Modèles et l'Arithmétique,
Paris, France, 1979/80

Edited by C. Berline, K. McAloon, and J.-P. Ressayre

Springer-Verlag
Berlin Heidelberg New York 1981

Editors

Chantal Berline
Université Paris VII, U.E.R. de Mathématiques
Tour 45–55, 5éme Etage, 2, Place Jussieu
75251 Paris Cedex 05, France

Kenneth McAloon
Brooklyn College of C.U.N.Y.
Brooklyn, New York 11210, USA

Jean-Pierre Ressayre
129 Rue Marceau, 91120 Palaiseau, France

AMS Subject Classifications (1980): 03-06, 03C55, 03C65, 03H15

ISBN 3-540-11159-X Springer-Verlag Berlin Heidelberg New York
ISBN 0-387-11159-X Springer-Verlag New York Heidelberg Berlin

CIP-Kurztitelaufnahme der Deutschen Bibliothek
Model theory and arithmetic: actes d'une action thémat. programmée du CNRS sur la théorie des modèles et arithmét., Paris, France, 1979/80 / ed. by C. Berline ... – Berlin; Heidelberg; New York: Springer, 1981. (Lecture notes in mathematics; Vol. 890)
ISBN 3-540-11159-X (Berlin, Heidelberg, New York) ISBN 0-387-11159-X (New York, Heidelberg, Berlin)
NE: Berline, Chantal [Hrsg.]; Centre National de la Recherche Scientifique <Paris>; GT

Printing and binding: Beltz Offsetdruck, Hemsbach/Bergstr.
2141/3140-543210

PREAMBULE

Depuis les années soixante-dix, on assiste à un renouveau de l'étude des systèmes axiomatiques de l'Arithmétique, notamment par les méthodes sémantiques de la théorie des modèles. Ce recueil de textes témoigne de la variété des techniques appliquées actuellement et des thèmes abordés. Il est le fruit d'une Action Thématique Programmée du C.N.R.S., qui s'est déroulée en 1979-1980 dans le Laboratoire de Théories Géométriques, Laboratoire de l'Université Paris VII, associé au Centre National de la Recherche Scientifique.

Cette A.T.P. s'est structurée autour d'un séminaire et de divers groupes de travail et a accueilli de nombreux participants. Les textes qui suivent sont basés sur le travail et les exposés faits à cette occasion. Nous avons placé en tête les 2 articles qui fournissent une introduction au sujet ; les autres textes sont présentés par ordre alphabétique des auteurs, solution retenue vu la diversité des contributions.

Nous tenons à remercier Mlle M.T. Gschwendtner et son équipe administrative à l'U.E.R. de mathématiques de l'Université Paris VII, spécialement Mmes J. Arpin et C. Pradier, qui ont assuré avec soin la dactylographie, et Mlle C. Valentin sur qui reposait la reproduction et diffusion régulière des documents de l'A.T.P.

Ch. Berline, K. Mc. Aloon, J.P. Ressayre

PREAMBULE

TABLE DES MATIÈRES

MODELS OF PEANO ARITHMETIC
(A SURVEY OF BASIC RESULTS)

Anand PILLAY

1. PRELIMINARIES.

L, the language for Peano arithmetic has as symbols 0,+,.,S. Let P^- be the set of axioms which say :

1) Both + and · are commutative and associative binary operations and · is distributive over + .

2) S is a one-one unary operation, and everything is in its range except for 0.

3) $\forall x(x+0 = x)$, $\forall x(x.0 = 0)$, $\forall xy((x+Sy) = S(x+y))$
$\forall xy(x.Sy = x.y + x)$.

4) Writing $x \leq y$ for $\exists x(x+z = y)$, then $\leq$ is a total order, and if $x \neq 0$, then $S0 \leq x$.

Let I (the induction schema) say : for every formula $\Theta(x,\overline{u})$ of L,

$$(\forall\overline{u})(\Theta(0,\overline{u}) \wedge (\forall x)(\Theta(x,\overline{u}) \longrightarrow \Theta(Sx,\overline{u})) \longrightarrow (\forall x)(\Theta(x,\overline{u}))).$$

Then P, Peano arithmetic is (axiomatised by) $P^- \cup I$. Note that we could have economised on the axioms, but we do it as above so as to measure the strength of some subsystems.

A formula is said to be in the class $\Sigma_0 = \Pi_0$ if it is of the form $Q_1x_1 < t_1\ Q_2x_2 < t_2 \ldots Q_nx_n < t_n\ \Theta$, where Θ is without quantifiers, the Q_i are $\exists$ or $\forall$ and the t_i are terms or variables.

A formula is said to be Σ_{k+1} if it is of the form $\exists x_1x_2\ldots x_n\Theta$, where Θ is Π_k. Similarly a formula is Π_{k+1} if it is $\forall x_1\ldots x_n\Theta$ for some Θ in Σ_k.

$I\Sigma_k$ refers to the induction schema for formulae $\Theta(x,\bar{u})$ which are in Σ_k. Similarly for $I\Pi_k$. Then, if we assume $P^- \cup I\Sigma_0$, any Σ_k formula is equivalent to a Σ_k formula whose quantifiers are alternating, i.e. of the form $\exists x_1\ \forall x_2\ldots Qx_k\Theta$ (where Θ is Σ_0). This can be done by means of a pairing function, both itself and its inverses being defined in $P^- \cup I\Sigma_0$.

The work of Paris and Kirby (see eg. [3]) has shown the importance of the following "collection" schema. B (collection schema) is the following : for each formula $\Theta(x,y,\bar{u})$,

$$\forall\bar{u}\ \forall x_0(\forall x < x_0\ \exists y\Theta(x,y,\bar{u}) \longrightarrow \exists y_0\ \forall x < x_0\ \exists y < y_0\Theta(x,y,\bar{u}))$$

L (least number schema) says : for each formula $\Theta(x,\bar{u})$

$$\forall\bar{u}(\exists x\ \Theta(x,\bar{u}) \longrightarrow (\exists x)(\Theta(x,\bar{u}) \wedge \forall y(y < x \longrightarrow \neg\Theta(y,\bar{u})))).$$

Again $B\Sigma_k$, $L\Sigma_k$ etc. refer to these schemas restricted to Σ_k etc. formulae. We have (cf. [3]).

<u>PROPOSITION 1</u> - Let M be a model of $P^- \cup I\Sigma_0$. Then for all $n < \omega$

i) $M \models I\Sigma_n \Leftrightarrow M \models I\Pi_n \Leftrightarrow M \models L\Sigma_n \Leftrightarrow M \models L\Pi_n$.

ii) $M \models B\Sigma_{n+1} \Leftrightarrow M \models B\Pi_n$.

iii) $M \models I\Sigma_{n+1} \Rightarrow M \models B\Sigma_{n+1}$ and $M \models B\Sigma_{n+1} \Rightarrow M \models I\Sigma_n$.

It clearly follows from Proposition 1 that if $M \models P^- \cup I\Sigma_0$ then $M \models$ Peano iff $M \models B$ iff $M \models L$.

We note that due to the fact that the minimum schema L holds in models of P, we have definable Skolem functions. Namely, for every formula $\varphi(v,\bar{u})$ of L there is a formula $\varphi'(v,\bar{u})$ such that

$$P \vdash \forall\bar{u}((\forall v)(\varphi'(v,\bar{u}) \longrightarrow \varphi(v,\bar{u}))$$

$$P \vdash \forall\bar{u}((\exists v)\varphi(v,\bar{u}) \longrightarrow (\exists v)\varphi'(v,\bar{u}))) \quad \text{and}$$

$$P \vdash \forall\bar{u}\ \exists^{=1} v\ \varphi'(v,\bar{u}) .$$

For we simply let $\varphi'(v,\bar{u})$ say : v is the smallest x such that $\varphi(x,\bar{u})$, if such an x exists, and otherwise v = 0. Then by standard model theory, if M is a model of $\mathbb{P}$, X is a subset of M, and M' is the substructure of M consisting of elements definable from X (i.e. definable in M by formulae with parameters from X), then actually M' is an elementary substructure of M. This gives us a simple way of constructing models.

2. END EXTENSIONS.

Some results here can be obtained at a greater level of generality. So let us place ourselves in a language L' which is countable and which contains, among other things, a binary relation symbol <. We restrict our attention to those L' structures M in which < is a total ordering of M.

Then we say that N is an end extension of M, if $M \subseteq N$, and whenever $a \in M$, $b \in N$ and $N \models b < a$, then $b \in M$. We write $M \subseteq_e N$. If in addition, N is an elementary extension of M, then we say that N is an end elementary extension of M, and write $M \prec_e N$.

Let the Regularity schema say the following : for each formula $\varphi(x,y,\bar{u})$ of L',

$$\forall y\ \forall\bar{u}[(\exists \text{ arbitrarily large } x)(\exists y_0 < y)\varphi(x,y_0,\bar{u}) \longrightarrow$$

$$(\exists y_0 < y)(\exists \text{ arbitrarily large } x)\varphi(x,y_0,\bar{u})] .$$

It also makes sense to talk of the collection schema B in the context of the L' structures that we are considering. We have :

<u>THEOREM 2</u> - Let M be a countable model. Then the following are equivalent.

i) M has a proper end elementary extension.

ii) M satisfies the Regularity schema

iii) M satisfies B

<u>Proof</u>. We show ii) $\longrightarrow$ i) $\longrightarrow$ iii) $\longrightarrow$ ii) .

ii) $\longrightarrow$ i). We use omitting types. Let c be a new constant and $T' = Th(M,a)_{a\in M} \cup \{c > a : a \in M\}$. For each $a \in M$, let p_a be the set of formulae $\{x < a\} \cup \{x \neq b : b \in M, M \models b < a\}$. If suffices to show that T' has a model which omits each p_a. (for then the L' reduct of such a model will be a proper end elementary extension of M. So as there are only countable many of the p_a, and by the omitting types theorem, it is enough to show that for each p_a, there is <u>no</u> formula $\psi(x)$ (in L(T')) which is consistent with T' and such that $T' \vdash \psi(x) \longrightarrow p_a(x)$. So suppose that for a given a, there is such a formula. Such a formula can be written as $\Theta(x,c)$, and also has parameters from M. So we have :

a) $T' \cup \Theta(x,c)$ is consistent.

b) $T' \vdash \forall x(\Theta(x,c) \longrightarrow x < a)$, and

c) $T' \vdash \forall x(\Theta(x,c) \longrightarrow x \neq b)$, for all $b < a$ in M.

From a) it clearly follows that for arbitrarily large y in M, there is x in M such that $M \models \Theta(x,y)$. Moreover by b) and compactness there is $a' \in M$ such that $M \models (\forall y > a')(\forall x)(\Theta(x,y) \longrightarrow x < a)$. Thus $M \models (\exists$ arbitrarily large $y)(\exists x < a)\Theta(x,y)$. So applying the regularity schema, it follows that there is $b < a$ in M such that $M \models (\exists$ arbitrarily large $y)\ \Theta(b,y)$. But by c) above and compactness, there is $a'' \in M$ such that

$$M \models (\forall y > a'')\ \neg\Theta(b,y)$$

This contradiction proves ii) $\longrightarrow$ i).

i) $\longrightarrow$ iii). Let $M \prec_e K$, and suppose that

$$M \models \forall x < a \quad \exists y \Theta(x,y), \text{ where } \Theta \text{ may have parameters in M.}$$

For each $x < a$ in M, let $b_x \in M$ be such that

$M \models \Theta(x,b_x)$

Thus also $K \models \Theta(x,b_x)$ for all $x < a$, $x \in M$. And as $M \subset_e K$ we must have

$K \models \Theta(x,b_x)$ for all $x < a$, $x \in K$.

Let $b \in K - M$. So $K \models (\forall x < a)(\exists y < b)\Theta(x,y)$.

Thus $M \models (\exists y_0)(\forall x < a)(\exists y < y_0)\Theta(x,y)$, as $M \prec K$, and we finish.

iii) $\longrightarrow$ ii) Assume that M satisfies B. Suppose also that there are arbitrarily large x in M such that

$$M \models (\exists y < y_0)\Theta(x,y) \qquad (*)$$

but that for each $y < y_0$, $\{x \in M : M \models \Theta(x,y)\}$ is bounded.

Then $M \models (\forall y < y_0)(\exists z)(\forall x > z)\neg\Theta(x,y)$.

Now by schema B

$M \models (\exists z_0)(\forall y < y_0)(\exists z < z_0)(\forall x \geq z)\neg\Theta(x,y)$.

This clearly says $M \models (\forall y < y_0)(\forall x > z_0)\neg\Theta(x,y)$, which contradicts (*). Thus iii) $\longrightarrow$ ii).

Applying the above result to models in L, the language of arithmetic, and using the remark following Proposition 1, we have the following :

<u>COROLLARY 3</u> - Let $M \models P^- \cup I\Sigma_0$, M countable. Then M is a model of Peano if and only if M has an end elementary extension.

By [2] , for example, this is <u>still</u> true if M is an uncountable model.

3. RECURSION THEORY AND PEANO ARITHMETIC.

We now return to L, the language of arithmetic.
$\mathbb{N}$ is the standard model, i.e. the "real" natural numbers (with +,• etc.). It is clear that for every $M \models P$, we have $\mathbb{N} \subseteq_e M$ in a unique way. Also note that we have $\mathbb{N} \prec M$ iff $\mathbb{N} \equiv M$.

We say that a formula $\Theta(\overline{x})$ is $\Sigma_n(P)$ if there is a Σ_n formula $\psi(\overline{x})$ such that $P \vdash \Theta(\overline{x}) \longleftrightarrow \psi(\overline{x})$. Similarly with $\Pi_n(P)$. $\Theta(\overline{x})$ is said to be $\Delta_n(P)$ if it is both $\Sigma_n(P)$ <u>and</u> $\Pi_n(P)$. Now one can make some preliminary observations on the strength of P.

<u>PROPOSITION 4</u> - If Θ is a sentence in Σ_1, then

$$\mathbb{N} \models \Theta \quad \text{iff} \quad P \vdash \Theta.$$

<u>Proof</u>. Θ is of form $\exists \overline{x}\, \psi(\overline{x})$, for some ψ in Σ_0 (i.e. for some ψ which has only bounded quantifiers). Then one checks, by induction on the complexity of such a formula, that for all $\overline{a} \in \mathbb{N}$, $\mathbb{N} \models \psi(\overline{a})$ iff $P \vdash \psi(\overline{a})$.

<u>COROLLARY 5</u> - P is <u>complete</u> on $\Delta_1(P)$ sentences

REPRESENTABILITY OF RELATIONS AND FUNCTIONS.

We work in the "real model", and look at recursive functions and relations, and formulae which can define them in the model. Recall that the <u>primitive recursive functions</u> are those obtained from the constant functions, projection functions ($(x_1 .. x_n) \longrightarrow x_i$) and the successor function, by closing under the operations of composition and primitive recursion. The <u>recursive functions</u> are obtained from the primitive recursive functions by closing under the μ operator (least number such that...). Note that a recursive function need not be total.

A relation ($R \subseteq \mathbb{N}^n$) is said to be <u>recursive,</u> if its characteristic function is recursive. A relation is <u>recursively enumerable</u> if it is the projection of a recursive relation.

<u>Fact 6</u> - $R \subseteq \mathbb{N}^n$ is recursive iff both R and $\mathbb{N}^n$ - R are recursively enumerable.

A relation R (by convention $\subseteq \mathbb{N}^n$ for some n) is said to be represented in $\mathbb{N}$ by the formula $\Theta(\overline{x})$, if for all $\overline{a} \in \mathbb{N}^n$, $\overline{a} \in R$ iff $\mathbb{N} \models \Theta(\overline{a})$. We normally represent a function by representing its graph.

Fact 7 - Let $A \subseteq \mathbb{N}^n$ be nonempty. Then A is recursively enumerable if and only if [there are primitive recursive sequences $f_1,\ldots,f_n$ such that for all $\overline{a} = (a_1\ldots a_n) \in \mathbb{N}^n$ $\overline{a} \in A$ if and only if $\exists y(f_1(y) = a_1 \wedge \ldots \wedge f_n(y) = a_n)$].

We now observe that the graph of a primitive recursive function is represented by a Σ_1 formula. Looking at the definition of primitive recursive functions, it is clear that the only nontrivial thing is to check that having Σ_1 representation is preserved under primitive recursion. So suppose that the functions $g(\overline{x})$ and $h(\overline{x},y,z)$ have graphs represented by Σ_1 formulae, and that f is obtained from g and h by primitive recursion, namely $f(\overline{x},0) = g(\overline{x})$, $f(\overline{x},y+1) = h(\overline{x},y,f(\overline{x},y))$. We must show that f's graph is Σ_1.

Recall Gödel's β-function : $\beta(x,y,z)$ = remainder when x is divided by $y(z+1) + 1 = rm(x,y(z+1) + 1)$. Clearly $rm(x,y) = z$ has Σ_1 representation. Moreover using the Chinese Remainder Theorem, it can easily be shown that if $n \geq 0$, and $r_0,\ldots r_n \in \mathbb{N}$, then there are a and c such that $\beta(c,a,i) = r_i$ for $i \leq n$.

So given g and h as above, let us define.

$$(f(\overline{x},y) = z) = \exists u\, \exists v[\beta(u,v,0) = g(\overline{x}) \wedge$$

$$\wedge\ \forall t < y(h(\overline{x},t,\beta(u,v,t)) = \beta(u,v,t+1)) \wedge \beta(u,v,y) = z]$$

This (by induction) clearly gives us the correct definition of f, and so as g and h have Σ_1 graphs, so does f.

It follows from this and Fact 7 that

Fact 8 - Let $A \subseteq \mathbb{N}^n$. Then A is recursively enumerable if and only if there is a Σ_1 formula $\varphi(\overline{x})$ such that for all $\overline{a} \in \mathbb{N}^n$, $\overline{a} \in A$ iff $\mathbb{N} \models \varphi(\overline{a})$.

So recursively enumerable sets are represented by Σ_1 formulae. So by Fact 6, if R is a recursive relation, then R is represented both by a Σ_1 and a Π_1 formula. We say that R is Δ_1.

It is easy to see that if $f(\overline{x})$ is a recursive function then its graph is Σ_1 (use above fact that Σ_1 representation is preserved by primitive recursion, and the obvious fact that it is preserved by the μ operator). If f is in addition total, then its graph is Δ_1. (Also a function with Δ_1 graph is recursive).

The recursive functions which are "proved to be total" in P form an important class.

DEFINITION 9 - f is said to be provably recursive if there is a Σ_1 formula $\Theta(\overline{x},y)$ which represents "$f(\overline{x}) = y$" such that $P \vdash \forall\overline{x}\ \exists^{=1}y\ \Theta(\overline{x},y)$.

Note that if f is provably recursive, then it is $\Delta_1(P)$ (also represented by a Π_1 formula).

Fact 10 - The primitive recursive functions are provably recursive.

Proof. Look at the definition of f from g and h before Proposition 8 and show that if g and h are proved total in P, so is f.

Note : The results on indicators by Paris & Kirby give rise to interesting recursive, non provably-recursive functions.

Matiyasevich's Theorem (1970) - states that every recursively enumerable relation is diophantine. i.e. for any rec. en. relation $A \subseteq \mathbb{N}^n$, there is a polynomial $p(\overline{x},\overline{y})$ with integer coefficients such that for $\overline{a} \in \mathbb{N}$

$$\overline{a} \in A \text{ iff } (\exists\overline{y})(p(\overline{a},\overline{y}) = 0)$$

Thus the relations on $\mathbb{N}$ which can be defined by Σ_1 formulae are precisely those which can be defined by existential ($\exists_1$) formulae. (that is we can get rid of bounded quantifiers, replacing them eventually by existential ones). It turns out that the axioms of P are enough to prove Matiyasevich's Theorem. Thus :

Fact 11 - For any Σ_1 formula $\Theta(\overline{x})$ there is an existential formula $\psi(\overline{x})$ such that $P \vdash (\forall\overline{x})(\Theta(\overline{x}) \longleftrightarrow \psi(\overline{x}))$.

We know that existential formulae are persistent upwards in models. Thus the same is now true of Σ_1 formulae in models of $\mathbb{P}$. Thus it is clear that if $\Theta(\overline{x})$ is $\Delta_1(P)$, and $M \subseteq K$ are models of $\mathbb{P}$ and $\overline{a} \in M$, then $M \models \Theta(\overline{a}) \Leftrightarrow K \models \Theta(\overline{a})$, or otherwise said $\Delta_1(P)$ formulae are absolute in models of P. This generalises Corollary 5.

We now state without proof some more preservation theorems of this kind. These are due to Gaifman [1].

THEOREM 12 - Suppose that $M \models P$ and $M \subseteq K$, where $\leq$ is a total ordering on K, and M is cofinal in K. Then the following are equivalent.

i) $M \prec K$

ii) $K \models P$

iii) for all $\forall_{\leq}\ \exists_{\leq}$ formulae (namely formulae built from a quantifier free formula by a string of bounded existential quantifiers preceded by a string of bounded universal quantifiers) $\Theta(\overline{x})$ and $\overline{a} \in M$, $M \models \Theta(\overline{a}) \Rightarrow K \models \Theta(\overline{a})$.

iv) for all $\forall\exists$ formulae $\Theta(\overline{x})$, and $\overline{a} \in M$,

$$M \models \Theta(\overline{a}) \Rightarrow K \models \Theta(\overline{a})$$

THEOREM 13 - If $M \models P$ and $I \subseteq_e M$, then for $\Theta(\overline{x})$ a Σ_0 formula and $\overline{a} \in I$, $M \models \Theta(\overline{a}) \Leftrightarrow I \models \Theta(\overline{a})$.

THEOREM 14 - Suppose $M \subseteq K$ are both models of P. Let $\overline{M} = \{a \in K : \exists b \in M, K \models a < b\}$. Then $\overline{M} \subseteq_e K$ and $M \prec \overline{M}$.

It follows from Theorem 14, that a formula is persistent upwards for models of P iff it is persistent upwards for those pairs of models of P where one is an end-extension of the other.

4. FORMALISATION OF SATISFACTION AND SOME CONSEQUENCES.

We can associate with each symbol of the language a number, and using this, represent terms and formulae of L by natural numbers, called their codes. So if φ is a formula, $\ulcorner\varphi\urcorner$ will be its code. We will have $\Delta_1(P)$ formulae T and F such that for any number n, n is the code of a term iff $\mathbb{N} \models T(n)$ and n is the code of a formula if $\mathbb{N} \models F(n)$. This can be done such that the following holds. For each $k \geq 0$ there is a formula. $Sat_{\Sigma_k}(x_0,\dots,x_n)$ which is $\Delta_1(P)$ for $k = 0$, and $\Sigma_k(P)$ for $k > 0$ such that for any Σ_k formula $\varphi(x_1,\dots,x_n)$

$$P \vdash (\forall x_1,\dots,x_n)(\varphi(x_1,\dots,x_n) \longleftrightarrow Sat_{\Sigma_k}(\ulcorner\varphi\urcorner,x_1,\dots,x_n))$$

<u>Fact 15 (Overspill)</u> - Let M be a nonstandard model of $\mathbb{P}$ $(M \neq \mathbb{N})$, and I any proper initial segment of M with no last element. Then I is not definable (with parameters) in M.

<u>Proof</u>. Suppose that I was definable by $\varphi(x,\overline{a})$ in M. Then as I is proper $\{x : M \models \neg\varphi(x,\overline{a})\}$ is nonempty, so by the schema L, it has a least element, say a_0. But then $a_0 - 1 \in I$, and must be the last element of I, contradicting our assumption.

<u>THEOREM 6 (Saturation of nonstandard models)</u> - Suppose that M is a nonstandard model of $\mathbb{P}$. Let $p(\overline{x},\overline{y})$ be a recursive set of Σ_k formulae (i.e. the set of codes of formulae in p is recursive). Suppose that $\overline{c} \in M$ and $p(\overline{x},\overline{c})$ is finitely satisfiable in M. Then $p(\overline{x},\overline{c})$ is satisfiable in M.

<u>Proof</u>. As p is a <u>recursive set</u> there is a formula ψ which is $\Delta_1(P)$ and represents the set of codes of formulae in p. So as $p(\overline{x},\overline{c})$ is finitely satisfiable in M, for each $j \in \mathbb{N}$, $M \models \exists\overline{x}\ \forall i < j(\psi(i) \longrightarrow Sat_{\Sigma_k}(i,\overline{x},\overline{c}))$. By Fact 15, $\mathbb{N}$ cannot be definable in M, so there must be $j > \mathbb{N}$ such that

$$M \models \exists\overline{x}\ \forall i < j\ (\psi(i) \longrightarrow Sat_{\Sigma_k}(i,\overline{x},\overline{c}))$$

Let $\overline{b}$ be such an $\overline{x}$. Then for each $i \in \mathbb{N}$ which is a code of a formula φ in p, as $i < j$, we will have $M \models Sat_{\Sigma_k}(i,\overline{b},\overline{c})$, and so $M \models \varphi(\overline{b},\overline{c})$. So $\overline{b}$ realises $p(\overline{x},\overline{c})$.

Let again M be a <u>nonstandard</u> model of $\mathbb{P}$ and $a_0,\dots,a_n$, $b_0,\dots,b_n$ be in M. We write

$\langle a_0,a_1,\dots,a_n\rangle \equiv_0 \langle b_0,b_1,\dots,b_n\rangle$ to mean that these two sequences have the same Σ_0 type in M.

PROPOSITION 17. (Homogeneity of nonstandard models) - Suppose that $<a_0,\dots,a_n> \equiv_0 <b_0,\dots,b_n>$ in M, and $\alpha \in M$, $\alpha < a_0$. Then there is $\beta \in M$ such that

$$<a_0,a_1,\dots,a_n,\alpha> \equiv_0 <b_0,b_1,\dots,b_n,\beta>.$$

Proof. Assume that $<a_0,\dots,a_n> \equiv_0 <b_0,\dots,b_n>$. Let $\varphi_1,\dots,\varphi_r$ be a finite collection of Σ_1 formulae such that $M \models \varphi_i(a_0,\dots,a_n,\alpha)$ for each i.
So $M \models \bigwedge_{i\le r} \varphi_i(a_0,\dots,a_n,\alpha)$, and so $M \models \exists x < a_0 \bigwedge_{i\le r} \varphi_i(a_0,\dots a_n,x)$. This last formula is Σ_0, so we have

$$M \models \exists x < b_0 \bigwedge_{i\le r} \varphi_i(b_0,\dots,b_n,x) .$$

So clearly, for each $j < \omega$

(*) $\quad M \models \exists x < b_0 \; \forall i < j \; (Sat_{\Sigma_0}(i,a_0,\dots,a_n,\alpha) \longleftrightarrow Sat_{\Sigma_0}(i,b_0,\dots,b_n,x))$.

Again using overspill, there is an infinite j for which (*) holds. Take β for the x which is given to us, and clearly $<a_0,\dots,a_n,\alpha> \equiv_0 <b_0,\dots,b_n,\beta>$.

Using Proposition 17, and a standard back and forth argument, we deduce :

PROPOSITION 18 - Let M be a countable nonstandard model of $\mathbb{P}$, and $a_0,b_0 \in M$ such that $<a_0> \equiv_0 <b_0>$. Then defining $\le a_0$ to be $\{x \in M : M \models x \le a_0\}$ and similary for b_0, there is an isomorphism $f : \le a_0 \xrightarrow{\sim} \le b_0$.

PROPOSITION 19 - Let M be a nonstandard model of P. Then there are a, $\gamma \in M$, γ infinite, such that

$$\{b \in M : M \models \forall e < \gamma(Sat_{\Sigma_0}(e,a) \longrightarrow Sat_{\Sigma_0}(e,b))\}$$

is unbounded.

Proof. For each $j < \omega$, Let Ψ_j be the set of Σ_0 formulae $\varphi(x)$ which have code number $< j$. Ψ_j is finite. So there is an unbounded set A in M such that all a,b in A have the same Ψ_j-type. Choose $a \in A$, so

(*) $M \models \exists a \, \forall z \, \exists b > z \; \forall e < j(Sat_{\Sigma_0}(e,a) \longleftrightarrow Sat_{\Sigma_0}(e,b))$

So again (*) is true for some infinite j. Put $\gamma = j$ and the Proposition is proved.

THEOREM 20 (Friedman) - Let M be a countable nonstandard model of P. Then there is a proper $I \subset_e M$ such that $I \simeq M$.

Proof. Let $a, \gamma \in M$ be as given by Proposition 19. By Corollary 3, M has a countable end elementary extension, K say. For arbitrarily large $b \in M$,

$$K \models (\forall e < \gamma)(\mathrm{Sat}_{\Sigma_0}(e,a) \longrightarrow \mathrm{Sat}_{\Sigma_0}(e,b)) .$$

So by overspill, there is $c \in K$, $c > M$ such that

$$K \models (\forall e < \gamma)(\mathrm{Sat}_{\Sigma_0}(e,a) \longrightarrow \mathrm{Sat}_{\Sigma_0}(e,c)) .$$

As γ is infinite, it follows that $\langle a\rangle \equiv_0 \langle c\rangle$ in K. So by Proposition 18, there is an isomorphism

$$f : \leq c \xrightarrow{\sim} \leq a$$

Then $f \restriction M$ is clearly an isomorphism of M with a proper initial segment of itself.

We have made extensive use of lecture notes from J. Paris here.

REFERENCES.

[1] H. GAIFMAN - Models of Arithmetic. Conference in Mathematicel Logic 1970 London, Springer Lecture Notes.

[2] H. GAIFMAN - Models and Types of Peano arithmetic. Annals of Mathematicel Logic 1976.

[3] L. KIRBY - Ph. D. Thesis - Manchester 1977.

Anand Pillay
73 Twyford avenue.
London N.2 9NP
Great Britain

CUTS IN MODELS OF ARITHMETIC

Anand PILLAY

We here develop, following Kirby's thesis and work by Kirby and Paris, the model theory of cuts in models of Peano's arithmetic. By looking at properties of cuts (or initial segments) of models, one is able to make a finer analysis of properties of models of P. For example, we know that if M is a model of $P^- \cup I\Sigma_0$ then M is a model of P iff M has an elementary end extension iff M has a "definable" elementary end extension. However there can be a cut I of M such that M has an elementary I-extension, but does not have an I-definable elementary I-extension. We here prove equivalences of combinatoric, arithmetic and model-theoretic properties of cuts. We do not here go into the theory of indicators, although we mention it. It is with indicators (definable functions which "tell" one if there is a cut of a certain kind in between a and b, say) that the specificity of Peano arithmetic really comes into play (namely that one can to some extent talk about truth in a model, in the model). With indicators and the important notion of symbioticity of cuts, independence results can be obtained.

M is a nonstandard countable model of P. A proper subset I of M is said to be an initial segment of M, $I \subset_e M$ if I has no last element and whenever $a \in I$ and $M \models b < a$, then $b \in I$. We also refer to I as a cut in M. (I clearly determines a cut in M). If $M \prec K$, then K is said to realise the cut (determined by) I, if there is $c \in K$ such that $K \models I < c < M-I$. K is said to be an I-end elementary extension of M, in symbols $M \prec_I K$ if K realises the cut I and $I \subset_e K$.

By a definable subset of M (or of M^n) we always mean a subset first order definable in M possibly with parameters from M. Let $I \subseteq_e M$ and $X \subseteq I^n$. X is said to be coded in M if there is a definable (bounded) set $A \subseteq M^n$ such that $X = A \cap I^n$.

Recall that $I\Sigma_n$ is the induction schema for Σ_n formulae, and $B\Sigma_n$ is the collection schema for Σ_n formulae. Now suppose $I \subseteq_e M$. We will say that $I \models I^*\Sigma_n$ if : whenever $\theta(x,x_1,\dots,x_n)$ is a formula with parameters in M and $A = \{x \in I : \exists x_1 \in I\ \forall x_2 \in I \dots\dots Qx_n \in I\ \ M \models \theta(x,x_1,\dots,x_2)\}$ is nonempty, then A has a least element.

Similarly we say that $I \models B^*\Sigma_n$ if whenever $\theta(x,y,x_1,x_2,\dots,x_n)$ is a formula with parameters in M, $a \in I$ and $\forall x < a\ \exists y \in I\ \exists x_1 \in I\ \forall x_2 \in I \dots Qx_n \in I\ M \models \theta(x,y,x_1,\dots,x_n)$ then there is $b \in I$ such that

$$\forall x < a\ \exists y < b\ \exists x_1 \in I\ \forall x_2 \in I \dots\dots Qx_n \in I\ \ M \models \theta(x,y,x_1,\dots,x_n)\ .$$

We also remark that if $I \subset_e M$ then there is $K \succ_{\neq} M$ which realises the cut I (by compactness, as I has no last element).

We now begin to define some properties of initial segments. These can be seen as closure properties, or as analogs of properties of regular cardinals.

DEFINITION 1 - $I \subset_e M$ is semiregular if whenever $F : < a \to M$ is a function coded in M and $a \in I$, then $F(<a) \cap I$ is bounded in I.

(To say that F as above is coded in M just means that there is formula $\varphi(x,y)$ (maybe with parameters in M) such that $M \models \forall x < a\ \exists^{=1}y\ \varphi(x,y)$, and $\forall x < a\ \forall y$ $M \models \varphi(x,y)$ iff $F(x) = y$.

Clearly $\mathbb{N}$, the standard model is semiregular in M, because for any $a \in \mathbb{N}$, $(<a)$ ($= \{x \in M : M \models x < a)$ is really finite, and so its image under a function is really finite.

PROPOSITION 2 - $I \subset_e M$ is semiregular if and only if $I \models I^*\Sigma_1$ (of course relative to M).

Proof $\Rightarrow$ So suppose that $\varphi(x,y)$ is a formula with parameters in M, and $\exists x \in I\ \exists y \in I\ \ M \models \varphi(x,y)$. We must find a least such x. Let us pick some $a \in I$ such that $\exists y \in I\ \ M \models \varphi(a,y)$. Define for $x < a$, $f(x)$ to be the least y (in M) such that $M \models \varphi(x,y)$ if such a y exists, and to be some fixed $c > I$ otherwise. (f is definable in M, as $M \models P$). So we have $f : {<a} \to M$ is coded in M. So by semiregularity of I there is $b \in I$ such that for all $x < a$, $f(x) \in I$ iff $f(x) < b$. Now define in M, a' to be the least $x < a$ such that $f(x) < b$ (again a' exists as $M \models P$). So a' is the least x such that $f(x) \in I$, and so clearly a' is the least x such that $\exists y \in I\ M \models \varphi(x,y)$. $a' \in I$ as $I \subseteq_e M$. So we finish.

$\Leftarrow$ Suppose that $f : {<a} \to M$ is coded in M. We may assume that f is increasing. Consider $A = \{x \in I : \exists y \in I\ \ M \models f(a-x) = y\}$. If A is empty then $f(x) > I$ for all $x < a$ and clearly $f({<a}) \cap I$ is bounded in I. So we assume A nonempty and so by $I^*\Sigma_1$. A has a least element, a' say. Then, as f is increasing, for all $x < a$, $f(x) \in I \Rightarrow f(x) \leq f(a-a')$, and so $f({<a}) \cap I$ is bounded in I.

It easily follows that if I is semiregular in M then I is closed under addition, multiplication and exponentiation. So I is a substructure of M. Also, as an L-structure in its own right we have $I \models I\Sigma_1$. This is because, if $\theta(x,y)$ is a Σ_0 formula with parameters in I, then for all $a,b \in I$, $I \models \theta(a,b)$ iff $M \models \theta(a,b)$. (See [1]). Thus $I \models \exists x\ \exists y\ \theta(x,y)$ iff $\exists x \in I\ \exists y \in I\ M \models \theta(x,y)$, and we use Proposition 2.

One can show that for any $a \in M$, there is $I \subseteq_e M$ with $a \in I$, and I semiregular in M (See [3]).

Another important property of a semiregular cut I of M is that if $A \subseteq I$ is coded in M, then A is order isomorphic to I by a function definable in M.

DEFINITION 3 - $I \subseteq_e M$ is said to be regular if whenever $f : I \to {<a}$ is a function coded in M, and $a \in I$ then there is an unbounded $A \subseteq I$ such that f on A is constant. (Compare with the Regularity schema in [1]).

We can immediately observe that a regular initial segment is semiregular. For suppose that $f : {<a} \to M$ is coded in M, and increasing. Put $A_i = [f(i-1), f(i)) \cap I$, for $i < a$. We may assume that $\langle A_i : i < a\rangle$ is a partition of I. So then by semiregularity, some A_i is unbounded in I, whereby we must have $f(i-1) \in I$ and $f(i) > I$. Si $f(<a) \cap I$ is bounded by $f(i-1)$. The converse is false.

Compare the following to Theorem 2 of [1].

THEOREM 4 - If $I \subseteq_e M$, the following are equivalent.

i) I is regular.

ii) There is K such that $M \prec_I K$.

iii) $I \models B^*\Sigma_2$.

Proof. i) $\longrightarrow$ ii). Let T' be the following theory :

$Th(M,a)_{a\in M} \cup \{c > a : a \in I\} \cup \{c < b : b \in M-I\}$, where c is a new constant.

For each $a \in I$ let $p_a(x)$ be the set of formulae $\{x < a\} \cup \{x \neq b : b \in M, M \models b < a\}$. By a simple modification of the argument in Theorem 2, [1], we show that each $p_a(x)$, is nonprincipal in T', and so by omitting types T' has a model omitting each $p_a(x)$, for $a \in I$. This clearly gives us $K \succ_I M$.

ii) $\longrightarrow$ iii). By using a pairing function it is enough to show that $I \models B^*\Pi_1$. So suppose $\theta(x,y,z)$ is a formula, $a \in I$ and $\forall x < a\ \exists y \in I\ \forall z \in I\ \ M \models \theta(x,y,z)$. For each $x < a$, let y_x be such that $\forall z \in I\ \ M \models \theta(x,y_x,z)$. By overspill there is $z_x \in M-I$ such that $M \models \forall z < z_x\ \theta(x,y_x,z)$. By (ii) we have some $K \succ_I M$. So $K \models \forall z < z_x\ \theta(x,y_x,z)$ for each $x < a$. Choose $c \in K$ such that $I < c < M-I$. So for each $x < a$ $\ K \models \forall z < c\ \theta(x,y_x,z)$. Thus we have $\forall x < a\ \exists y \in I\ K \models \forall z < c\ \theta(x,y,z)$ (Note I is the same in K as in M). Pick the least $e \in K$ such that

$K \models \forall x < a\ \exists y < e\ \forall z < c\ \theta(x,y,z)$. It is clear that $e \in I$. Thus we easily have

$$\forall x < a\ \exists y < e\ \forall z \in I\ \ M \models \theta(x,y,z).$$

iii) $\longrightarrow$ i). Let $f : I \to {<a}$ be coded in M. There is a definable function f' of M such that $f \restriction I = f' \restriction I$. We may assume that f is already such a function. Suppose for contradiction that for each $b < a$, $f^{-1}(b)$ is bounded in I.

So $\forall x < a\ \exists y \in I\ \forall z \in I\ \ M \models z > y \to f(z) \neq x$.

So by (ii) there is $e \in I$ such that

$$\forall x < a\ \exists y < e\ \forall z \in I\quad M \models z > y \rightarrow f(z) \neq x.$$

This implies that $\forall x < a\ \forall z \in I\ \ M \models z > e \rightarrow f(z) \neq x$, which contradicts the fact that $f : I \rightarrow {<}a$. Thus I is regular.

SYMBIOSIS.

Again let M be a nonstandard countable model of P. Let Q and R be two sets of initial segments of M. Q and R are said to be symbiotic if each is dense in the other, i.e. for all $a < b$ in M

$$\exists I \in Q\quad a < I < b \quad \text{iff} \quad \exists J \in R\quad a < J < b .$$

If Q is a set of cuts (initial segments) of M and $Y : M^2 \rightarrow M$ is a definable function in M, then Y is said to be an <u>indicator</u> for Q if whenever $a < b \in M$ then $Y(a,b) > \mathbb{N}$ if and only if there is $I \in Q$, $a < I < b$.

In fact J. Paris has shown that if T is a recursive theory in 2nd order arithmetic, then the set of cuts $M_T = \{I \subseteq_e M | \langle I, \text{coded subsets of } I\rangle \models T\}$ has an indicator $Y(x,y) = z$, which is a Σ_1 formula, and is independent of M. This result can also be obtained by using recursive saturation theory.

In particular it has been shown that :

There is Σ_1 formula $G_e(x) = y$ such that if $M \models P$, $c > N$ and $G_c(a) = b$ for $a,b \in M$, then there is a regular initial segment I of M with $a < I < b$. Also, for each $n \in \mathbb{N}$, $\Pi_1(P) + I\Sigma_1 \vdash \forall x\ \exists y > x\ G_n(x) = y$.

It follows from this that

<u>PROPOSITION 5</u> - Initial segments which are i) regular ii) semiregular iii) models of $B\Sigma_2$ iv) models of $I\Sigma_1$, are all symbiotic (in any countable model M).

<u>Proof</u>. As regular $\longrightarrow B\Sigma_2 \longrightarrow I\Sigma_1$, and regular $\longrightarrow$ semiregular $\longrightarrow I\Sigma_1$ it is enough to show that if $I \subseteq_e M$ is model of $I\Sigma_1$ then there are regular initial segments

arbitrarily close to I. Let $a \in I$, so as $I \models \Pi_1(P) + I\Sigma_1$, by the above, we have for any $n < \omega$ $I \models \exists y > a\ G_n(a) = y$. So by overspill, there is $c \in I$, $c > \mathbb{N}$ such that $I \models \exists y > a\ G_c(a) = y$. So $I \models G_c(a) = b$, $b \in I$. So $M \models G_c(a) = b$, and there is $J \subset_e M$, $a < J < b$, J regular in M.

STRONG INITIAL SEGMENTS.

Again let $I \subset_e M$. $[I]^n$ is the n-element subsets of I, each such subset usually being represented as an increasing n-tuple. If $n \in \mathbb{N}$ and $a \in I$, we say that $I \to (I)^n_a$ if whenever $f : [I]^n \to {<a}$ is coded in M then there is an unbounded coded $A \subsetneq I$ such that f is constant on $[A]^n$.

<u>DEFINITION 6</u> - $I \subset_e M$ is <u>strong</u> if $I \to (I)^n_a$ for all $n \in \mathbb{N}$ and $a \in I$.

Let p be a complete 1-type over M. p is an I-type where $I \subset_e M$ if $p(v) \vdash a < v < b$ for all $a \in I$, $b \in M-I$.

<u>DEFINITION 7</u> - Let p be a complete 1-type over M and $I \subset_e M$. p will be said to be I-definable if : for every $\varphi(u,v)$ with parameters in M, there is $\theta_\varphi(u)$ maybe with parameters such that for all $a \in I$, $\varphi(a,v) \in p$ iff $M \models \theta_\varphi(a)$.

<u>PROPOSITION 8</u> - Let $I \subset_e M$. Then there is $K \succ_I M$ such that the coded subsets of I in K are exactly the coded subsets of I in M if and only if there is an I-definable I-type over M.

<u>Proof</u>. Immediate.

<u>THEOREM 9</u> - Let $I \subset_e M$ be semiregular. Then I is strong if and only if there is $K \succ_I M$ in which the coded subsets of I are the same as those coded in M.

<u>Proof</u>. We just point out how to use $I \to (I)^3_2$ to construct an I-definable I-type. The construction is exactly as in [2]. We let $\langle \varphi_n(u,v) : n < \omega \rangle$ be a list of all formulae with parameters in M, and variables u,v, and we construct an I-type p(v) over M such that for each n, there is $\psi_n(v) \in p$, such that for all $a < b < c$ in $\psi_n^M \cap I$,

$M \models (\forall u < a)\ (\varphi_n(u,b) \longleftrightarrow \varphi_n(u,c))$. It follows easily that p is I-definable.

In fact under the assumption of semiregular, we have that I is strong if and only if $I \to (I)^3_2$.

If $M \underset{I}{\prec} K$, let us denote by K_{M-I} the set of $b \in K$ such that $b < M-I$. With this notation we can mention some interesting properties of a strong cut I. For example

i) There is $K \underset{I}{\succ} M$ such that K_{M-I} is $\aleph_1$-like, namely $|K_{M-I}| = \aleph_1$ but every proper initial segment of it is countable.

ii) If f is coded in M and $I \subseteq \text{dom } f$, then there is $b \in M-I$ such that $\forall a \in I(f(a) \in I$ or $f(a) > b)$.

Proofs.

i) follows almost immediately from Theorem 9. We iterate the process of realising I-definable I-types, as their existence depends only on the coded subsets of I, which remain the same. Doing this $\aleph_1$ times gives the result. Note that the K_{M-I} which we obtain is semiregular, for cardinality reasons alone.

ii) follows easily i). For suppose that f is coded in M, and dom $f \supseteq I$. Let K be as given by (i). The code for f gives us f' in K such that dom $f' \supset K_{M-I}$. Pick $b \in K_{M-I}$, $b > I$, then $f'(<b)$ is bounded in K_{M-I}. So by overspill there is $c > K_{M-I}$ such that $\forall x < b$, $f'(x) \in K_{M-I}$ or $f'(x) > c$. We can assume $c \in M$. Then in M, $\forall x \in I$, $f(x) \in I$ or $f(x) > c$.

PROPOSITION 10 - Any countable model M of P has an end elementary extension K such that M is strong in K.

Proof. One constructs a type over M to ensure that condition (ii) above holds in K ((ii) above is equivalent to I being strong).

There exist indicators for strong cuts, and by facts about indicators and Proposition 10, it follows that any countable model of P has arbitrarily large strong initial segments. From this, it follows that if $I \subset_e M$ and $I \models P$ then there are strong initial segments of $\underline{M}$ that are arbitrarily close to I.

Let us say that I is 1-extendible in M if there is K with $M \underset{I}{\prec} K$. And I is n+1-extendible in M if there is K with $M \underset{I}{\prec} K$ such that I is n-extendible in K. Strong initial segments are clearly n-extendible for all $n < \omega$.

PROPOSITION 11 - If $I \subset_e M$ and I is k-extendible, then $I \models B^*\Sigma_{k+1}$.

Proof. By induction on k. (k=1 is given by Proposition 4).

It now follows from the remarks above that the following sets of initial segments are symbiolic.

i) Strong
ii) n-extendible for all n
iii) models of $B^*\Sigma_k$ all k
iv) models of P.

REFERENCES.

[1] A. PILLAY - Models of Peano arithmetic (Survey), this volume.

[2] A. PILLAY - Definable types and Partition properties in Peano arithmetic, this volume.

[3] L. KIRBY and J. PARIS - Initial segments of Models of Peano's axioms, Conference on Set Theory & Hierarchy Theory, Bierutowice, 1976, Springer Lecture Notes.

TWO NOTES ON THE PARIS INDEPENDENCE RESULT

Peter ACZEL

Note des éditeurs : Ces deux élégantes notes inédites furent écrites dans les jours suivant la parution du résultat d'indépendence de Paris et de sa preuve. Elles préfigurent déjà très clairement certains développements ultérieurs, et tout particulièrement l'analyse ordinale du Théorème de Harrington-Paris fournie par le travail de Ketonen et Solovay [1] . En effet, Ketonen et Solovay démontrent la conjecture énoncée dans les notes qui suivent, et cette démonstration constitue le cœur de leur travail.

I.- A GENERALIZATION OF RAMSEY'S THEOREM

Below X is an infinite set, $P_{<\omega}X$ is the set of finite subsets of X and, r, k are positive rational numbers.

Definition.- $D \subseteq P_{<\omega}X$ is a density on X if

(i) $Y_1 \in D \Rightarrow Y_2 \in D$ if $Y_1 \subseteq Y_2 \subseteq P_{<\omega}X$

(ii) Every infinite subset of X has a subset in D.

Examples.-

(1) $D_{\geq n} = \{Y \in P_{<\omega}X \mid |Y| \geq n\}$

(2) $D_{\omega} = \{Y \in P_{<\omega}\omega \mid |Y| > \mathrm{Min}(Y)\}$

If D is a density on X and $Y \subseteq X$, let $Y \to (D)^r_k$ if every $f : [X]^r \to k$ has a homogeneous set in D.

Lemma.- For any density D on X, $X \to (D)^r_k$.

Proof.- If $f : [X]^r \to k$ then by the infinite form of Ramsey's theorem there is an infinite $Z \subseteq X$ homogeneous for f. Now choose $Y \in D$ such that $Y \subseteq Z$. Y is also homogeneoux for f.

Theorem.- For any density D on X there is a finite $Y \subseteq X$ such that $Y \to (D)^r_k$.

Proof.- This will be a simple application of the compactness theorem for the sentential logic having sentence symbols p^i_a for $i < k$, $a \in [X]^r$. Let $S = \{\bigvee_{i<k} p^i_a \wedge \bigwedge_{i<j<k} \neg(p^i_a \wedge p^j_a) \mid a \in [X]^r\}$. Clearly the models of S are identifiable with the functions $f : [X]^r \to k$. For $a \in [X]^r$, f(a) is the unique $i < k$ such that $f \models p^i_a$. If $Z \in D$ let ϕ_Z be $\bigvee_{i<k} \phi^i_Z$

where ϕ_Z^i is $\bigwedge_{a\in[Z]^r} P_a^i$. Clearly $f \models \phi_Z$ iff Z is homogeneous for f. Hence by the Lemma $S \cup \{\ \phi_Z \mid Z \in D\}$ cannot have a model. So by the compactness theorem there are $Z_1,\ldots,Z_n \in D$ such that $S' = S \cup \{\ \neg\phi_{Z_1},\ldots,\neg\phi_{Z_n}\}$ does not have a model. Let $Y = Z_1 \cup \ldots \cup Z_n$. If $f : [Y]^r \to k$, extend f arbitrairily to $\bar{f} : [X]^r \to k$. $\bar{f}$ cannot be a model of S'. So there must be $1 \le i \le n$ such that $\bar{f} \models \phi_{Z_i}$ i.e. $Z_i \in D$ is homogeneous for $\bar{f}$ and hence for f. Thus $Y \to (D)_k^r$.

Remark.- For the case $D = D_{\ge n}$ this is Ramsey's theorem.

Corollary.- For any density D on X, $D_k^r = \{Y \in P_{<\omega}X \mid Y \to (D)_k^r\}$ is also a density.

Proof.- Condition (i) is trivial. For (ii) let Z be an infinite subset of X and apply the theorem to the density $\{Y \in D \mid Y \subseteq Z\}$ on Z, to get $Y \in D_k^r$ such that $Y \subseteq Z$.

Remarks.-

(1) For each n $(D_{\ge n})_k^r = D_{\ge m}$ for some m.

(2) Let $D_n = \{X \in P_{<\omega}\omega \mid Y$ is n-dense$\}$ using terminology of Jeff Paris's "An independence result for P". Then $D_o = \{Y \in P_{<\omega}\omega \mid Y+3 \in D_\omega\}$ and $D_{n+1} = (D_n)_2^3$, so that by the corollary each D_n is a density.

(3) Each density D gives rise to the well-founded relation $\supset\restriction(P_{<\omega}X - D)$. Let $o(D)$ be the ordinal lenght of this well-founded relation. $o(D)$ is probably a reasonable measure of complexity for D. Note that $o(D_{\ge n}) < \omega$ and $o(D_\omega) = \omega$. If D is a recursive density on then $o(D)$ is a recursive ordinal. $o(D)$ can be arbitrairily large e.g. if T is any infinite tree having no infinite branches, let D $D = \{Y \in P_{<\omega}T \mid Y$ is not a chain$\}$. Then D is a density with $o(D) \ge o(T)$. I conjecture that $o(D) < \epsilon \Rightarrow o(D_k^r) < \epsilon$ for each ϵ-number ϵ, so that

$$o(D_o) < o(D_1) < o(D_2) < \ldots < \epsilon_o.$$

I also expect that $\epsilon_o = \lim_{n<\omega} o(D_n)$.

4) If D is a density on ω let

$$g_D(n) = \text{least } k > n \mid [n,k] \in D.$$

If D is recursive so is g_D and I expect the position of g_D in the standard hierarchics for recursive functions to be related to o(D).

II.- THE ORDINAL HEIGHT OF A DENSITY

We follow the notation of 'A generalization of Ramsey's theorem'. We only consider densities on infinite sets. Below we shall define the ordinal height $|D|$ of a density D. (This is essentially just $o(D)$ from the previous note). A density on X is trivial if $\emptyset \in D$, or equivalently if it equals $P_{<\omega}X$.

If D is a density on X and $x \in X$ let

$$D^{-x} = \{Y \subseteq X - \{x\} \mid Y \cup \{x\} \in D\}$$

Then D^{-x} is a density on $X - \{x\}$. For densities D, D' let $D' \prec D$ if $D' = D^{-x}$ for some x.

Lemma 1.- $\prec$ is a well-founded relation on non-trivial densities.

Proof.- Let $D_0 \succ D_1 \succ \ldots$ We show that some D_n is trivial. Let X_n be the underlying set of D_n, and let $D_{n+1} = D_n^{-x_n}$. Then $X_{n+1} = X_n - \{x_n\}$ and $x_n \in X_n$, so that $Z = \{x_0, x_1, \ldots\}$ is an infinite subset of X_0. As D_0 is a density on X_0 there is an n such that $\{x_0, \ldots, x_{n-1}\} \in D_0$. Hence $\{x_1, \ldots, x_{n-1}\} \in D_0^{-x_0} = D_1 \ldots \{x_{n-1}\} \in D_{n-1}$ and hence $\emptyset \in D_n$ so that D_n is trivial. □

By the lemma we can assign an ordinal $|D|$ to each density D by :

$$|D| = 0 \qquad \text{if } D \text{ is trivial}$$

$$|D| = \sup_{x \in X} |D^{-x}| + 1 \text{ if } D \text{ is non-trivial.}$$

It follows that for any density D

$$|D| \quad 0 \Leftrightarrow D \text{ is trivial} \qquad \text{if } \lambda > 0$$

$$|D| \leq \lambda \Leftrightarrow (\forall\, x \in X)(|D^{-x}| < \lambda).$$

Lemma 2.- Let D_1, D_2 be densities on X.

(i) $D_1 \subseteq D_2 \Longrightarrow |D_2| \le |D_1|$

(ii) $D_1 \cap D_2$ is a density and

$$|D_1 \cap D_2| = \mathrm{Max}(|D_1|, |D_2|).$$

Proof.-

(i) By induction on $|D_1|$. Let $D_1 \subseteq D_2$.
if $|D_1| = 0$ then D_1 is trivial and hence so is D_2 so that $|D_2| = 0 \le |D_1|$.
if $|D_1| > 0$ then, as $D_1^{-x} \subseteq D_2^{-x}$ and $|D_1^{-x}| < |D_1|$, $|D_2^{-x}| \le |D_1^{-x}|$ by induction hypothesis. So $(\forall x \in X)\ (|D_2^{-x}| < |D_1|)$ and hence $|D_2| \le |D_1|$.

(ii) $D_1 \cap D_2$ is easily seen to be a density.
By (i) $\mathrm{Max}\ (|D_1|, |D_2|) \le |D_1 \cap D_2|$. The reverse inequality is by induction on $|D_1 \cap D_2|$:
if $|D_1 \cap D_2| = 0$ then $|D_1 \cap D_2| = 0 \le \mathrm{Max}(|D_1|, |D_2|)$.
if $|D_1 \cap D_2| > 0$ then $|D_1^{-x} \cap D_2^{-x}| = |(D_1 \cap D_2)^{-x}| < |D_1 \cap D_2|$ so that, by the induction hypothesis, $|(D_1 \cap D_2)^{-x}| \le \mathrm{Max}(|D_1^{-x}|, |D_2^{-x}|) < \mathrm{Max}(|D_1|, |D_2|)$ and hence $|D_1 \cap D_2| \le \mathrm{Max}(|D_1|, |D_2|)$. □

Lemma 3.- Let D be a density on X.

(i) For each $n < \omega$

$$|D| \le n \Longleftrightarrow D_{\ge n} \subseteq D$$

(ii) $|D| < \omega \Longleftrightarrow \exists n\ D_{\ge n} \subseteq D$

(iii) $|D| \le \omega \Longleftrightarrow (\forall x \in X)\ \exists n\ (D_{\ge n})^{-x} \subseteq D^{-x}$.

Proof.-

(i) By induction on n. $n = 0$ is clear as $D_{\ge 0}$ is trivial.

if true for n then

$$|D| \le n+1 \iff (\forall x \in X)\ |D^{-x}| \le n$$

$$\iff (\forall x \in X)\ D_{\ge n} \subseteq D^{-x}$$

$$\iff D_{\ge n+1} \subseteq D. \quad \square$$

In our previous note we associated with each density D the densities $(D)^r_k$ for $r,k > 0$.

Let $g_k(\lambda) = \sup\limits_{|D| \le \lambda} |(D)^r_k|$

Problem.- How fast does g_k increase ?
Results of Jeff Paris suggest the conjecture that ϵ_0 is the least ordinal $> \omega$ closed under the g^r_k. Our further work is aimed at settling this conjecture.

Definition.- Let $r \ge 0$ and $k > 0$.

If $D_0,\ldots,D_{k-1} \subseteq P_{<\omega}X$ let $(D_0,\ldots,D_{k-1})^r$ be the set of $Y \in P_{<\omega}X$ such that if $f : [Y]^r \to k$ then for some $i < k$ and $U \subseteq Y$,

$$U \in D_i \quad \text{and} \quad [U]^r \subseteq f^{-1}(i)$$

Note that for $r > 0$

$$(D)^r_k = (\underbrace{D,\ldots,D}_{k})^r$$

Lemma 4.- $(D_0,\ldots,D_{k-1})^r$ does not depend on the order of $D_0,\ldots,D_{k-1}$ and is monotone in each argument.

Proof.- Trivial $\square$

It follows that $(D)^r_k \subseteq (D_0,\ldots,D_{k-1})^r$ if $r > 0$ and $D = D_0 \cap \ldots \cap D_{k-1}$
If $D_0,\ldots,D_{k-1}$ are densities then so is D and hence $(D)^r_k$. It easily follows that $(D_0,\ldots,D_{k-1})^r$ must be a density.

As $[Y]^0 = \{\emptyset\}$ it is easy to see that

Lemma 5.- If $D_o,\ldots,D_{k-1}$ are densities

$$(D_o,\ldots,D_{k-1})^o = D_o \cap \ldots \cap D_k.$$

As $[Y]^{r+1} = \emptyset$ if $|Y| \le r$ it is easy to see that

Lemma 6.- If $D_o,\ldots,D_{k-1}$ are densities

$$D_{\ge r} \subseteq D_i \Rightarrow D_i \subseteq (D_o,\ldots,D_{k-1})^{r+1} \quad \text{for } i < k.$$

In particular if any D_i is trivial then so is $(D_o,\ldots,D_{k-1})^{r+1}$.

Let

$$g_k^r(\lambda_1,\ldots,\lambda_k) = \sup_{|D_1|\le\lambda_1 \ldots |D_k|\le\lambda_k} |(D_1,\ldots,D_k)^r|$$

Note that $g_k^r(\lambda) = g_k^r(\lambda,\ldots,\lambda)$.

Our main source of information concerning the g_k^r will follow from the next lemma which is a reworking of the standard construction in the direct proof of the finite from of Ramsey's theorem.

If $D \subseteq P_{<\omega}X$ and $x \in X$ let $D \restriction x = D \cap P_{<\omega}(X - \{x\})$.

Lemma 7.- Let $k > 0$, $r \ge 0$. Let $D_o,\ldots,D_{k-1} \subseteq P_{<\omega}X$. For each $x \in X$ and $i,j < k$ let

$$D_{ij}^x = \begin{cases} D_i^{-x} & \text{if } i = j \\ D_j \restriction x & \text{if } i \neq j. \end{cases}$$

Let $D_i^x = (D_{io}^x,\ldots,D_{ik-1}^x)^{r+1}$ for $i < k$.

Finally let

$$D = \{Y \cup \{x\} \mid x \in X \text{ and } Y \in (D_o^x,\ldots,D_{k-1}^x)^r\}$$

Then $D \subseteq (D_o,\ldots,D_{k-1})^{r+1}$.

Proof.- Let $Y \in D$. Let $f : [Y]^{r+1} \to k$. We must find $j < k$ and $U \subseteq Y$ such that $U \in D_j$ and $[U]^{r+1} \subseteq f^{-1}(j)$.

As $Y \in D$, $Y = y' \cup \{x\}$ for some $x \in X$ and $Y' \in (D_0^x,\dots,D_{k-1}^x)^r$. Let $\overline{f} : [Y']^r \to k$ be

$$\overline{f}(a) = f(a \cup \{x\}) \quad \text{for} \quad a \in [Y']^r.$$

As $Y' \in (D_0^x,\dots,D_{k-1}^x)^r$ there is an $i < k$ and $Y'' \subseteq Y'$ such that $Y'' \in D_i^x$ and $[Y'']^r \subseteq \overline{f}^{-1}(i)$. Let

$$f' = f \restriction [Y'']^{r+1} : [Y'']^{r+1} \to k.$$

As $Y'' \in D_i^x$ there is a $j < k$ and $U' \in D_{ij}^x$ such that $U' \subseteq Y''$ and $[U']^{r+1} \subseteq f'^{-1}(j)$. Now let

$$U = \begin{cases} U' \cup \{x\} & \text{if } i = j \\ U' & \text{if } i \neq j \end{cases} \quad \square$$

Theorem 8.- If $k > 0$, $r \geq 0$ then

$$g_k^{r+1}(\ _1,\dots,\ _k) \leq$$

$$\sup_{\mu_1<\lambda_1,\dots,\mu_k<\lambda_k} g_k^r(g_k^{r+1}(\mu_1,\lambda_2,\dots,\lambda_k),\dots,g_k^{r+1}(\lambda_1,\dots,\lambda_{i-1},\mu_i,\lambda_{i+1},$$

$$\lambda_k),\dots) + 1$$

Proof.- We follow the notation of lemma 7 where we assume that $D_0,\dots,D_{k-1}$ are densities. Then each D_{ij}^x is a density and hence each D_i^x is a density, so that finaly it is easy to see that D is a density. By the Lemma

$$|(D_0,\dots,D_{k-1})^{r+1}| \leq |D|.$$

But D is non-trivial so that $|D| = \sup_{x \in X} |D^{-x}| + 1$.

$$|D^{-x}| = |(D_0^x,\dots,D_{k-1}^x)^r| \leq g_k^r(|D_0^x|,\dots,|D_{k-1}^x|).$$

Also $|D^x_{ii}| = |D^{-x}_i| < |D_i|$ for $i < k$, and $|D^x_{ij}| = |D_j \restriction x| \leq |D_j|$ by lemma 9 below, if $i \neq j$.

$$|D^x_i| = |(D^x_{io},\ldots,D^x_{ik-1})^{r+1}| \leq g^{r+1}_k(|D^x_{io}|,\ldots,|D^x_{ik-1}|).$$

Hence $|D^{-x}| + 1 \leq$

$$g^r_k(g^{r+1}_k(|D^x_{oo}|,\ldots,|D^x_{ok-1}|),\ldots,g^{r+1}_k(|D^x_{k-1o}|,\ldots,|D^x_{k-1k-1}|)) + 1$$

But $g^{r+1}_k(\lambda_1,\ldots,\lambda_k) \leq \operatorname{Sup} |D^{-x}| + 1$ where the sup ranges over D^{-x} formed from $D_o,\ldots,D_{k-1}$ such that $|D_i| \leq \lambda_i$ for $i < k$, and $x \in X$ and the theorem is easily seen to follow.

<u>Lemma 9</u>.- If D is a density on X and $x \in X$ then $|D \restriction x| \leq |D|$.

<u>Proof</u>.- By induction on $|D|$: if $|D| = 0$ then D is trivial and hence so is $D \restriction x$ so that $|D \restriction x| = 0 \leq |D|$. If $|D| > 0$ then for $y \in X - \{x\}$ $|D^{-y}| < |D|$ so that by induction hypothesis $|(D^{-y}) \restriction x| \leq |D^{-y}| < |D|$. But $(D \restriction x)^{-y} = (D^{-y}) \restriction x$ so that $|(D \restriction x)^{-y}| < |D|$ for all $y \in X - \{x\}$. Hence $|D \restriction x| \leq |D|$.

In addition to theorem 8 we can assert the following further properties of g^r_k

(1) $g^o_k(\lambda_1,\ldots,\lambda_k) = \max(\lambda_1,\ldots,\lambda_k)$

(2) $g^r_k(\lambda_1,\ldots,\lambda_k)$ does not depend on the order of $\lambda_1,\ldots,\lambda_k$ and is order preserving in each argument

(3) $\lambda_i \leq r \rightarrow g^{r+1}_k(\lambda_1,\ldots,\lambda_k) \leq \lambda_i + 1$

(1) follows from lemma 5 and lemma 2 (ii). (2) follows from lemma 4 ; and (3) from lemma 6.

Using theorem 8 and (1) it is easy enough to show that

<u>Lemma 10</u>.-

$$g'_k(\lambda_1,\ldots,\lambda_k) \leq \lambda_1 \# \ldots \# \lambda_k$$

where $\#$ is the natural sum operation on ordinals .

Although I have shown that ϵ_o is closed under g_2^2 I do not yet have good bounds for this function.

Finally we note that it is possible to use lemmas 5 and 7 to give a direct constructive proof, using induction on r, and then on $|D_o| \# \ldots \# |D_{k-1}|$, of the

Theorem.- If $D_o,\ldots,D_{k-1}$ are densities and $r \geq 0$ then $(D_o,\ldots,D_{k-1})^r$ is a density.

REFERENCE

[1] J. KETONEN, R. SOLOWAY ; Rapidly growing Ramsey functions to appear.

IDEAUX DES ANNEAUX DE PEANO (D'APRÈS CHERLIN)

Chantal BERLINE
CNRS - Université de Paris 7

Les idéaux définissables d'un anneau de Peano sont tous principaux. Cet exposé présente des résultats dus à Cherlin sur les idéaux non nécessairement définissables de ces anneaux. L'accent est mis sur les idéaux premiers et plus généralement sur les idéaux contenus dans un seul idéal maximal.

1. ANNEAUX DE PEANO.

On appellera <u>anneau de Peano</u> tout anneau R construit à partir d'un modèle de Peano comme $\mathbb{Z}$ l'est à partir de $\mathbb{N}$; un anneau de Peano est donc en fait un anneau d'entiers rationnels non standard et un anneau commutatif unitaire totalement ordonné R est un anneau de Peano ssi tout sous-ensemble non vide définissable à l'aide de $(0,1,+,\times,\leq)$ de l'ensemble R^+ des éléments strictement positifs de R a un plus petit élément. En particulier, dans un anneau de Peano :

1.1. <u>Tout idéal définissable est principal</u>.

On dispose donc du théorème de Bezout. En particulier, si p est un élément irréductible de R (au sens : p n'a pas de diviseur propre) alors

$$\forall a,b \in R \qquad p/ab \longrightarrow p/a \vee p/b$$
$$\forall a \in R \qquad p\not/a \longrightarrow (p,a) = R$$

où (p,a) désigne l'idéal engendré par p et a. La première égalité exprime que tout élément irréductible p est premier (au sens : (p) est un idéal premier) et réciproquement si (p) est premier il est clair que p est irréductible, la deuxième égalité dit que (p) est en fait maximal. On obtient donc :

1.2. Tout idéal définissable premier est maximal.

1.3. *Notations*. Soit $\mathcal{P}$ l'ensemble des nombres premiers de R^+. $\mathcal{P}$ s'identifie avec l'ensemble des idéaux maximaux définissables de R^+. Pour tout élément a de R soit C_a l'ensemble des éléments de $\mathcal{P}$ qui divisent a. C_a est donc un sous-ensemble définissable borné de R c'est-à-dire un sous-ensemble "fini" au sens de R. Par la suite nous parlerons de sous-ensembles R-finis.

1.4. Soit C un sous-ensemble R-fini de $\mathcal{P}$ et h une fonction définissable de C dans R^+. Alors on sait donner un sens à l'expression $\Pi_{p\in C}\ p^{h(p)}$ c'est-à-dire lui associer un élément bien précis de R, soit a, tel que $C = C_a$ et tel que :

$$\forall p \in C \qquad h(p) = \max\ \{n \in R^+ \ /\ p^n/a\}\ .$$

Réciproquement à tout élément a de R^+ on peut associer une fonction définissable h_a de C_a dans R^+ telle que $a = \Pi_{p\in C_a}\ p^{h_a(p)}$. Remplaçant les éléments de R par les idéaux principaux qu'ils engendrent on a donc :

1.5. Tout idéal définissable de R est "produit", de manière unique, d'un nombre R-fini d'idéaux maximaux définissables.

1.6. *Remarque*. Les idéaux (p), $p \in C_a$, sont exactement les idéaux maximaux définissables qui contiennent (a). Si $a = p^n$, $n \in R^+$, le seul idéal maximal contenant a est (p). En effet tout c qui n'est pas dans (p) est premier avec p donc avec p^n et (c,a) = R. Plus généralement si a n'a qu'un nombre fini (standard) de diviseurs premiers distincts p_i les seuls idéaux maximaux qui contiennent (a) sont les (p_i) mais il résultera de ce qu'on va faire plus tard que si a a un nombre non standard de diviseurs premiers (a) est inclus dans des idéaux maximaux non définissables.

1.7. Les anneaux de Peano satisfont le lemme Chinois sous la forme suivante : pour tout sous-ensemble R-fini C de $\mathcal{P}$ et toutes fonctions définissables f de C dans R et n de C dans R^+ il y a un élément a de R tel que :

$$\forall p \in C \qquad a \equiv f(p) \ \text{modulo}\ p^{n(p)} .$$

La démonstration étant bien sûr calquée sur la démonstration habituelle.

1.8. *Remarque*. Soit M un idéal maximal de R, $x \in R$, $n \in R^+$. Si $x^n \in M$ alors $x \in M$. En effet $x \notin M$ ssi x est premier avec un élément y de M ; x^n est alors premier avec y donc $(M,x^n) = R$. Contradiction.

1.9. *Définition*. Soit I un idéal de R. On définit son "radical non standard" r(I) de la manière suivante :

$$r(I) = \{x \in R \,/\, \exists n \in R^+ \quad x^n \in I\} .$$

La remarque 1.8 montre que r(I) est inclus dans tous les idéaux maximaux qui contiennent I.

1.10. *Proposition*. r(I) est l'intersection des idéaux maximaux qui contiennent I.

Démonstration. Si r(I) est maximal c'est fini sinon il suffit de voir que pour tout élément u de R tel que $u \notin r(I)$ et $(I,u) \neq R$ il y a un idéal maximal de R qui contient I et pas u. Soit $a \in I$, alors a = bc pour deux éléments b et c de R tels que $C_b = C_a - C_u$ et $C_c = C_a \cap C_u$. Ainsi $b \wedge u = 1$ et c/u^n pour un certain $n \in R^+$. Comme u n'est pas dans r(I) c n'est pas dans I. Comme u n'est premier avec aucun élément de I b n'est pas dans I. D'autre part, si (b,I) = R alors $b \wedge d = 1$ pour un élément d de I donc $a \wedge dc = c$ et $c \in I$, contradiction. Il suffit alors de prendre n'importe quel idéal maximal contenant b et I.

1.11. *Proposition*. Tout idéal premier est inclus dans un seul idéal maximal.

Démonstration. Il suffit de vérifier que pour tout idéal I premier r(I) est maximal, or la démonstration de 1.10 nous dit que si r(I) n'est pas maximal tout élément a de I s'écrit comme produit de deux éléments b et c qui ne sont pas dans I !

Exercice - Un idéal I de R est primaire ssi pour tous x,y de R tels que xy est dans I on a x ou une puissance (standard) de y dans I. Déduire de 1.9 que tout idéal primaire est contenu dans un seul idéal maximal.

2. M-IDÉAUX DE R.

2.1. Définition. Soit M un idéal maximal de R. Un idéal I de R est un M-idéal si I est inclus dans M et dans aucun autre idéal maximal de R donc, avec 1.10, I est un M-idéal ssi r(I) = M.

2.2. Exemple. Les idéaux premiers et les idéaux primaires sont des M-idéaux (pour un M-adéquat ; cf. 1.11).

2.3. Exemple. Si M est un idéal maximal définissable les M-idéaux définissables sont exactement les M^n, $n \in R^+$. En effet si $M = (p)$, $p \in \mathcal{P}$, et si $I = (a)$, $a \in M$, il est clair que I est un M-idéal ssi p est le seul diviseur premier de a. Remarquons que si M est un idéal (quelconque) de R et $n \in \mathbb{N}$, $n \neq 0$, M^n dénote en algèbre usuelle l'idéal engendré par les produits de n éléments de M. Si M est définissable cette définition s'étend clairement à tout $n \in R^+$ et coïncide avec celle que nous avons implicitement utilisée.

2.4. Proposition. Soient I et M deux idéaux de R, M maximal et définissable. Alors il y a équivalence entre :

(i) I est un M-idéal

(ii) $M^n \subset I \subset M$ pour un $n \in R^+$, $n \neq 0$.

Démonstration. Si I est un M-idéal et si $M = (p)$ alors $p \in M = r(I)$ donc il y a un $n \in R^+$ tel que $p^n \in I$ et $M^n \subset I$. Réciproquement si $I \supset M^n$ I est nécessairement un M-idéal puisque M^n l'est par 2.3.

2.5. Corollaire. Si M est un idéal maximal définissable de R les M-idéaux de R sont en correspondance bijective avec les coupures de Dedekind de R^+.

Esquisse de démonstration. A chaque M-idéal I on associe la coupure $d(I) = \{n \in R^+ / M^n \subset I\}$. A chaque coupure d de R^+ on associe l'idéal $I^d = \bigcap_{n \le d} M^n = \bigcap_{n \ge d} M^n$. On vérifie facilement que cette dernière égalité est vraie et que les deux applications ainsi définies sont réciproques.

2.6. Il est facile de vérifier que les coupures qui correspondent aux idéaux premiers sont les coupures "additives" de R^+ c'est-à-dire les coupures d telles que $n,m < d$ implique $m+n < d$.

Supposons maintenant que M n'est plus nécessairement définissable. On se ramène alors au problème précédent en créant un nombre premier qui divise tous les éléments de M (dans une extension élémentaire de R).

3. CORRESPONDANCE ENTRE P_TYPES BORNÉS ET IDÉAUX MAXIMAUX.

Soit P(x) la formule à une variable libre et sans paramètres qui définit les nombres premiers dans n'importe quel anneau de Peano.

Définitions. Un type sur R est un ensemble consistant de formules à une variable libre et paramètres dans R clos pour l'implication. Un P-type borné sur R est un type consistant avec P(x) et contenant une formule x/a, $a \in R$, $a \neq 0$ (borné sous-entend donc ici borné par un élément de R pour la divisibilité et P-type est une abrévation pour : type d'élément premier).

A tout idéal propre I non nul de R on associe le P-type borné q(I) engendré par les formules x/a, $a \in I$. Réciproquement à tout P-type borné q on peut associer l'idéal non nul $I(q) = \{a \in R / x/a \in q\}$. Si I est définissable q(I) est réalisé dans R.

3.1. *Théorème.*

(i) I et q sont des applications croissantes.

(ii) Pour tout idéal non nul I et tout P-type borné q on a :

$$I(q(I)) \supset I \quad \text{et} \quad q(I(q)) \supset q$$

(iii) I et q échangent bijectivement les P-types bornés sur R qui sont complets et les idéaux maximaux de R.

(iv) $I(q(I)) = r(I)$.

3.2. *Théorème*. Soient M et I deux idéaux, M maximal, $I \subset M$. Alors I est un M-idéal ssi $q(I) = q(M)$.

Démonstrations. (i) et (ii) de 3.1 sont clairs et (iii) est conséquence immédiate de (ii). D'autre part, $a \in I(q(I))$ ssi il y a un $b \in I$ tel que $x/b \wedge P(x) \vdash x/a$ donc ssi il y a un $b \in I$ tel que b divise a^n pour un certain $n \in R^+$ i.e. ssi il y a un $n \in R^+$ tel que $a^n \in I$ i.e. ssi $a \in r(I)$.

Passons à 3.2. Si $q(I) = q(M)$ alors $r(I) = I(q(I)) = M$ donc I est un M-idéal. Réciproquement si $q(I)$ est strictement inclus dans $q(M)$ il n'est pas complet et il existe une formule $\varphi(x,\overline{y})$ et des paramètres $\overline{b}$ dans R tels que $\varphi(x,\overline{b})$ et sa négation soient consistentes avec $q(I)$. Soit a un élément quelconque de I, on a $a = cd$ avec $C_c = \{x \in C_a \ / \ R \models \varphi(x,\overline{b})\}$ et $C_d = \{x \in C_a \ / \ R \models \neg\varphi(x,\overline{b})\}$. Il est clair que $c \wedge d = 1$ et la consistence de $q(I)$ avec $\varphi(x,\overline{b})$ et $\neg\varphi(x,\overline{b})$ implique $(I,c) \neq R$, $(I,d) \neq R$ donc I est inclus dans au moins deux idéaux maximaux.

Soit M un idéal maximal de R et α une réalisation de $q(M)$ dans une extension élémentaire R' de R. Sans changer quoique ce soit à ce qui précède on peut supposer que notre langage L contient des fonctions de Skolem. On peut alors parler de la sous-extension (élémentaire) R_M de R' engendrée par α. On a :

$$R_M = \{f(\alpha,\overline{b}) \ / \ \overline{b} \in R \ , \ f(x,\overline{y}) \ \text{ terme de L}\} \ .$$

R_M est un anneau de Peano, défini à R-isomorphisme près, α est un nombre premier de R_M et engendre un idéal maximal (α) de plus $(\alpha) \cap R$ est un idéal propre de R qui contient M donc $(\alpha) \cap R = M$. Enfin, pour toute formule $\varphi(x,\overline{y})$ sans paramètres et toute suite finie $\overline{c}$ éléments de R, $R_M \models \varphi(\alpha,\overline{c})$ ssi $q(M) \vdash \varphi(x,\overline{c})$. Utilisant alors le fait que le pgcd d'un nombre fini d'éléments de M est dans M on a :

3.3. *Lemme*. Soit $\varphi(x,\overline{y})$ une formule de L et $\overline{c}$ une suite finie d'éléments de R de la longueur convenable. Alors $R_M \models \varphi(\alpha,\overline{c})$ ssi il y a un $a \in M$ tel que $R \models P(x) \wedge x/a \longrightarrow \varphi(x,\overline{c})$.

3.4. Tout élément de R_M est majoré par un élément de R.
Soit $f(\alpha,\overline{b})$ un élément de R_M ; a un élément arbitraire de M et $n \in R^+$ un majorant de $\{f(x,\overline{b}) \ / \ x \in R \text{ et } x \leq a\}$. Alors

$$R \models P(x) \wedge x/a \longrightarrow f(x,\overline{b}) \leq n \quad \text{donc} \quad R_M \models f(\alpha,\overline{b}) \leq n \ .$$

<u>Notation</u>. Dans ce qui suit <u>α-idéal</u> signifie (α)-idéal (de R_M).

3.5. <u>Théorème</u>.

(i) l'intersection avec R d'un α-idéal est un M-idéal.

(ii) Tout M-idéal I est, de manière unique, intersection de R avec un α-idéal.

(iii) Pour tout α-idéal J de R_M on a $R_M/J \simeq R \ / \ R \cap J$, en particulier $R_M/(\alpha) \simeq R/M$.

La démonstration du théorème s'appuie sur le lemme suivant :

3.6. <u>Lemme</u>.

(i) Si J est un α-idéal $J \cap R$ est un M-idéal.

(ii) Pour tout α-idéal J et tout n de R_M^+

$$J \cap R \subset (\alpha)^n \longleftrightarrow J \subset (\alpha)^n$$

(iii) $J \cap R \supset (\alpha)^n \cap R \longleftrightarrow J \supset (\alpha)^n$

(iv) Pour tout M-idéal I et tout n de R_M^+ on a

$$\text{soit } I \subset (\alpha)^{n+1} \quad , \quad \text{soit } (\alpha)^n \cap R \subset I \ .$$

<u>Démonstration de 3.6.</u>

(i) En utilisant 3.4 il est facile de voir que pour tout idéal J on a $r(J \cap R) = r(J) \cap R$. Si J est un α-idéal $r(J)$ est maximal donc premier donc $r(J \cap R)$ est premier donc maximal et $J \cap R$ est un M-idéal par 2.1.

(ii) Il suffit de montrer que $J \cap R \subset (\alpha)^n$ implique $J \subset (\alpha)^n$. Soit $f(\alpha,\overline{b})$ un élément quelconque de J. Comme J est un α-idéal J contient α^m pour un certain $m = g(\alpha,\overline{c}) \in R_M^+$. Si $n = h(\alpha,\overline{d})$ et $r(x) = \sup\ (h(x,\overline{d}),g(x,\overline{c}))$, si a est un élément quelconque de M et $e \in R$ est tel que

$$e \equiv f(x,\bar{b}) \text{ modulo } x^{r(x)}$$

pour tous les x premiers divisant a (un tel e existe par le lemme chinois (1.7)), alors :

$$P(x) \wedge x/a \vdash e \equiv f(x,\bar{b}) \text{ modulo } x^{r(x)} \text{ donc}$$

$$R_M \models e \equiv f(\alpha,\bar{b}) \text{ modulo } \alpha^{r(\alpha)}$$

Comme $f(\alpha,\bar{b})$ et $\alpha^{r(\alpha)}$ sont dans J on a e dans $R \cap J$ donc α^n divise e et divise donc $f(\alpha,\bar{b})$.

(iii) Comme J est un α-idéal si il ne contient pas $(\alpha)^n$ il est inclus dans $(\alpha)^{n+1}$, cf. (2.5), donc $(\alpha)^n \cap R \subset (\alpha)^{n+1}$ et, par (ii), $(\alpha^n) \subset (\alpha^{n+1})$ ce qui contredit Peano.

(iv) Montrons d'abord que $I \not\subset (\alpha)^{n+1}$ implique $(\alpha)^n \cap R \subset I$. Soit c un élément de I tel que $\alpha^{n+1} \not| c$ et a un élément quelconque de $(\alpha)^n \cap R$. Si $n = f(\alpha,\bar{b})$ on a un élément d de I tel que :

$$P(x) \wedge x/d \vdash x^{f(x,\bar{b})}/a$$

d'autre part il y a un élément e de I tel que

$$P(x) \wedge x/e \vdash x^{f(x,\bar{b})} \not| c$$

Soit δ le pgcd de c,d,e. Alors

$$P(x) \wedge x/\delta \vdash x^{f(x,\bar{b})}/a \wedge x^{f(x,\bar{b})+1} \not| c$$

donc $P(x) \wedge x/\delta \vdash x^{f(x,\bar{b})+1} \not| \delta \wedge x^{f(x,\bar{b})}/a$

donc δ/a et $a \in I$. C.Q.F.D.

<u>Démonstration du théorème 3.5.</u>

(i) est déjà fait.

(ii) Soit J un α-idéal de R_M. 3.5 (ii) et (iii) permettent d'affirmer que la coupure d(J) de R_M^+ associée à J dépend uniquement de $J \cap R$ autrement dit tout α-idéal est déterminé par son intersection avec R. Soit I un M-idéal de R et d la coupure : $d = \{n \in R_M^+ / I \subset (\alpha)^n\}$. Alors 3.5 (iv) implique $I = (\alpha)^d \cap R$.

(iii) Soit $I = J \cap R$ et i l'injection canonique de $R / R\cap J$ dans R_M/J. On doit montrer que i est un isomorphisme c'est-à-dire qu'elle est surjective. Soit $f(\alpha,\bar{b})$ un élément quelconque de R_M, a un élément arbitraire de M, n un élément de R_M^+ tel que $\alpha^n \in J$. Par 3.4 on peut supposer n dans R^+. Soit c un élément de R tel que

$$P(x) \wedge x/a \vdash c \equiv f(x,\bar{b}) \text{ modulo } x^n$$

on a donc

$$R_M \vdash c \equiv f(\alpha,\bar{b}) \text{ modulo } \alpha^n$$

et $f(\alpha,\bar{b})$ est congru modulo J a un élément de R, C.Q.F.D.

4. IDÉAUX PREMIERS D'UN ANNEAU DE PEANO.

4.1. Théorème. Tout M-idéal premier (resp. primaire) est intersection de R avec un α-idéal premier (resp. primaire).

Autrement dit, et puisqu'il est clair que l'intersection de R avec un α-idéal premier (resp. primaire) est un idéal premier (resp. primaire), la correspondance $J \longrightarrow J \cap R$ échange bijectivement les idéaux premiers de R_M contenus dans (α) et les idéaux premiers de R contenus dans M.

Démonstration. Nous nous contenterons de regarder les idéaux premiers et laissons les primaires en exercice. Compte-tenu de 3.5 il suffit de vérifier que si J est un α-idéal tel que $J \cap R$ est premier alors J est premier. Soit $f(\alpha,\bar{b})$ et $g(\alpha,\bar{c})$ deux éléments de R_M. Soit d un élément arbitraire de M et a et b deux éléments de R tels que :

$$a \equiv f(x,\bar{b}) \text{ modulo } x^n$$

$$b \equiv g(x,\bar{c}) \text{ modulo } x^n$$

pour tous les x diviseurs premiers de d dans R et pour un $n \in R^+$ tel que $\alpha^n \in J$. Alors pour tout x premier diviseur de d on a :

$$ab \equiv f(x,\overline{b})\ g(x,\overline{c}) \quad \text{modulo} \quad x^n$$

$$R_M \models ab \equiv f(\alpha,\overline{b})\ g(\alpha,\overline{c}) \quad \text{modulo} \quad \alpha^n$$

Si $f(\alpha,\overline{b})\ g(\alpha,\overline{c})$ est dans J on a ab dans $J \cap R$ donc a ou b dans $J \cap R$, par exemple a. Comme

$$R_M \models a \equiv f(\alpha,\overline{b}) \quad \text{modulo} \quad \alpha^n$$

on en déduit que $f(\alpha,\overline{b})$ appartient à J. C.Q.F.D.

4.2. *Corollaire*. Les M-idéaux de R sont classifiés par les coupures de Dedekind de R_M^+. Plus précisément tout M-idéal I s'écrit, de manière unique, $I = (\alpha)^d \cap R$ où d est une coupure de Dedekind de R_M^+ ; de plus I est premier ssi d est additive.

4.3. *Corollaire*. Un anneau de Peano dénombrable non standard a exactement $2^{\aleph_0}$ idéaux maximaux. Dans chaque idéal maximal il y a un ensemble totalement ordonné de $2^{\aleph_0}$ idéaux premiers, isomorphe pour l'ordre avec l'espace des coupures de Dedekind de l'intervalle rationnel [0,1].

Pour une démonstration de 4.3 nous renvoyons à [1] p. 79 et 81. Il s'agit essentiellement de décrire l'espace des coupures de Dedekind <u>additives</u> de R_M^+.

<u>Notation</u>. Soit M un idéal maximal de R et d une coupure de R_M^+. On notera M^d le M-idéal associé à d.

4.4. *Théorème*. Soit $P = M^d$ un idéal premier non maximal de R. Alors R/P est un anneau de valuation discrète de corps résiduel R/M, de corps quotient K hensélien et de groupe de valuation

$$\{\pm n \ / \ n \in R_M^+ \quad , \quad n < d\}$$

Bien sûr "anneau de valuation discrète" doit être compris dans un sens non standard.

Montrons que K est hensélien. Par 3.5 et 4.1 on peut supposer M définissable. Soit $M = (p)$, $p \in R$, et $P = M^d$, $d \in R^+$. Il suffit de montrer que R/p est un anneau hensélien c'est-à-dire que pour tout polynôme Q de R[X] toute racine simple $\overline{r}$ de Q modulo M se relève en une racine modulo P. Soit $n \in R^+$ tel que $n > d$. Alors $P \subset M^n = (p^n)$ et il suffit de montrer, ce qui est facile avec Peano, que si n est un entier ≥ 1 et si $r \in R$ est racine simple de $Q \in R[X]$ modulo p alors il y a un $s \in R$ tel que $p/r-s$ et $p^n/Q(s)$.

On connait également pas mal de choses sur les corps R/M, M maximal. En particulier ils sont finis (si M est engendré par un nombre premier standard) ou pseudofinis i.e. modèles infinis de la théorie des corps finis (pour ceci et d'autres résultats sur ces corps résiduels cf. [3]).

RÉFÉRENCES.

[1] G. CHERLIN - Ideals of integers in nonstandard number fields, p. 60-90. Abraham Robinson Memorial Volume, Springer-Verlag (1975).

[2] G. CHERLIN - Ideals in some nonstandard Dedekind rings, Logique et Analyse, 71-72, (1975), p. 379-406.

[3] A. MACINTYRE - Residue fields of models of $\mathbb{P}$, preprint.

REMARQUES.

Ici nous nous sommes occupé presque uniquement des M-idéaux. Il est à noter que Cherlin pousse ses résultats à des idéaux quelconques et représente en particulier tout idéal comme section semi-continue à support compact de l'espace fibré $X = \{(M,d) \mid M$ idéal maximal de R, d coupure de Dedekind de $R_M^+\}$ muni de la topologie adéquate. Notons encore que le cadre dans lequel se place Cherlin est à la fois plus général et plus restreint que celui adopté dans cet exposé : plus restreint en ce sens qu'il travaille avec des extensions élémentaires $\mathbb{Z}^*$ de $\mathbb{Z}$ (mais en réalité ses démonstrations sont faites dans Peano), plus large en ce sens qu'il traite non seulement les $\mathbb{Z}^*$ mais aussi les anneaux d'entiers des corps de nombres construits à partir des $\mathbb{Z}^*$ (dans [1]) et d'autres anneaux de Dedekind non standards [2]. En fait il s'agit essentiellement des mêmes démonstrations modifiées pour tenir compte du fait que dans ces anneaux les idéaux définissables sont engendrés par 2 éléments au lieu d'être principaux. Enfin et pour faire plaisir à Daniel Lascar j'ai choisi de formaliser les démonstrations à l'aide de types au lieu des ultrapuissances définissables utilisées dans les articles originaux.

THEORIE ELEMENTAIRE DE LA MULTIPLICATION
DES ENTIERS NATURELS

Patrick CEGIELSKI
27, rue Dézobry
93200 SAINT-DENIS (France)

<u>INTRODUCTION</u>.- Soit M la théorie du premier ordre de la multiplication des entiers naturels non nuls, c'est-à-dire de la structure $(\mathbb{N},.)$ de langage L = (.), où . est un signe fonctionnel binaire.

Comme pour toute théorie d'une structure infinie, on sait que M est non-contradictoire, complète et non-catégorique (la structure ci-dessus, appelée <u>modèle standard</u> de la théorie étudiée, n'est pas le seul modèle (même à isomorphisme près)) (cf. [ME]).

Dans ce qui suit, je donne une axiomatique explicite de cette théorie, puis une élimination des quantificateurs, ce qui permet de caractériser les types, je montre qu'elle est conséquence de la Σ_0-induction (théorie bien plus faible que l'arithmétique de Péano), et enfin que les quantificateurs de Ramsey sont éliminables dans le modèle standard.

Presburger [Pr] a étudié la théorie de l'addition, i.e. de la structure $(\mathbb{N},+)$, en 1929 : il en a donné une axiomatique explicite, une élimination des quantificateurs et montré ainsi qu'elle était décidable. Skolem montrait l'année suivante que la théorie de la multiplication était décidable (résultat bien connu, cf. [SK],[MO] et [FV]). Récemment, il y a eu des travaux de Jensen et Ehrenfeucht [JE], de Rackoff sur la complexité de l'algorithme de décision [RA], de

Lessan [LE] et enfin de Nadel qui montre que la théorie complète de la multiplication est conséquence de l'arithmétique de Péano [NA]. D'autre part, Zoé Chatzidakis [CH] a caractérisé tous les modèles de la théorie de la multiplication en termes de faisceaux.

Cet article est une version révisée de ma thèse de troisième cycle soutenue le 25 mars 1980 à l'Université Paris VI (François Aribaud, président, Roland Fraïssé, Angus Macintyre, Kenneth Mc Aloon et Bruno Poizat, examinateurs). Je tiens à remercier tous ceux sans qui cette thèse n'aurait pas été menée jusqu'à son terme, et plus particulièrement Kenneth Mc Aloon qui m'a proposé les sujets, Bruno Poizat qui m'a guidé durant toute sa préparation ainsi que l'Ecole Normale Supérieure de l'Enseignement Technique (Cachan).

A.- PRELIMINAIRES : LA THEORIE DE L'ADDITION

1.- AXIOMATISATION DE LA THEORIE DE L'ADDITION

Soit PRESB la théorie de l'addition des entiers naturels, i.e. de la structure $(\mathbb{N},+)$, de langage $(+)$, où + est un signe fonctionnel binaire. Voici une axiomatique de cette théorie (cf. [PR] ou [FR]) :

A1. (Associativité) $\forall x \forall y \forall z\ (x+(y+z)=(x+y)+z)$

A2. (Element neutre) $\exists y\ \forall y\ (x+y=y+x=y)$
cet élément neutre est unique et on le note $\underline{0}$).

A3. (Commutativité) $\forall x \forall y\ (x+y=y+x)$

A4. (Régularité) $\forall x \forall y \forall z\ (x+z=y+z \rightarrow x=y)$

A5. (Positivité) $\forall x \forall y\ (x+y=0 \rightarrow x=y=0)$
(On note $n.x$ le terme défini par récurrenxe sur $n \in \mathbb{N}$ par :

$(0.x=0$ et $(n+1).x=n.x+x.)$

A6^n. (Pas de torsion) (pour tout $n \in \mathbb{N}^*$:) $\forall x\ (n.x=0 \rightarrow x=0)$
(On définit la relation $\leq$ par : $x \leq y$ ssi $\exists z\ (y=z+x)$.)

A7. (Ordre total) $\forall x \forall y\ (x \leq y \vee y \leq x)$

A8. (Discrétion) $\exists x \forall y\ (x \neq 0 \wedge (0 \leq y \leq x \rightarrow (y=0 \vee y=x)))$
(Cet x est unique et on le note $\underline{1}$.)

A9^n. (Divisibilité) (pour tout $n \in \mathbb{N}^*$:)

$\forall x \exists y \exists z\ (x=n.y+z \wedge z \leq n.1 \wedge z \neq n.1)$

2.- ELIMINATION DES QUANTIFICATEURS POUR LA THEORIE DE L'ADDITION

D1 1°.- On dit qu'une formule d'un langage L est ouverte (ou sans quantificateurs) ssi aucune occurrence d'un quantificateur n'y intervient ;

2°.- On dit qu'une théorie T de langage L élimine les quantificateurs ssi toute formule ϕ de L est T-équivalente à une formule ψ de L ouverte.

3°.- Là où il n'y a pas de risque de confusion, et où il est clair de quelle théorie T il s'agit, on écrira simplement ϕ au lieu de $T \vdash \phi$

D2.- Pour n entier on note, dans la théorie de l'addition, $\underline{x \leq_n y}$ pour : $\exists z \ (y = n \, . \, z + x)$.

Remarque.- Pour n = 0, on retrouve ainsi l'égalité ; pour n = 1, ce n'est rien d'autre que la relation d'ordre. Pour $n \geq 2$, $x \leq_n y$ signifie non seulement que x est congru à y modulo n au sens classique mais aussi que $x \leq y$. On peut définit $\underline{x \equiv_n}$ y par :

$$(x \leq_n y \vee y \leq_n x).$$

Presburger a montré que la théorie de l'addition de langage $(+,0,1,\leq,(\equiv_n)_{n\geq 2})$ (ou $(+,0,1,(\leq_n)_{n\in\mathbb{N}})$) élimine les quantificateurs (c'est en fait le résultat qui sert à montrer la complétude de PRESB). Nous le redémontrons ci-dessous en T2.

3.- FONCTIONS DE SKOLEM

D3.-On dit qu'une <u>théorie</u> T <u>admet des fonctions de Skolem</u> ssi pour toute (n+1)-formule $\theta(x,x_1,\ldots,x_n)$ de L(T) il existe une relation fonctionnelle (ou application définissable) $y = f(x_1,\ldots,x_n)$ telle que :

$$T \vdash \forall x_1 \ldots \forall x_n \ (\exists x \, \theta(x,x_1,\ldots,x_n) \longleftrightarrow \theta(f(x_1,\ldots,x_n),(x_1,\ldots,x_n))).$$

T1.- La théorie de l'addition admet des fonctions de Skolem.

Démonstration.- En effet, on prend pour $f(x_1,\ldots,x_n)$ le plus petit x convenant, i.e. : - si $\neg\exists x \, \theta(x_1,\ldots,x_n)$ alors x = 0 ;

- sinon le x tel que :

$$\theta(x,x_1,\ldots,x_n) \wedge \forall y \ (\theta(y,x_1,\ldots,x_n) \rightarrow y \geq x),$$

un tel x existe car c'est vrai dans le modèle standard (principe du bon ordre) et puisque la théorie est complète (nous le verrons d'ailleurs directement dans T2). On note cet x: $\underline{\mu y \, \theta(y,x_1,\ldots,x_n)}$ (lire : "le plus petit y tel que ...").

2.- Les fonctions de Skolem $y = f(x_1,\ldots,x_n)$ sont définies par :

$$\bigwedge_{1\le i\le k} (C_i(x_1,\dots,x_n) \to y = t_i(x_1,\dots,x_n))$$

avec C_i formule du langage de l'élimination des quantificateurs et t_i terme du langage $L' = (+,\dot{-},([\frac{-}{n}])_{n\in\mathbb{N}^*},0,1)$, où

- $\dot{-}$ est la soustraction complète : $x \dot{-} y = \begin{cases} x-y & \text{si } x \ge y \\ 0 & \text{sinon} \end{cases}$

- $[\frac{x}{n}]$ est le quotient dans la division euclidienne de x par n, dont l'existence est affirmée par $A9^n$.

<u>Démonstration</u>.- Nous allons, en fait, en plus montrer l'élimination des quantificateurs, ce qui se fait par récurrence sur la complexité de la formule. Le seul cas non trivial est celui de : $\exists\, x\ \theta(x,x_1,\dots,x_n)$. Par hypothèse de récurrence et d'après la mise sous forme normale, nous avons, en remarquant de plus les équivalences :

- $x = y \leftrightarrow (x \le y \wedge y \le x)$
- $x \ne y \leftrightarrow (x+1 \le y \vee y+1 \le x)$
- $\neg(x \le y) \leftrightarrow y+1 \le x$
- $\neg(x \equiv_n y) \leftrightarrow (x+1 \equiv_n y \vee \dots \vee x+n-1 \equiv_n y)$,

la forme canonique

$$\theta(x,x_1,\dots,x_n) \leftrightarrow \bigvee_{1\le i\le k} (u_1 \le u'_1 \wedge\dots\wedge u_p \le u'_p \wedge v_1 \equiv_{m_1} v'_1 \wedge\dots$$
$$\wedge\, v_q \equiv_{m_q} v'_q)$$

avec les u et v termes de $(+,0,1)$.

On voit, par récurrence sur la complexité, que tout terme t en $x, x_1,\dots,x_n$ de $(+,0,1)$ est, à PRESB-équivalence près, de la forme :

$$a_1x_1 + \dots + a_nx_n + ax + a' \ , \quad \text{avec } a_1,\dots,a_n,a,a' \in \mathbb{N} .$$

D'autre part, pour $m \in \mathbb{N}^*$ on a : $\forall x\ (x \equiv_m 0 \vee x \equiv_m 1 \vee\dots\vee x \equiv_m m-1)$.

D'où $t \equiv_m t' \leftrightarrow \bigvee (x_1 \equiv_m a_1 \wedge\dots\wedge x_n \equiv_m a_n \wedge x \equiv_m a)$

avec : $a_1,\dots,a_n,a < m$. Enfin, on a

$$a\,x+u \le u' \leftrightarrow x \le [\frac{u' \dot{-} u}{a}] \quad , \qquad \text{pour } a \in \mathbb{N}^* \quad , \text{ et :}$$

$$u' \le a\,x+u \leftrightarrow (u' \le u \vee [\frac{u' \dot{-} u}{a}] \le x).$$

Ainsi : $$\theta(x,x_1,\dots,x_n) \leftrightarrow \bigvee_{1\le i\le k} (C_i(x_1,\dots,x_n) \wedge x \equiv_{m_1} a_1 \wedge\dots\wedge x \equiv_{m_p} a_p$$

$$\wedge\, u_1 \le x \wedge\dots\wedge u_r \le x \wedge x \le v_1 \wedge \dots\wedge x \le v_s)$$

avec un autre k que celui ci-dessus, C_i conjonction de formules de la forme : $w \le w'$, $x_j \equiv_m b$ avec $m \in \mathbb{N}^*$, $b < m$, w et w' termes en $x_1,\dots,x_n$ du langage (+,O,1), et les u_j et v_j termes en $x_1,\dots,x_n$ du langage L'.

Si, dans les C_i, nous incorporons des $x_j \equiv_{m_r} b_{jr}$ pour $1 \le r \le p$ $1 \le j \le n$ (en augmentant k et le nombre de termes de la disjonction), ainsi que pour σ,τ permutations de [1,r] et [1,p] respectivement:

$$u_{\sigma(1)} \le\dots\le u_{\sigma(r)} \ , \ v_{\tau(1)} \le\dots\le v_{\tau(s)} \ ,$$

nous avons, en posant $u = u_{\sigma(r)}$, $v = v_{\tau(s)}$, éventuellement u = O si r = O, " $\le v$" le mot vide si s = O :

$$\theta(x,x_1,\dots,x_n) \leftrightarrow \bigvee_{1\le i\le k} (C_i(x_1,\dots,x_n) \wedge u \le x \le v$$

$$\wedge\, x \equiv_{m_1} a_1 \wedge\dots\wedge x \equiv_{m_p} a_p)$$

Or dès que nous connaissons les restes modulo les m_r pour les x_j nous les connaissons aussi pour u, nous savons donc exprimer le plus petit u' plus grand que u tel que : $u' \equiv_{m_1} a_1 \wedge\dots\wedge u' \equiv_{m_p} a_p$, il est de la forme : $u' = u+N$, avec $N \in \mathbb{N}$.

Remarquons enfin que pour w, w' termes de L' nous avons : $w \le w' \leftrightarrow \phi$, avec ϕ formule sans quantificateur de (+,O,1), par récurrence sur la complexité, car :

$$x \dot{-} y \le z \leftrightarrow ((x \ge y \wedge x \le z+y) \vee x \le y), \quad [\frac{x}{n}] \le y \leftrightarrow x \le n\,.\,y.$$

Aussi peut-on considérer les conditions C_i comme étant des formules du langage de l'élimination. Par conséquent :

$$\exists\, x\, \theta(x,x_1,\ldots,x_n) \longleftrightarrow \bigvee (C_i(x_1,\ldots,x_n) \wedge u' \leq v)$$

(sans " $u' \leq v$ " éventuellement s'il n'y a pas de v), ce qui montre le théorème de l'élimination, et d'autre part,

$$(C_i(x_1,\ldots,x_n) \wedge u' \leq v) \rightarrow y = u' \ ,$$

ce qui donne la forme des fonctions de Skolem (remarquons que les conditions peuvent ne pas être indépendantes, mais cela n'a pas d'importance). □

B.- AXIOMATISATION

1.- SOMME DIRECTE DE STRUCTURES

D1.- Soient L un langage ayant une et une seule constante, notée $\underline{O}$, $(\mathcal{A}_i)_{i\in I}$ une famille non vide de L-structures telle que pour tout i de I et tout symbole fonctionnel F de L, on ait : $F(0,\ldots,0) = 0$.
La somme directe de cette famille est la L-structure $\mathcal{B}$, notée $\underset{i\in I}{\oplus} \mathcal{A}_i$, définie par :

- $B = \{f \in \prod_{i\in I} A_i / f(i) = 0$ sauf pour au plus un nombre fini de i$\}$;
- pour R prédicat n-aire de L : $\bar{R}^{\mathcal{B}}(f_1,\ldots,f_n)$ ssi pour tout i de I on a $\bar{R}^{\mathcal{A}_i}(f_1(i),\ldots,f_n(i))$;
- pour F symbole fonctionnel n-aire de L :

$$\bar{F}^{\mathcal{B}}(f_1,\ldots f_n) = (\bar{F}^{\mathcal{A}_i}(f_1(i),\ldots,f_n(i)))_{i\in I}\ .$$

Remarques : 1°.- $\underset{i\in I}{\oplus} \mathcal{A}_i$ est bien une L-structure, la clôture pour les fonctions étant assurée par la condition sur la famille ;

2°.- Si I est fini, la somme directe est la même chose que le produit direct.

Exemples : 1°.- On a $(\mathbb{N}^*,.) = \underset{n\in\mathbb{N}}{\oplus} \mathcal{A}_n$ avec $\mathcal{A}_n = (\mathbb{N},+)$ pour tout n ;

2°.- On a $(\mathbb{N}^*,|) = \underset{n\in\mathbb{N}}{\oplus} \mathcal{A}_n$ avec $\mathcal{A}_n = (\mathbb{N},\leq)$ pour tout n, où | est la relation de divisibilité.

2.- AXIOMATIQUE.

Introduction.- Pour donner une axiomatique de la théorie M, nous allons commencer par exhiber une théorie de langage L dont $(\mathbb{N}^*,.)$ est un modèle (et que nous noterons encore M par abus de langage), puis nous montrerons que cette théorie est complète.

L'axiomatique est une modélisation, dans le langage du premier ordre L, du fait que M est une somme directe de modèles de la théorie de l'addition (ce qui ne veut pas dire, bien sûr, que les modèles de cette théorie soient de cette forme). Pour cela, on définit l'ensemble $\mathbb{P}$ des nombres premiers, qui jouera le rôle de l'ensemble indiciel I, les nombre p-primaires $\underline{PR}(p,)$ (c'est-à-dire tel que p soit le seul nombre premier les divisant), la valuation p-adique d'un nombre x, $\underline{V}(p,x)$ (c'est-à-dire le plus grand nombre p-primaire divisant x, et non l'exposant de p de celui-ci, qu'il n'est pas possible de définir dans ce langage).

D2.- On appelle théorie de la multiplication la théorie $\underline{M}$ de langage $\underline{L} = (.)$, où . est un signe fonctionnel binaire, et dont les axiomes propres sont les axiomes et schémas d'axiomes suivants.

A1.- (Associativité) $\forall x \forall y \forall z \quad (x . (y . z) = (x . y) . z)$

A2.- (Elément neutre) $\exists x \forall y (x . y = y . x = y)$

(cet élément neutre qui est unique est noté $\underline{1}$).

A3.- (Commutativité) $\forall x \forall y (x . y = y . x)$

A4.- (Régularité) $\forall x \forall y \forall z (x . z = y . z \to x = y)$

A5.- (Positivité) $\forall x \forall y (x . y = 1 \to x = y = 1)$

(on note $\underline{x^n}$ le terme défini par récurrence sur $n \in \mathbb{N}$ par : $x^o = 1$ et : $x^{n+1} = x^n . x$).

$A6^n$.- (Pas de torsion) (Pour $n \in \mathbb{N}^*$) : $\forall x \forall y (x^n = y^n \to x = y)$

d1.- On dit que x divise y, et on note $\underline{x \mid y}$, ssi on a : $\exists z (y = z . x)$. ce z qui est unique, se note : $\underline{\frac{y}{x}}$

$A7^n$.- (Divisibilité) (Pour $n \in \mathbb{N}^*$) :

$$\forall x \exists y \exists z (x = y^n . z \wedge \forall y' \forall z' (x = y'^n . z' \to z \mid z'))$$

d2.- p est un nombre premier, et on note $\mathbb{P}(p)$, ssi on a :

$$p \neq 1 \wedge \forall x (x \mid p \to (x = 1 \vee x = p))$$

A8.- (Existence de nombres premiers) $\forall x \exists p (\mathbb{P}(p) \wedge p \nmid x)$
(cet axiome dit beaucoup plus que l'existence de nombres premiers, à savoir l'existence d'une infinité de nombres premiers).

<u>d3</u>.- x est un <u>nombre</u> p-<u>primaire</u>, et on note <u>PR</u>(p,x), ssi on a :

$$\mathbb{P}(p) \wedge \forall q((\mathbb{P}(p) \wedge q \neq p) \rightarrow q \nmid x)$$

<u>A9</u>.- (| <u>total sur</u> PR(p,))

$$\forall p \forall x \forall y ((PR(p,x) \wedge PR(p,y)) \rightarrow (x \mid y \vee y \mid x))$$

<u>d4</u>.- On définit la <u>valuation</u> p-<u>adique</u> de x, et on note <u>V</u>(p,x) par :

$$y = V(p,x) \leftrightarrow (\mathbb{P}(p) \wedge PR(p,y) \wedge y \mid x \wedge \forall z((PR(p,z) \wedge z \mid x) \rightarrow z \mid y))$$

<u>A10</u>.- (<u>Existence des valuations</u>) $\forall x \forall p (\mathbb{P}(p) \rightarrow \exists y (y = V(p,x)))$.

<u>A11</u>.- (x <u>est caractérisé par ses valuations</u>)

$$\forall x \forall y (x = y \leftrightarrow \forall p (\mathbb{P}(p) \rightarrow V(p,x) = V(p,y)))$$

<u>A12</u>.- (<u>Linéarité de la valuation</u>)

$$\forall x \forall y \forall p (\mathbb{P}(p) \rightarrow V(p,x\,.\,y) = V(p,x)\,.\,V(p,y))$$

<u>A13</u>.- (<u>Division</u>)

$$\forall x \forall y (\forall p (\mathbb{P}(p) \rightarrow V(p,x) \mid V(p,y)) \rightarrow x \mid y)$$

<u>A14</u>.- (<u>Troncage</u>)

$$\forall x \forall y \exists z \forall p (\mathbb{P}(p) \rightarrow ((p \mid x \rightarrow V(p,z) = V(p,y)) \wedge (p \nmid x \rightarrow V(p,z) = 1)))$$

(ce z qui est unique, est noté <u>T</u>(x,y)).

(c'est-à-dire, si $y = \Pi\, p^{\alpha}$ alors $T(x,y) = \prod_{p/x} p^{\alpha}$).

<u>A15</u>.- (<u>Incrémentation</u>)

$$\forall x \exists y \forall p (\mathbb{P}(p) \rightarrow ((p \nmid x \rightarrow V(p,y) = 1) \wedge (p \mid x \rightarrow V(p,y) = p\,.\,V(p,x))))$$

(ce y, qui est unique, est noté <u>I</u>x).

(c'est-à-dire, si $x = \Pi\, p^{\alpha}$ alors $Ix = \prod_{p|x} p^{\alpha+1}$).

<u>d5</u>.- Pour $n \in \mathbb{N}$, on note $\underline{x \equiv_n y}$ ssi on a : $\exists z\ (y = z^n . x)$.

(<u>Attention</u> : ceci ne signifie pas seulement que les valuations au sens usuel de x sont congrues modulo n aux valuations de y, mais aussi que $x|y$).

<u>A16</u>.- (<u>Séparation</u>) (pour $n \in \mathbb{N}$) :

$$\forall x \forall y \exists z \forall p\ (\mathbb{P}(p) \rightarrow (((p \mid x.y \wedge V(p,x) \equiv_n V(p,y)) \rightarrow V(p,z) = p)$$

$$\wedge\ (p \nmid x.y \vee V(p,x) \not\equiv_n V(p,y)) \rightarrow V(p,z) = 1)))$$

(ce z, qui est unique, est noté $\underline{SP_n(x,y)}$).

(c'est-à-dire, si $x = \Pi\, p^{\alpha}$, $y = \Pi\, p^{\beta}$, $SP_n(x,y) = \prod_{\substack{p^{\alpha} \equiv_n p^{\beta} \\ p \mid x.y}} p$,

La condition $p \mid x.y$ est là pour assurer qu'on est en présence d'un produit "fini").

3.- <u>DEVELOPPEMENT DE LA THEORIE</u>

<u>D3</u>.- Soient $\mathfrak{A}$ un modèle de M, p un nombre premier de $\mathfrak{A}$ (i.e. $p \in A$ et $\mathfrak{A} \models \mathbb{P}(p)$). On note $\underline{\mathfrak{A}_p}$ la structure $(A_p,.)$ où

$$A_p = \{x \in A / \mathfrak{A} \models PR(p,x)\}$$

et . est la restriction de . à A_p.

<u>T1</u>.- $\mathfrak{A}_p$ est un modèle de la théorie de l'addition.

<u>Démonstration</u>. <u>$\forall p\ (\mathbb{P}(p) \rightarrow PR(p,1))$</u> : en effet, si $q \mid 1$ alors, d'après la positivité(A5), $q = 1$. Ainsi $\underline{A_p \neq \emptyset}$.

o (<u>Discrétion</u>) $\forall p \forall x\ ((\mathbb{P}(p) \wedge PR(p,x)) \rightarrow$

$\exists y\ (x \mid y \wedge PR(p,y) \wedge x \neq y \wedge \forall z\ ((x \mid z \wedge z \mid y) \rightarrow (z = x \vee z = y))))$:

posons $y = p . x$; si $x \mid z$ alors $z = t . x$; si $z \mid y$ alors :
$y = u . z = u . t . x = p . x$ d'où, d'après la régularité (A4), $u . t = p$ et, par définition d'un nombre premier, $t = 1$ ou $t = u$, d'où le résultat.

o $\underline{\forall x \forall p\, (PR(p,x) \rightarrow (V(p,x) = x \wedge \forall q\, ((\mathbb{P}(q) \wedge q \neq p \rightarrow V(q,x) = 1)))}$:
il résulte immédiatement de la définition que $V(p,x) = x$; si $V(q,x) \neq 1$ alors $q \mid V(q,x)$ (d'après la discrétion), or $V(q,x) \mid x$, d'où $q \mid x$, soit $q = p$ par définition de PR.

o $\underline{\forall x \forall p\, (PR(p,p))}$: en effet, on a $p \mid p$ et pour q nombre premier si $q \mid p$ alors $q = p$, par définition même d'un nombre premier.

o $\underline{\forall x \forall y \forall p\, ((\mathbb{P}(p) \wedge PR(p,x) \wedge PR(p,y)) \rightarrow PR(p,x . y))}$:
si pour q nombre premier différent de p, on avait $q \mid x . y$ alors il existerait z tel que $x . y = z . q$, d'où $V(q,x . y) = V(q,z . q)$, soit, d'après la linéarité (A12), $V(q,x) . V(q,y) = V(q,z) . V(q,q)$, soit encore $q \mid 1$ d'après ce qui précède, impossible.

Ainsi A_p est stable pour la multiplication et $\mathcal{Q}_p$ est bien <u>une structure</u>.

o Que $\mathcal{Q}_p$ vérifie les axiomes d'associativité, d'existence d'un élément neutre, de commutativité, de régularité, de positivité, de non-torsion résulte immédiatement des axiomes A1, A2 (et du fait que $1 \in A_p$), A3, A4, A5, et $A6^n$ de la théorie M. D'autre part, nous avons montré la discrétion plus haut.

o L'ordre total résulte de A6 en remarquant que le z tel que $y = z . x$ si $x \mid y$, par exemple, est tel que $PR(p,z)$: en effet, sinon il existe q différent de p tel que $q \mid z$, d'où $q \mid y$, impossible.

o (<u>Divisibilité</u>) (pour tout $n \in \mathbb{N}^*$:)

$$\underline{\forall p \forall x\, ((\mathbb{P}(p) \wedge PR(p,x)) \rightarrow \exists y \exists z\, (PR(p,y) \wedge PR(p,z) \wedge}$$

$$\underline{x = y^n . z \wedge z \mid p^n \wedge z \neq p^n)} :$$

d'après $A7^n$, il existe y et z tels que $x = y^n . z$ et z minimal ; on a

$y \mid x$ et $z \mid x$ d'où PR(p,y) et PR(p,z) ; si $z \nmid p^n$ alors, d'après l'ordre total, $p^n \mid z$ d'où $z = p^n . z'$ et $x = y^n . p^n . z' = (y . p)^n . z'$ avec $z' \mid z$ et $z' \neq z$, contradiction. □

Conséquence.- Indifféremment dans la suite on utilisera la notation additive (avec $0, 1, +, \leq, S, \ldots$) ou multiplicative (avec $1, p, ., \mid, I, \ldots$) lorsqu'on parlera des éléments de A_p.

P1.- Tout modèle de M a une infinité de nombres premiers, plus précisément : $\forall x \exists p (\mathbb{P}(p) \wedge p \nmid x)$.

Démonstration.- En effet, supposons qu'il y ait seulement un nombre fini de nombres premiers, soit $p_1, \ldots, p_n$. Posons alors $x = p_1, \ldots, p_n$ (éventuellement $x = 1$), d'après A8 il existe un nombre premier p qui ne divise pas x, donc $p \neq p_1, \ldots, p_n$, contradiction. □

Remarque.- Si on dit qu'un sous-ensemble P' de nombres premiers est fini si, et seulement si, il existe un élement x de A tel que : $p \in P' \leftrightarrow p \mid x$. Alors un modèle $\mathfrak{A}$ de M a aussi une infinité de nombres premiers au sens qu'aucun élément n'est divisible par tous les nombres premiers.

$P2^n$ (pour tout $n \in \mathbb{N}^*$)

$$\forall x \exists y \forall p (\mathbb{P}(p) \rightarrow V(p,y) = [\frac{V(p,x)}{n}])$$

Démonstration.- En effet, d'après l'axiome de divisibilité $A7^n$, il existe y et z tels que : $x = y^n . z$ et z le plus petit possible ; c'est ce z qui convient. □

P3.- $\forall x \forall y \exists z \forall p (\mathbb{P}(p) \rightarrow V(p,z) = V(p,x) \dot{-} V(p,y))$

Démonstration.- On a : $T(SP_1(y,x),y) \mid T(SP_1(y,x),x)$, il suffit de prendre $z = \dfrac{T(SP_1(y,x),x)}{T(SP_1(y,x),y)}$. □

Ce z est noté $x \div y$, et on parle de division complète).

T2.- (Existence de tout produit "fini" de nombres p-primaires)

Soit $z = f(\vec{y})$ une relation fonctionnelle de la théorie de l'addition, alors on a

$$\forall \vec{x}\ \forall x_0\ \exists y\ \forall p\ (\mathbb{P}(p) \to ((p \mid x_0 \to V(p,y) = f(V(p,\vec{x})))$$
$$\wedge\ (p \nmid x_0 \to V(p,y) = 1\ )))$$

Démonstration.- On a $z = \mu u(u = f(\vec{y}))$ donc, d'après la forme des fonctions de Skolem pour la théorie de l'addition (A III T2), f est de la forme : $\bigvee\!\!\bigvee_{1\leq i\leq k} (C_i(\vec{y}) \to z = t_i(\vec{y}))$, avec C_i formule du langage de l'élimination des quantificateurs pour l'addition et t_i terme du langage $L' = (+,\dot{-},([\frac{-}{n}])_{n\in\mathbb{N}^*},0,1)$.

D'après la mise sous forme normale et le fait que la négation d'une formule atomique du langage de l'élimination est une combinaison booléenne positive de formules atomiques, on a f de la forme :

$$\bigvee\!\!\bigvee_{1\leq i\leq k} \Big(\bigwedge\!\!\bigwedge_{1\leq j\leq m_i} C_{ij}(\vec{y}) \to z = t_i(\vec{y})\Big) ,$$

avec k éventuellement différent de celui ci-dessus et les $C_{ij}(\vec{y})$ de la forme : $u(\vec{y}) \equiv_{n_{ij}} u'(\vec{y})$, avec $n_{ij} \in \mathbb{N}$, u et u' termes de (+,0,1).

Considérons x et x_0. Posons, pour $i \in [1,k]$, $j \in [1,m_i]$:

- $P_{ij} = SP_{n_{ij}}(u(\vec{x}),u'(\vec{x}))\ .\ (x_0 \div (u(\vec{x})\ .\ u'(\vec{x})))$

l'intervention du premier facteur se comprend aisément, le deuxième facteur est dû à ce que si $p \nmid u(\vec{x})\ .\ u'(\vec{x})$ alors on a :

$$u(V(p,\vec{x})) = u'(V(p,\vec{x})) = 1,\ \text{d'où} :\ u(V(p,\vec{x})) \equiv_{n_{ij}} u'(V(p,\vec{x})),$$

mais $p \nmid SP_{n_{ij}}(u(\vec{x}),u'(\vec{x})))$.

- $P_i = \bigcap_{1\leq j\leq m_i} P_{ij}$ (ceci est obtenu grâce au troncage).

- $b_i = t_i(\vec{x})$ (ceci a un sens en ramplaçant + par ., $\dot{-}$ par $\div$, $[\frac{-}{n}]$ par l'opération exhibée en $P2^n$, 0 par 1 et 1 par I).

- $a_i = T(P_i, b_i)$, et enfin $a = T(x_0, a_1. \dots .a_k)$ alors a est le y cherché. □

4.- <u>COMPLETUDE ET DECIDABILITE DE LA THEORIE M</u>

<u>D4</u>.- Soit L' = (.,V) le langage obtenu à partir de L en ajoutant un signe fonctionnel binaire. A toute formule ϕ de L on associe la formule $\underline{\phi^p}$ de L' dont l'ensemble des variables libres est celui de ϕ plus la variable p (mise en exposant dans notre notation), obtenue en remplaçant chaque variable libre x par le terme V(p,x).

<u>P3</u>.- Soit $\mathfrak{A}$ un modèle de M, ϕ une n-formule de L, p un nombre premier de $\mathfrak{A}$ et $\vec{f} \in A^n$, alors :

$$\mathfrak{A} \models \phi^p[\vec{f}] \text{ si et seulement si } \mathfrak{A}_p \models \phi\,[V(p,\vec{f})]$$

où $V(p,(f_1,\dots,f_n)) = (V(p,f_1),\dots,V(p,f_n))$.

<u>Démonstration</u>.- Par récurrence sur la longueur de ϕ. □

<u>D5</u>.- On note <u>M"</u> la théorie de langage <u>L"</u> = (.,V,P), extension par définition évidente de M.

<u>D6</u>.- Soit θ une formule de L et $k \in \mathbb{N}^*$ alors on pose $\underline{R_k(\theta)}$ la formule de L" suivante :

$$\exists\, p_1 \dots \exists\, p_k \;\Big(\bigwedge_{1 \le i \le j \le k} p_i \ne p_j \wedge \bigwedge_{1 \le i \le k} \mathbb{P}(p_i) \wedge \theta^{p_i} \Big).$$

<u>T3</u>.- Toute formule ϕ de L est M"-équivalente à une combinaison booléenne de formules du type $R_k(\theta)$.

<u>Démonstration</u>.- Par récurrence sur la longueur de ϕ.

- Pour ϕ atomique, i.e. de la forme t = t', on a :

$$\phi(x_1,\dots,x_n) \leftrightarrow (\forall\, p \in \mathbb{P})\,(V(p,t) = V(p,t'))$$

$$\leftrightarrow (\forall\, p \in \mathbb{P})\,(t(V(p,x_1),\dots,V(p,x_n)) = t'(V(p,x_1),\dots,V(p,x_n))) \leftrightarrow \neg R_1(\neg\phi)$$

- Pour ϕ négation ou disjonction, l'étape de la récurrence est évidente.

- Pour ϕ de la forme $\exists\, x\, \psi$ on a, par hypothèse de récurrence, et la mise sous forme normale :

$$\phi \leftrightarrow \exists\, x\, \bigvee (R_{k_1}(\theta_1) \wedge \ldots \wedge R_{k_m}(\theta_m) \wedge \neg R_{k_{m+1}}(\theta_{m+1}) \wedge \ldots \wedge \neg R_{k_{m+n}}(\theta_{m+n}))$$

$$\leftrightarrow \bigvee \exists\, x (R_{k_1}(\theta_1) \wedge \ldots \wedge \neg R_{k_{m+n}}(\theta_{m+n}))$$

Il suffit donc de le montrer pour une formule du genre :

$$\exists\, x (R_{k_1}(\theta_1) \wedge \ldots \wedge \neg R_{k_{m+n}}(\theta_{m+n})).$$

Pour faciliter l'exposé, montrons-le pour une formule du genre :

$$\exists\, x (R_{k_1}(\theta_1) \wedge \ldots \wedge R_{k_m}(\theta_m) \wedge S_{k_{m+1}}(\theta_{m+1}) \wedge \ldots \wedge S_{k_{m+n}}(\theta_{m+n})$$
$$\wedge \neg R_{k_{m+n+1}}(\theta_{m+n+1}) \wedge \ldots \wedge \neg R_{k_{m+n+p}}(\theta_{m+n+p}))$$

où S_k est l'abréviation de $R_k \wedge \neg R_{k+1}$ (pour $k \geq 1$).

o <u>Lemme 1</u>.- On peut supposer $\theta_1, \ldots, \theta_{m+n+p}$ deux à deux indépendantes (θ et θ' sont dites <u>indépendantes</u> ssi $\neg(\theta \wedge \theta')$ est une tautologie), et de plus que $\bigvee \theta_i$ est une tautologie.

<u>Démonstration</u>.- En effet, pour $r \subseteq [1, m+n+p]$ posons $\theta'_r = \bigwedge_{i \in r} \theta_i \wedge \bigwedge_{i \notin r} \neg\theta_i$. Alors les θ'_r sont indépendantes et on a le résultat voulu en utilisant les faits suivants et autres transformations analogues :

$$(R_k(\theta) \wedge R_{k'}(\theta')) \leftrightarrow \bigvee_{\substack{n,n',n'' \in \mathbb{N} \\ n+n'=k \\ n'+n''=k'}} (R_n(\theta \wedge \theta') \wedge R_{n'}(\theta \wedge \theta') \wedge R_{n''}(\neg\theta \wedge \theta'))$$

(où $R_o(\theta)$ doit être considérée comme la formule vide).

$$+ (R_k(\theta) \wedge \neg R_{k'}(\theta')) \leftrightarrow \bigvee_{\substack{n,n',n''\in\mathbb{N} \\ n'\leq k'-1 \\ n+n'=k \\ n'+n''=k'}} (R_n(\theta \wedge \neg\theta') \wedge S_{n'}(\theta\wedge\theta') \wedge \neg R_{n''}(\neg\theta\wedge\theta')) \quad \square$$

o Lemme 2.- Etant donné une formule :

$$\psi = \bigwedge_{1\leq i\leq m} R_{l_i}(\theta_i) \wedge \bigwedge_{m+1\leq i\leq m+n} S_{l_i}(\theta_i) \wedge \bigwedge_{m+n+1\leq i\leq m+n+p} \neg R_{l_i}(\theta_i)$$

il existe une formule ψ', combinaison booléenne de formules du type $R_l(\theta)$, telle que pour $\mathfrak{A}$ modèle de M, on ait : $\mathfrak{A} \models \psi'[\vec{f}]$ si, et seulement si, il existe une "partition" $P_1,\ldots,P_{m+n}$ de $\mathbb{P}$ (c'est-à-dire que les P_i sont deux à deux disjoints), avec :

- pour $i \in [1,m+n]$ P_i contient exactement l_i éléments ;
- pour $i \in [1,m+n]$ si $p \in P_i$ alors $\mathfrak{A} \models \theta^p[\vec{f}]$.

Démonstration.- La difficulté provient de ce que même si θ et θ' sont indépendants, i.e. $\neg(\theta \wedge \theta')$ est une tautologie, on peut avoir $\exists x\, \theta \wedge \exists x\, \theta'$.

Cependant, il existe bien une telle formule (c'est un problème de combinatoire) de la forme :

$$\bigvee_{k\,:\,2^{m+n}\to\mathbb{N}} \bigwedge_{j\in 2^{m+n}} S_{k(j)} \left(\bigwedge_{1\leq i\leq m+n} \varepsilon(i,j)\, \exists x\, \theta_i \right)$$

avec $\varepsilon(i,j)$ rien ou le signe de négation, k application correspondant aux parties "convenables" (il y en a un nombre fini, car de toute façon, $k(j) \leq l$, avec $l = \sum_{1\leq i\leq m+n} l_i$). □

o Lemme 3.- On peut supposer ψ de la forme :

$$\bigwedge_{1\leq i\leq m} R_{k_i}(\theta_i) \wedge \bigwedge_{m+1\leq i\leq m+n} S_{k_i}(\theta_i) \wedge \neg R_1(\theta).$$

Démonstration.- On remarque que : $\neg R_{k+1}(\theta) \leftrightarrow \neg R_1(\theta) \vee S_1(\theta) \vee \ldots \vee S_k(\theta)$ et : $\neg R_1(\theta_1) \wedge\ldots\wedge \neg R_1(\theta_k) \longleftrightarrow \neg R_1(\theta_1 \vee\ldots\vee \theta_k)$ et on ajoute des disjonctions. □

o Alors $\exists x\, \psi$ est M"-équivalente à :

$$\psi' \wedge \bigvee_{1\le i\le m} R_1(\theta_i(0,\vec{0})) \wedge \neg R_1(\neg\exists x \neg\theta) \wedge$$

$$\Big(\bigwedge_{m+1\le i\le m+n} \neg R_{k_i+1} (\exists x\, \theta_i \wedge \neg(\bigvee_{\substack{1\le j\le m+n\\ i\ne j}} \exists x\, \theta_j)) \qquad (1)$$

$$\wedge \bigwedge_{m+1\le i_1\le i_2\le m+n} \neg R_{k_{i_1}+k_{i_2}+1} (\exists x\, \theta_{i_1} \quad \exists x\, \theta_{i_2} \wedge \neg(\bigvee_{\substack{1\le j\le m+n\\ j\ne i_1,i_2}} \exists x\, \theta_j))\ (2)$$

$$\wedge \neg R_{(\sum_{m+1\le i\le m+n} l_i)+1} (\bigwedge_{m+1\le i\le m+n} \exists x\, \theta_i \wedge \neg(\bigvee_{1\le j\le m} \exists x\, \theta_j))) \qquad (n)$$

CN : Seul le deuxième terme n'est pas évident. Soit $\mathfrak{A}$ un modèle de M, et $\vec{f}$ tel que $\mathfrak{A} \models \phi[\vec{f}]$, alors il existe a tel que $\mathfrak{A} \models \psi[a,\vec{f}]$. Si $\vec{f} = (f_1,\dots,f_n)$, soit $a' = a . f_1 . \dots . f_n$, alors d'après A8, il existe un nombre premier p (et même une infinité) qui ne divise pas a', donc $\mathfrak{A} \models \theta_i(0,\dots,0)$ pour un certain $i \in [1,m+n]$, car $\theta \vee \bigvee_{1\le i\le m+n} \theta_i$ est une tautologie et on a $\neg R_1(\theta)[a,\vec{f}]$, or $\theta_i(0,\dots,0)$ est un énoncé et $\mathfrak{A}_p$ est un modèle de la théorie de l'addition, qui est complète, donc pour tout p on a $\mathfrak{A}_p \models \theta_i(\vec{0})$, ce qui montre que l'on a : $\bigvee_{1\le i\le m+n} \neg R_1(\neg\theta_i(\vec{0}))$.

On ne peut pas avoir $i \in [m+1,m+n]$ car sinon on n'aurait pas :

$$\mathfrak{A} \models \neg R_{k_i}(\theta_i)\,[a,\vec{f}].$$

CS : D'après (1) à (n) il existe $(P_i)_{m+1\le i\le m+n}$, P_i ensemble de moins de k_i nombres premiers tel que : $p \in P_i \to (\exists x\, \theta_i)^p$, et tel que pour $p \in \mathbb{P} \setminus (\bigcup_{m+1\le i\le m+n} P_i)$, on a $(\bigvee_{1\le i\le m} \exists x\, \theta_i)^p$ (par l'absurde).

D'après ψ', il existe $(P'_i)_{1\le i\le m+n}$, les P'_i étant disjoints deux à deux, P'_i a exactement k_i éléments et pour $p \in P'_i$, on a : $(\exists x\, \theta_i)^p$.

Alors, on construit x_o de la façon suivante, grâce au théorème III T2 :

- pour $i \in [m+1,m+n]$, pour $p \in P_i$ et pour $k_i - |P_i|$ éléments de P_i' on prend : $V(p,x_0) = \mu\, x(\theta_i(x))$;

- pour $i \in [1,m]$, pour $p \in P_i'$ on prend : $V(p,x_0) = \mu\, x(\theta_i(x))$;

- pour $p \mid f_1 . \ldots . f_p$ et non encore considéré :

$$V(p,x_0) = \mu\, x\Big(\bigvee_{1 \le i \le m} \theta_i(x)\Big) ;$$

- pour les autres p : $V(p,x_0) = 0$. Alors cet x_0 convient. □

Remarque.- Toute formule ϕ de L" est également M"-équivalente à une combinaison booléenne de formules du type $R_k(\theta)$, car M"-équivalente à une formule de L.

Corollaire.- La théorie M est complète et décidable.

Démonstration.- La théorie M" étant une extension par définition de M il suffit de raisonner sur M". Or lorsque ϕ est un énoncé on est ramené, de façon effective, à une combinaison booléenne de formules du type $R_k(\theta)$ avec θ énoncé ; d'après P3, $R_k(\theta)$ est vrai si, et seulement si, est vrai dans la théorie de l'addition, or cette dernière théorie est complète et décidable, d'où le résultat. □

5.- LA THEORIE DE LA MULTIPLICATION N'EST PAS FINIMENT AXIOMATISABLE

T4.- La théorie de la multiplication n'est pas finiment axiomatisable.

Démonstration.- Cela provient essentiellement du fait que la théorie de l'addition n'est pas finiment axiomatisable (Cf. [PR] ou [FR]).

En effet, supposons que cette théorie soit finiment axiomatisable, alors ce nombre fini d'axiomes (en fait leur conjonction) serait conséquence d'un nombre fini d'axiomes exhibés ci-dessus, et en particulier d'un nombre fini d'axiomes de divisibilité $A7^n$. Soit N le plus grand entier n tel que $A7^n$ soit nécessaire (avec, éventuellement, $N = 1$). Pour $i \in \mathbb{N}$, considérons la structure $\mathcal{A}_i = (A_i,+)$ avec :

$A_i = \{(x,y) \in Q^+ \times \mathbb{Z} / (x = \frac{a}{N}$ avec $a \in \mathbb{N})$ et $(x = 0 \rightarrow y \in \mathbb{N})\}$

$(x,y) + (x',y') = (x+x',y+y')$ (avec les additions habituelles dans Q et $\mathbb{Z}$).

Posons : $\mathfrak{A} = \bigoplus_{i \in \mathbb{N}} \mathfrak{A}_i$. Alors $\mathfrak{A}$ est un modèle de tous les axiomes autres que les axiomes de divisibilité $A7^n$ pour $n > N$. □

C.- ELIMINATION DES QUANTIFICATEURS

CARACTERISTION DES TYPES

1.- PREMIERE ELIMINATION DES QUANTIFICATEURS

D1.- Pour $n \in \mathbb{N}^*$ on pose E_n ("a au moins n éléments") la relation unaire suivante :

$$\exists p_1 \dots \exists p_n \left(\bigwedge_{1 \le i < j \le n} p_i \neq p_j \wedge \bigwedge_{1 \le i \le n} (\mathbb{P}(p_i) \wedge p_i \mid x) \right).$$

T1.- (Elimination des quantificateurs pour la théorie M)

La théorie M^o de langage $L^o = (.,1,I,T,(SP_n)_{n \in \mathbb{N}},(E_k)_{k \in \mathbb{N}^*})$, extension par définition évidente de M, élimine les quantificateurs.

Démonstration.- o D'après le théorème BT3, toute formule ϕ de L^o est M^o-équivalente à une combinaison booléenne de formules du genre $R_k(\theta)$. Il résulte alors de ce que la théorie de l'addition de langage $(+,(\equiv_n)_{n \in \mathbb{N}},0,1)$ élimine les quantificateurs, de la mise sous forme normale et de la distributivité des quantificateurs existentiels par rapport à la disjonction, que les formules θ des $R_k(\theta)$ peuvent être prises comme conjonction de formules de la forme : $t \equiv_n t'$, avec t, t' termes de $(.,I,1)$.

o Soit $\theta = \bigwedge_{1 \le i \le k} \theta_i$ avec θ_i de la forme : $t_i \equiv_{n_i} t'_i$.

Premier cas.- Pour tout i de $[1,k]$ on a : $t_i(1,\dots,1) \equiv_{n_i} t'_i(1,\dots,1)$. Alors $R_k(\theta)$ est vrai dans M^o, car il y a une infinité de nombres premiers ne divisant aucun des paramètres, et on a, par exemple : $R_k(\theta) \leftrightarrow \neg E_1(1)$.

Deuxième cas.- Sinon pour tout i de $[1,k]$ posons : $t''_i = SP_{n_i}(t_i,t'_i)$, puis : $t = t''_1 \wedge \dots \wedge t''_k$.

(c'est-à-dire : $T(t''_1,T(t''_2,\dots,T(t''_{k-1},t''_k)\dots))$). Alors on a : $R_k(\theta) \leftrightarrow E_k(t)$. D'où le résultat. □

Remarque.- Nous venons de voir que M^o élimine les quantificateurs, en particulier les relations définies jusqu'ici s'expriment dans le langage L^o ; vérifions-le :

- $x \mid y \longleftrightarrow T(SP_1(x,y),x) = x$;

- $\mathbb{P}(x) \longleftrightarrow (Ix = x^2 \wedge E_1(SP_o(Ix,x^2)) \wedge \neg E_2(SP_o(Ix,x^2)))$;

- $PR(p,x) \longleftrightarrow (\mathbb{P}(p) \wedge T(p,x) = x)$.

De plus, on a : $V(p,x) = T(p,x)$ (en fait, on n'a plus l'égalité si p n'est pas premier, mais ce n'est pas important).

2.- LA COMBINATOIRE SOUS-JACENTE A LA THEORIE DE LA MULTIPLICATION

D2.- 1°. On dit qu'un entier x est un ensemble fini de nombre premiers et on note Fin(x) ssi pour tout p de $\mathbb{P}$ on a : $V(p,x) = 1$ ou p, i.e. : $x = SP_o(x,x)$.

2°. A tout entier x on associe l'ensemble fini de nombres premiers associé, noté F(x), et défini par : $F(x) = SP_o(x,x) (= \prod_{p|x} p)$.

3°. On définit l'union de x et y (tels que Fin(x) et Fin(y)), et on note $x \cup y$, par $x \cup y = F(x \cdot y)$.

4°. On définit l'intersection de x et y (tels que Fin(x) et Fin(y)), et on note $x \cap y$, par $x \cap y = T(x,y)$.

5°. On définit la différence de x et y (tels que Fin(x) et Fin(y)), et on note $x \setminus y$, par $x \setminus y = \frac{x}{T(x,y)}$.

Remarque.- On a, pour p premier, $V(p,x\setminus y) = \begin{cases} p & \text{si } p \mid x \text{ et } p \nmid y \\ 1 & \text{sinon.} \end{cases}$

Notation.- Dans la suite on notera λ le langage $(\cup,\cap,\setminus,(E_k)_{k\in\mathbb{N}^*})$

D3.- Pour $(s_1,\ldots,s_n) \in \{-1,1\}^n \setminus \{(-1,\ldots,-1)\}$ on définit $y = s_1x_1 \cap \ldots \cap s_nx_n$ par $z = \bigcap_{\substack{1\leq i\leq n \\ s_i=1}} x_i$, $z' = \bigcup_{\substack{1\leq i\leq n \\ s_i=-1}} x_i$, $y = z\setminus z'$.

3. CARACTERISATION DES n-TYPES DE LA THEORIE DE LA MULTIPLICATION

D4.- On appelle <u>ensemble fini primitif définissable à partir</u> de $x_1,\ldots,x_n$ un terme de la forme $SP_k(t(x_1,\ldots,x_n),t'(x_1,\ldots,x_n))$ avec $k \in \mathbb{N}$, t et t' n-termes du langage $(.,I,1)$.

<u>T2</u>.- (<u>Deuxième élimination des quantificateurs</u>)

Toute formule $\phi(x_1,\ldots,x_n)$ de L est équivalente à une formule $\Phi(Y_1,\ldots,Y_p)$ où Φ est une formule de λ et les Y_i des ensembles finis primitifs définissables à partir de $x_1,\ldots,x_n$.

<u>Démonstration</u>.- o D'après l'élimination des quantificateurs, on peut supposer que ϕ est une formule du langage L^o. Une formule de ce langage est une combinaison booléenne de formules de la forme : $t = t'$ ou $E_k(t)$; mais la première forme est équivalente à :

$$\neg E_1(SP_1(It,t') \,.\, SP_1(It',t)) \;,$$

on n'a donc à ne considérer que des formules atomiques de la seconde forme.

o <u>Lemme</u>.- Pour t, t' n-termes du langage $(.,1,I,T,(SP_k)_{k\in\mathbb{N}})$, $SP_m(t,t')$ est équivalent à un λ-terme d'ensembles finis primitifs définissables à partir de $x_1,\ldots,x_n$.

<u>Démonstration</u>.- Par récurrence sur les complexités de t et t'. On a, à équivalence près : $t = I^p x_1^{\alpha_1} \ldots x_n^{\alpha_n} . y_1^{\beta_1} \ldots y_r^{\beta_r}$ et $t' = I^q x_1^{\alpha'_1} \ldots x_n^{\alpha'_n} . z_1^{\gamma_1} \ldots z_s^{\gamma_s}$ avec les y_i et les z_j de la forme $SP(,)$ ou $T(,)$.

- Si $r = s = 0$, on est en présence d'un terme primitif.

  Si $r \neq 0$, posons $u' = y_r$, $u = \frac{t}{u'}$.

- Si $u' = T(v,v')$, on a :

$$SP_k(t,t') = \pi\,\{p \in \mathbb{P} / p | t'.u.T(v,v') \text{ et } V(p,u) + V(p,T(v,v')) \equiv_k V(p,t')\}$$

$$= \pi\,\{p \in \mathbb{P} / (p|v \text{ et } p|v' \text{ et } V(p,u) + V(p,v') \equiv_k V(p,t'))$$

$$\text{ou } ((p \nmid v \text{ ou } p \nmid v') \text{ et } p|t'.u \text{ et } V(p,u) \equiv_k V(p,t'))\}$$

$SP_k(t,t') = (SP_k(u.v',t') \cap F(v)) \cup (SP_k(u,t')\backslash(F(v) \cup F(v')))$

- Si $u' = SP_m(v, v')$ on a :

$$SP_k(t,t') = \pi\{p \in \mathbb{P} / p|t'.u.SP_m(v,v') \text{ et } V(p,u) + V(p,SP_m(v,v')) \equiv_k V(p,t')\}$$

$$= \pi\{p \in \mathbb{P} / (p|t'.u.SP_m(v,v') \text{ et } p|v.v' \text{ et } V(p,v) \equiv_m V(p,v') \text{ et } V(p,u) + 1 \equiv_k V(p,t'))$$

$$\text{ou } (p|t.u' \text{ et } (p \nmid v.v' \text{ ou } V(p,v) \not\equiv_k V(p,v')) \text{ et } V(p,u) \equiv_k V(p,t'))\}$$

$$= (SP_m(v,v') \cap SP_k(Iu,t')) \cup (SP_k(u,t')\backslash SP_m(v,v'))$$

- Analogue si $s \neq 0$. □

o Démontrons par récurrence sur la complexité du terme t que $E_m(t)$ est équivalente à une formule de la forme indiquée.

- Si t = 1 ou t = x alors $E_m(t)$ est équivalente à $E_m(SP_0(t,t))$.

- Si t = t'.t", alors $E_m(t)$ est équivalente à $E_m(F(t') \cup F(t"))$ et F(u) est un terme primitif d'après le lemme.

- Si t = It' alors $E_m(t)$ est équivalente à $E_m(t')$.

- Si t = T(t',t"), alors $E_m(t)$ est équivalente à $E_m(F(t') \cap F(t"))$ et on applique le lemme.

- Si t = $SP_k(t',t")$ alors cela résulte immédiatement du lemme. □

<u>Remarque</u>.- Les n-termes de (.,I,1) sont, à équivalence près, de la forme : $I^k x_1^{\alpha_1} \ldots x_n^{\alpha_n}$ avec $k,\alpha_1,\ldots,\alpha_n \in \mathbb{N}^*$.

<u>Corollaire</u>.- (<u>Caractérisation des n-types</u>). Les n-uplets $(a_1,\ldots,a_n)$ et $(b_1,\ldots,b_n)$ ont même type si, et seulement si, ils vérifient les mêmes formules de la forme :

$$E_m(s_1Y_1 \cap \ldots \cap s_kY_k) ,$$

avec $n,k \in \mathbb{N}^*$, $(s_1,\ldots,s_k) \in \{-1,1\}^k \setminus \{(-1,\ldots,-1)\}$, Y_i ensemble fini primitif définissable à partir de $x_1,\ldots,x_n$.

4.- CAS DES 1-TYPES

D5. Pour $k,r,n \in \mathbb{N}$ tels que : $k \neq 0$ et $0 \leq r < k$, on note :

- $VE_n(x) = \pi\{p \in \mathbb{P} / V(p,x) = n\}$ (valuation égale à n)

- $VC_{k,r}(x) = \pi\{p \in \mathbb{P} / r \equiv_k V(p,x)\}$ (valuation congrue à r modulo k).

T3. (Caractérisation des 1-types)

a et b ont même type si, et seulement si, ils vérifient les mêmes formules de la forme : $E_n(s_1Y_1 \cap \ldots \cap s_pY_p)$, avec $n,p \in \mathbb{N}^*$, $(s_1,\ldots,s_p) \in \{-1,1\}^p \setminus \{(-1,\ldots,-1)\}$, Y_i de la forme $F(x)$, $VE_k(x)$ ou $VC_{k,r}(x)$.

Démonstration.- D'après T2, il suffit de montrer que les termes de la forme $SP_k(I^m x^n, I^r x^s)$ sont des combinaisons (à l'aide de $\cap$, $\cup$ et $\setminus$) de $F(x)$, $VE_m(x)$ et $VC_{p,q}(x)$, ce que l'on voit facilement à l'aide de quelques manipulations. $\square$

D.- LA THEORIE DE LA MULTIPLICATION CONSEQUENCE DE $I\Sigma_o$

1.- La théorie $I\Sigma_o$

La théorie $I\Sigma_o$ (cf. [PA] ou[Mc]) est la théorie du premier ordre de langage $\{S,+,.,\leq,0\}$, et dont les axiomes propres sont ceux de l'arithmétique de Péano avec le schéma d'axiomes d'induction restreint aux Σ_o-formules.

D1.- L'ensemble des Σ_o-formules (ou formules à quantification bornée) est le plus petit sous-ensemble de formules du langage ci-dessus contenant les formules atomiques et clos par la négation, la disjonction et les quantifications bornées :

- $(\exists x \leq y)\Phi \longleftrightarrow \exists x(x \leq y \wedge \Phi)$

- $(\forall x \leq y)\Phi \longleftrightarrow \forall x(x \leq y \rightarrow \Phi)$.

D2.- La théorie $I\Sigma_o$ est la théorie du premier ordre de langage le langage ci-dessus et dont les axiomes propres sont les suivants :

- $\forall x\ (Sx \neq 0)$
- $\forall x \forall y\ (Sx = Sy \rightarrow x = y)$
- $\forall x\ (x + 0 = x)$
- $\forall x \forall y\ (x + Sy = S(x + y))$
- $\forall x\ (x . 0 = 0)$
- $\forall x \forall y\ (x . (Sy) = x . y + x)$
- $\forall x \forall y\ (x \leq y \longleftrightarrow \exists z\ (y = z + x))$
- Pour $\phi(x,y_1,\ldots,y_n)$ $(n+1)$-Σ_o-formule on a :

$$\forall y_1 \ldots \forall y_n((\phi(0,y_1,\ldots,y_n) \wedge \forall x(\phi(x,y_1,\ldots,y_n) \rightarrow \phi(Sx,y_1,\ldots,y_n))) \rightarrow \forall x\ \phi(x,y_1,\ldots,y_n))$$

Le développement de l'arithmétique élémentaire avec les axiomes de Péano (informels) correspond en fait jusqu'à un certain point assez avancé à la théorie $I\Sigma_0$. Plus exactement, il en est ainsi pour les propriétés suivantes :

- Associativité , existence d'un élement neutre (O), commutativité et régularité de l'addition ;

- tout entier non nul est successeur ;

- O est le seul élement inversible pour l'addition ;

- 1 est élément neutre, O est absorbant pour la multiplication ;

- distributivité à droite de la multiplication par rapport à l'addition

- commutativité, associativité, intégrité, "régularité" de la multiplication ;

- 1 seul élement inversible pour la multiplication ;

- $\leq$ est une relation d'ordre total ;

- compatibilité des opérations et de la relation d'ordre ;

- l'odre est archimédien et discret (il n'y a pas d'entiers entre x et Sx) ;

- les résultats sur la soustraction ;

- les procédés de récurrence habituels pour les Σ_0-formules (induction complète, récurrence à partir de x_0, induction complète à partir de x_0, principe du bon ordre, principe de la borne supérieure) ;

- l'existence de la division euclidienne ;

- la relation de divisibilité est une relation d'ordre moins fine que la relation d'inégalité ;

- tout entier différent de 1 est divisible par un nombre entier ;

☡ - par contre, a priori, le théorème d'Euclide sur l'existence d'une infinité de nombres premiers ($\forall x \exists p (x < p \wedge \mathbb{P}(p))$) n'est pas un théorème de la Σ_o-induction (problème ouvert) ;

- le théorème de Bezout sur les nombres premiers entre eux

$\forall x \forall y ((x \wedge y = 1) \longleftrightarrow \exists u \exists v (u . x - v . y = 1))$

- le théorème de Gauss ; l'existence du pgcd

$\forall x \forall y \forall z ((x \mid y . z \text{ et } x \wedge y = 1) \to x \mid z)$;

$\mathbb{Z}$ - par contre on ne peut pas définir l'exponentiation (et donc la aluation sous la forme classique).

En particulier, on voit que la théorie de l'addition de Presburger est conséquence de la Σ_o-induction.

2.- LE DEVELOPPEMENT SPECIFIQUE

Nous allons maintenant établir quelques autres théorèmes de la Σ_o-induction, ne reprenant pas des théorèmes classiques de l'arithmétique élémentaire (tout au moins sous leur forme originale), mais permettant de démontrer que la théorie de la multiplication est conséquence de la Σ_o-induction.

d1.- On définit, par récurrence extérieure sur $n \in \mathbb{N}$, le terme x^n par : $x^o = 1$ et $x^{n+1} = x^n . x$. On parlera de puissance extérieure.

Remarque.- Il ne faut pas confondre la puissance extérieure que nous venons de définir avec la puissance intérieure x^y, avec x, y variables, qu'il n'est pas possible de définir dans la Σ_o-induction.

$P1^n$.- (Pour $n \in \mathbb{N}^*$:) $\forall x (x^n = 0 \to x = 0)$.

Démonstration.- Par récurrence extérieure sur n en utilisant l'intégrité. □

$P2^n$.- (Pour $n \in \mathbb{N}^*$:) 1°.- $\forall x \forall y (x \leq y \to x^n \leq y^n)$

2°.- $\forall x \forall y (x < y \to x^n < y^n)$.

Démonstration.- Par récurrence extérieure sur n en utilisant la compatibilité de . par rapport à $\leq$.

P3^n.- (Pas de torsion) (Pour $n \in \mathbb{N}^*$:) $\forall x \forall y (x^n = y^n \rightarrow x = y)$.

Démonstration.- Premier cas : $x = 0$ alors $x^n = 0$ (par récurrence extérieure), d'où $y^n = 0$, donc $y = 0$ (d'après P1). Ainsi $x = y$.

Deuxième cas : $x \neq 0$. Alors on a, par exemple, $x \geq y$ et puisque $x^n = y^n$, alors :

$$0 = x^n - y^n = (x - y)(x^{n-1} + x^{n-2}y + \ldots + xy^{n-2} + y^{n-1})$$

(récurrence extérieure classique). Puisque $x \neq 0$, alors $x^{n-1} \neq 0$ (P1) d'où : $x^{n-1} + \ldots + y^{n-1} \neq 0$, et, par intégrité, $x - y = 0$, soit $x = y$. □

P4.- (Existence d'une infinité de nombres premiers).
$\forall x (x > 2 \rightarrow \exists p (\mathbb{P}(p) \wedge p < x \wedge p \nmid x)$

Démonstration.- On a $x = y + 1$, avec $y > 1$. Soit p un nombre premier divisant y, alors $p \nmid x$. □

Corollaire.- $\forall x (x \neq 0 \rightarrow \exists p (\mathbb{P}(p) \wedge p \nmid x))$

Démonstration.- Si $x = 1$ ou 2 il suffit de prendre $p = 3$. Sinon cela résulte de P4. □

Remarque.- Ce théorème dit beaucoup moins que le théorème d'Euclide. Il y a bien une infinité standard de nombres premiers, mais on ne dit rien sur une infinité au sens du modèle (c'est-à-dire un ensemble non borné).

d2.- x est un nombre p-primaire, et on note PR(p,x), ssi :
$\mathbb{P}(p) \wedge \forall q ((\mathbb{P}(p) \wedge q \neq p) \rightarrow q \nmid x)$.

Remarque.- PR(p,x) se définit aussi par la Σ_0-formule suivante :
$\mathbb{P}(p) \wedge \forall q ((q \leq x \wedge q | x \wedge \mathbb{P}(p)) \rightarrow q = p)$.

P5.- ($|$ total sur PR(p,.))

$\forall p \forall x \forall y ((PR(p,x) \wedge PR(p,y)) \rightarrow (x \mid y \vee y \mid x))$

Démonstration.- On a $xy \neq 0$. Posons $d = pgcd(x,y)$, $x = dx'$, $y = dy'$. Si $x' \neq 1$ alors il existe un nombre premier q divisant x', qui ne peut être que p, ainsi $p \mid x'$. De même si $y' \neq 1$ on a $p \mid y'$. On ne peut donc pas avoir $x' \neq 1$ et $y' \neq 1$, puisque $x' \wedge y' = 1$.
Si, par exemple, $x' = 1$ alors $x = d$, $y = xy'$, d'où $x \mid y$. □

P6.- (Justification de d3)

$\forall x \forall p ((\mathbb{P}(p) \wedge x \neq 0) \rightarrow \exists ! y (PR(p,y) \wedge y \mid x \wedge$

$\forall z ((PR(p,z) \wedge z \mid x) \rightarrow z \mid y)))$

Démonstration.- L'unicité est évidente, démontrons l'existence. Posons : $F(z) = (PR(p,z) \wedge z \mid x \wedge z \leq x)$. On a $\exists z F(z)$ en prenant $z = 1$. Soit alors y le plus grand entier tel que F(z). On a PR(p,y) et $y \mid x$. Si $z \mid x$ et PR(p,z) alors $z \leq x$ et, d'après P5, $z \mid y$ ou $y \mid z$; par définition de y on a : $z \mid y$. □

d3.- Le y dont l'existence et l'unicité sont affirmées dans P6, se note $\underline{V}(p,x)$ et s'appelle la valuation p-adique de x.

Remarque.- Contrairement à la définition classique, ici la valuation p-adique n'est pas le coefficient de p dans la factorisation de x en facteurs premiers (qui ne peut pas être définie) mais la puissance de p par ce coefficient.

P7.- (Caractérisation de la valuation)

$\forall x \forall y \forall p(\mathbb{P}(p) \rightarrow (y = V(p,x) \leftrightarrow \exists z (x = yz \wedge PR(p,y) \wedge p \nmid z)))$

Démonstration.- CN. Soit $y = V(p,x)$ alors on a PR(p,y) et $y \mid x$ donc il existe z tel que : $x = yz$. Si $p \mid z$ alors on a PR(p,py), $py \mid x$ et $py \nmid y$, contradiction avec la définition de la valuation.

CS. S'il existe z tel que $x = yz$, PR(p,y) et $p \nmid z$, alors on a PR(p,y) et $y \mid x$, d'où $y \mid V(p,x)$, il existe donc u tel que $V(p,x) = uy$, d'où $u \mid z$ et $p \nmid z$ d'où $u = 1$ et $y = V(p,x)$. □

P8.- (Linéarité de la valuation)

$\forall x \forall y \forall p\ (\mathbb{P}(p) \rightarrow V(p,x\,.\,y) = V(p,x)\,.\,V(p,y))$

Démonstration.- Soient $x_0 = V(p,x)$, $y_0 = V(p,y)$. On a : $x = x'x_0$, $y = y'y_0$ avec $p \nmid x'$ et $p \nmid y'$ (d'après P7), d'où $xy = x'y'x_0y_0$ avec $PR(p,x_0.y_0)$, $p \nmid x'y'$ (Théorème de Gauss), d'où, d'après P7, $V(p,xy) = x_0y_0 = V(p,x)\,.\,V(p,y)$. □

P9.- $\forall x \forall y((y < x \rightarrow \exists p\ (\mathbb{P}(p) \wedge V(p,y) < V(p,x))$

$$\wedge ((y < x \wedge y \nmid x) \rightarrow \exists p(\mathbb{P}(p) \wedge V(p,x) < V(p,y)))$$

Démonstration.- Premier cas $y \mid x$. On a $x = uy$ avec $u \neq 1$ car $x \neq y$. Il existe un nombre premier divisant u d'où, d'après la linéarité (P8) :

$$V(p,x) = V(p,u)\,.\,V(p,y) \text{ avec } V(p,u) \neq 1, \text{ donc } V(p,y) < V(p,x).$$

Deuxième cas $y \nmid x$. Posons $d = \text{pgcd}(x,y)$, $x = dx'$, $y = dy'$. On a $x' \neq 1$ car $x \nmid y$, et $y' \neq 1$ car $y \nmid x$. Il existe un nombre premier p divisant x', et donc ne divisant pas y' car x' et y' sont premiers entre eux, d'où : $V(p,y) < V(p,x)$. Il existe de même un nombre premier q divisant y', et donc ne divisant pas x', d'où : $V(q,x) < V(q,y)$. □

Corollaire 1.-(Division et valuation)

$\forall x \forall y\ (y \mid x \longleftrightarrow \forall p(\mathbb{P}(p) \rightarrow V(p,y) \mid V(p,x)))$

Démonstration.- CN : Ceci provient de la linéarité de la valuation.

CS : Si $y \nmid x$ et $y < x$ alors, d'après P9, il existe un nombre premier p tel que : $V(p,x) < V(p,y)$ et donc $V(p,y) \nmid V(p,x)$.

Si $x < y$ alors, d'après P9, il existe un nombre premier p tel que $V(p,x) < V(p,y)$ et donc : $V(p,y) \nmid V(p,x)$. □

Corollaire 2.- (x est caractérisé par ses valuations)

$\forall x \forall y\ (x = y \longleftrightarrow \forall p(\mathbb{P}(p) \rightarrow V(p,x) = V(p,y)))$.

Démonstration.- CN : Evident.

CS : D'après le corollaire 1 et l'antisymétrie de $|$.

P10.- (Divisibilité) (Pour $n \in \mathbb{N}^*$)

$$\forall x\ (x \neq 0 \rightarrow \exists y\ \exists z\ (x = y^n . z \wedge \forall y'\ \forall z'\ (x = y'^n . z' \rightarrow z \mid z')))$$

Démonstration.- Considérons la formule : $F(u) = \exists v\ (v \leq x \wedge x = u^n . v)$. On a $\exists u\ F(u)$ (en prenant $u = 1$, $v = x$) et $(F(u) \rightarrow u \leq x)$. Soit y le plus grand u tel que F(u). Alors il existe un et un seul z tel que $x = y^n . z$.

Soient y', z' tels que : $x = y'^n . z'$.

o Soit p un nombre premier, on a : $V(p,z) \mid V(p,z')$.
Sinon, on aurait $V(p,z') \mid V(p,z)$ d'après P5, posons $z''_0 = \frac{V(p,z)}{V(p,z')}$ alors, on aurait : $V(p,y)^n . z''_0 = V(p,y')^n$ avec $p \mid z''_0$.
On a soit $V(p,y) \mid V(p,y')$, soit $V(p,y') \mid V(p,y)$ d'après P5.
Si $V(p,y) \mid V(p,y')$ alors soit $y''_0 = \frac{V(p,y')}{V(p,y)}$, on a : $y''^n_0 . z''_0 = 1$, d'où $z''_0 = 1$, en contradiction avec le fait que $p \mid z''_0$.
Si $V(p,y') \mid V(p,y)$ alors soit $y''_0 = \frac{V(p,y)}{V(p,y')}$, on a : $z''_0 = y''^n_0$ avec $y''_0 \neq 1$ (car $p \mid z''_0$) donc y ne serait pas le plus grand u tel que F(u).

o Ainsi, d'après P9 Corollaire 1, on a $z \mid z'$, ce qu'on voulait. □

P11.- (Justification de d4)

$$\forall x\ (x \neq 0 \rightarrow \exists y\ \forall p (\mathbb{P}(p) \rightarrow ((p \mid x \rightarrow V(p,y) = p) \wedge (p \nmid x \rightarrow V(p,y) = 1)))$$

Démonstration.- Par induction complète sur x à partir de 1 pour la formule :

$$F(x) = \exists y\ (y \leq x \wedge \forall p ((p \leq x \wedge \mathbb{P}(p)) \rightarrow ((p \mid x \rightarrow V(p,y) = p) \wedge (p \nmid x \rightarrow V(p,y) = 1))))$$

Si $x = 1$, il suffit de prendre $y = 1$.

Si $x \neq 1$ il existe un nombre premier p divisant x. Posons $x' = \frac{x}{p}$ alors $x' < x$, donc il existe y' associé à cet x' répondant à la question. Si $p \mid x'$ alors posons $y = y'$. Sinon posons $y = p \cdot y'$. Cet y répond à la question. □

d4.- Le y dont l'existence est affirmée par P11 (et qui est unique) s'appelle l'<u>ensemble fini de</u> x et se note <u>F(x)</u>.

<u>Corollaire</u>.- (<u>Incrémentation</u>)

$$\forall x \exists y \forall p(\mathbb{P}(p) \rightarrow ((p \mid x \rightarrow V(p,y) = p \,.\, V(p,x)) \wedge (p \nmid x \rightarrow V(p,y) = 1)))$$

<u>Démonstration</u>.- Il suffit de prendre $y = x \,.\, \bar{F}(x)$. □

<u>Notation</u>.- Cet y sera noté <u>I x</u>.

<u>P12</u>.- (<u>Troncage</u>)

$$\forall x \forall y (y \neq 0 \rightarrow \exists z \forall p(\mathbb{P}(p) \rightarrow ((p \mid x \rightarrow V(p,z) = V(p,y)) \wedge (p \nmid x \rightarrow V(p,z) = 1)))))$$

<u>Démonstration</u>.- o Si $x = 0$ il suffit de prendre $z = y$.

o Soit x fixé non nul. Posons :

$$F(y) = (y \neq 0 \rightarrow \exists z(z \mid y \wedge \forall p((p \mid y \wedge \mathbb{P}(p)) \rightarrow ((p \mid x \rightarrow V(p,z) = V(p,y)) \wedge (p \nmid x \rightarrow V(p,z) = 1)))))$$

Montrons par induction complète sur y que : $\forall y\, F(y)$.
Supposons montré $\forall t\, (t < y \rightarrow F(t))$ et montrons $F(y)$.
Si $y = 1$, il suffit de prendre $z = 1$.
Si $y \neq 1$ alors il existe un nombre premier q divisant y. Posons $y' = \frac{y}{q}$. Alors $y' < y$ donc, par hypothèse de récurrence, il existe z' associé à y' répondant à la question. Si $q \nmid x$ posons $z = z'$. Si $q \mid x$ et $q \mid y'$ posons $z = z' \,.\, q$. Sinon posons $z = z' \,.\, V(q,y)$. Alors ce z répond à la question.

o Le z ainsi associé à y est le z cherché dans l'énoncé. □

d5.- Pour un entier n on pose $x \equiv_n y$ ssi $\exists z\ (y = z^n . x)$

P13^n.- (Séparation) (Pour $n \in \mathbb{N}$:)

$$\forall x \forall y\ (xy \neq 0 \rightarrow \exists z \forall p(\mathbb{P}(p) \rightarrow$$

$$(((V(p,x) \equiv_n V(p,y) \wedge p \mid xy) \rightarrow V(p,z) = p)$$

$$\wedge\ ((V(p,x) \not\equiv_n V(p,y) \vee p \nmid xy) \rightarrow V(p,z) = 1))))$$

Démonstration.- Supposons x fixé non nul et posons :

$$F(y) = (y \neq 0 \rightarrow \exists z(z \mid xy \wedge \forall p((p \mid xy \wedge \mathbb{P}(p)) \rightarrow$$

$$((V(p,x) \equiv_n V(p,y) \rightarrow V(p,z) = p)$$

$$\wedge\ (V(p,x) \not\equiv_n V(p,y) \rightarrow V(p,z) = 1)))))$$

Alors, il suffit de montrer $\forall x\ F(y)$. Faisons-le par induction complète sur y. Supposons montré $\forall t\ (t < y \rightarrow F(t))$ et montrons F(y).
Si y = 1 il suffit de prendre z = 1.
Si $y \neq 1$ alors il existe un nombre premier q divisant y. Posons $y' = \frac{y}{q}$.
Alors $y' < y$ donc il existe un z' associé à y' répondant à la question, d'après l'hypothèse de récurrence.

o Si $q \nmid xy'$ alors on a : $V(q,x) = V(q,z') = 1$, $V(q,y) = q$.

Si n = 1 posons $z = q . z'$, sinon $z = z'$.

o Si $q \mid xy'$ alors $V(q,y) = q . V(q,y')$.

Si $V(q,x) \equiv_n V(q,y')$: si n = 1 posons $z = z'$, sinon $z = \frac{z'}{q}$.
Si $V(q,x) \not\equiv_n V(q,y')$: si $V(q,x) \equiv_n V(q,y)$ posons $z = qz'$, sinon $z = z'$.

Alors ce z répond à la question. □

T.- La théorie de la multiplication M est conséquence de la Σ_0-induction.

Démonstration.- Il suffit de montrer que les axiomes de M sont déduits de $I\Sigma_o$. Or cela résulte du développement ci-dessus de la Σ_o-induction: l'associativité, l'existence de l'élément neutre, la commutativité, la régularité, la positivité (1 seul élement inversible) sont classiques ; on a démontré la non-torsion en $P3^n$, la divisibilité en P10, l'existence de nombres premiers en P4, | total sur PR(p,) en P5, l'existence des valuations en P6, la caractérisation d'un élément par ses valuations en P9, Corollaire 2, la linéarité de la valuation en P8, la division en P9, Corollaire 1, l'incrémentation en P11, Corollaire, le troncage en P12 et enfin la séparation en $P13^n$. □

E.- <u>ELIMINATION DU QUANTIFICATEUR DE RAMSEY POUR LA MULTIPLICATION DES ENTIERS NATURELS NON NULS</u>

<u>INTRODUCTION</u>.- Dans ce qui suit, nous ne considérons que le modèle standard ($\mathbb{N}$,+,.,0,1) de l'arithmétique. Le <u>quantificateur de Ramsey</u> <u>Q^2</u> lie deux variables libres. Si ϕ est une formule du langage $(+,.,0,1,Q^2)$, on dit que $Q^2 x\, y\, \phi(x,y)$ est vraie si, et seulement si, il existe un ensemble infini d'entiers naturels X, dit <u>ensemble témoin</u>, tel que $\phi(a,b)$ est vrai pour tout a, b de X, avec $a \neq b$ (Cf. [SS] ou [MA]).

Schmerl et Simpson ([SS]) ont montré que le quantificateur de Ramsey peut être éliminé de la théorie de l'addition des entiers naturels avec ce quantificateur, i.e. de $(\mathbb{N},+,Q^2)$, en utilisant l'élimination des quantificateurs de la théorie des entiers naturels de Presburger. Autrement dit, ils ont démontré le théorème suivant :

"Etant donné une formule du langage $(+,Q^2)$, on peut trouver effectivement une formule du seul langage (+), équivalente pour la structure $(\mathbb{N},+,Q^2)$."

Nous allons montrer que ce résultat est également vrai pour la théorie de la multiplication, en nous servant de ce résultat ainsi que de l'élimination des quantificateurs que nous venons de donner pour la théorie de la multiplication.

<u>Théorème</u>.- Toute formule du langage $(.,Q^2)$ est, modulo la théorie de $(\mathbb{N},.,Q^2)$, équivalente à une formule du seul langage (.).

<u>Démonstration</u>.- o D'après le résultat que nous venons de rappeler et la mise sous forme normale, il suffit de montrer pour une formule du type :

$$Q^2\, x\, y \bigvee \bigwedge \pm R_k(\theta).$$

De plus, d'après le théorème de Ramsey, on a :

$$Q^2 x\, y\, \mathcal{W}\, \mathcal{M} \pm R_k(\theta) \longleftrightarrow \mathcal{W}\, Q^2 x\, y\, \mathcal{M} \pm R_k(\theta).$$

On note $S_k(\theta)$ pour : $R_k(\theta) \wedge \neg R_{k+1}(\theta)$.

Remarquons que : $\neg R_{k+1}(\theta) \leftrightarrow \neg R_1(\theta) \vee S_1(\theta) \vee \ldots \vee S_k(\theta)$,

$$\text{et : } \neg R_1(\theta_1) \wedge \ldots \wedge \neg R_1(\theta_n) \longleftrightarrow \neg R_1(\theta_1 \vee \ldots \vee \theta_n).$$

Aussi suffit-il de le montrer pour une formule du type :

$$Q^2 x\, y(\mathop{\mathcal{M}}_{1 \le i \le n} R_{k_i}(\theta_i) \wedge \mathop{\mathcal{M}}_{1 \le j \le m} S_{L_j}(\theta'_j) \wedge \neg R_1(\theta)).$$

De plus, on peut prendre les θ_i, θ'_j, θ indépendantes (i.e. la conjonction de deux d'entre elles est contradictoire).

Puisque : $Q^2 x\, y\, \mathcal{M}\, \phi \rightarrow \mathcal{M}\, Q^2 x\, y\, \phi$, nous allons commencer par éliminer Q^2 pour les formules du type : $R_k(\theta)$, $S_k(\theta)$ et $R_1(\theta)$.

o <u>Lemme 1</u>.- $Q^2 x\, y\, R_k(\theta) \longleftrightarrow (R_1(\exists x \exists y\, \theta(x,y,\vec{o}))$

$$\vee R_k(\exists x\, \theta(x,x,\vec{z}) \vee Q^2 x\, y\, \theta(x,y,\vec{z})))$$

<u>Démonstration</u>. <u>CN</u>. Supposons $Q^2 x\, y\, R_k(\theta)$ et soit X un ensemble témoin associé. Soit P' l'ensemble des nombres premiers divisant le produit des paramètres. Pour $x,y \in X$, $x \neq y$, il existe k nombres premiers p tels que : $\mathcal{Q}_p \models \theta(V(p,x),V(p,y),V(p,\vec{z}))$. D'après les conditions ces nombres premiers p sont parmi P' ou alors on a : $\theta^p(V(p,x),V(p,y),\vec{o})$. D'où, d'après le théorème de Ramsey, il existe un sous-ensemble infini Y de X tel que :

- soit pour tout x,y de Y, avec $x \neq y$, on a : $\theta^p(V(p,x),V(p,y)\vec{o})$;

- soit il existe k nombres premiers $p_1,\ldots,p_k$ de P' tel que pour x,y de Y, avec $x \neq y$, on a : $\theta^{p_i}(V(p_i,x),V(p_i,y),V(p_i,\vec{z}))$ pour $1 \le i \le k$.

Dans le deuxième cas et pour $i \in [1,k]$ on a :

+ soit il existe $x,y \in Y$, $x \neq y$, avec $V(p_i,x) = V(p_i,y)$, d'où on a : $(\exists x\, \theta(x,x,\vec{z}))^{p_i}$;

+ sinon on a : $(Q^2 x y\ \theta(x,y,\vec{z}))^{p_i}$.

Dans le premier cas on a : $(\exists x \exists y\ \theta(x,y,\vec{0}))^p$.

<u>CS</u>.- - Si on a $R_k(\exists x\ \theta(x,x,\vec{z}) \vee Q^2 x y\ \theta(x,y,\vec{z}))$, soient $p_1,\dots,p_k$ k nombres premiers correspondants, et pour $i \in [1,k]$ soit Y_i le singleton $\{y_i\}$ si on a $(\theta(y_i,y_i,\vec{z}))^{p_i}$, un ensemble témoin (pour la théorie de l'addition) sinon (puisqu'on a $Q^2 x y\ \theta^{p_i}(x,y,\vec{z})$).
Soit p_o un nombre premier différent de $p_1,\dots,p_k$. Posons :
$X = \{x_n^o/n \in \mathbb{N}\}$, avec x_n défini par : $V(p_o,x_n) = n$

$$V(p_i,x_i) \in Y_i \text{ pour } 1 \le i \le k$$

$$V(p,x_n) = 0 \text{ sinon.}$$

Alors X est un ensemble témoin et on a $Q^2 x y\ R_k(\theta)$.

- Si on a $R_1(\exists x \exists y\ \theta(x,y,\vec{0}))$, soit $x_o,y_o \in \mathbb{N}$ tels que $\theta(x_o,y_o,\vec{0})$ dans la théorie de l'addition, P' l'ensemble fini des nombres premiers divisant les paramètres et $(p_i)_{i\in\mathbb{N}}$ une énumération de $\mathbb{P}\setminus P'$. Soit $X = \{x_n/n \in \mathbb{N}^*\}$ défini par : $V(p_o,x_n) = n$ et pour $m \in \mathbb{N}$:
si $i \in [m.2k+1, m.2k+k]$ $V(p_i,x_n) = 0$ si $n < m$

$$V(p_i,x_m) = x_o$$

$$V(p_i,x_n) = y_o \text{ si } m < n$$

si $i \in [m\,2k+k+1, m\,2k+2k]$ $V(p_i,x_n) = 0$ si $n < m$

$$V(p_i,x_m) = y_o$$

$$V(p_i,x_n) = x_o \text{ si } m < n.$$

Alors X est un ensemble témoin, car pour $n,m \in \mathbb{N}^*$, $n < m$, on a :

pour $i \in [n\,2k+1, n\,2k+k]$ $V(p_i,x_n) = x_o$, $V(p_i,x_m) = y_o$

$i \in [n\,2k+k+1, n\,2k+2k]$ $V(p_i,x_n) = y_o$, $V(p_i,x_m) = x_o$

d'où $R_k(\theta(x_n,x_m,\vec{z}))$ et $R_k(\theta(x_m,x_n,\vec{z}))$. □

Remarque.- On élimine bien ainsi le quantificateur de Ramsey Q^2, d'après le résultat de Schmerl et Simpson cité ci-dessus, car ce qui est à l'intérieur d'un R_k ne concerne que la théorie de l'addition.

o Lemme 2 .- $Q^2 x y \neg R_1(\theta) \longleftrightarrow$

$$(\neg R_1(\theta(0,0,\vec{0})) \wedge \neg R_1(\neg(\exists x \neg\theta(x,x,\vec{z}) \vee Q^2 x y \neg\theta(x,y,\vec{z})))$$

$$\wedge R_1(Q^2 x y \neg\theta(x,y,\vec{z}) \vee \exists x(x \neq 0 \wedge \neg\theta(x,0,\vec{0}) \wedge \neg\theta(0,x,\vec{0})))).$$

Démonstration.- CN. + la première condition est évidente : si on avait $\theta(0,0,\vec{0})$ pour la théorie de l'addition, alors, puisque pour x,y donnés il existe un nombre premier p qui ne divise ni x, ni y, ni le produit des paramètres, on aurait : $\exists p \in \mathbb{P}(\theta(V(p,x),V(p,y),V(p,\vec{z})))$, ce qui serait en contradiction avec l'hypothèse.

+ On a : $Q^2 x y \neg R_1(\theta) \longleftrightarrow Q^2 x y (\forall p \in \mathbb{P})(\neg\theta)$.

Soit X un ensemble témoin. Pour $x,y \in X$, $x \neq y$, et $p \in \mathbb{P}$, on a : $\neg\theta(V(p,x),V(p,y),V(p,\vec{z}))$. A p fixé :

- si $\exists x,y \in Y$, $x \neq y$ et $V(p,x) = V(p,y)$, alors on a $(\exists x \neg\theta(x,x,\vec{z}))^p$;

- sinon on a : $(Q^2 x y \neg\theta(x,x,\vec{z}))^p$;

d'où la deuxième condition.

+ Soient X un ensemble témoin, $x_0 \in X$, P' l'ensemble des nombres premiers divisant le produit de x_0 et des paramètres :

- si $\{V(p,x)/p \in P', x \in X\}$ est infini alors, d'après le théorème de Ramsey, il existe $p_0 \in P'$ tel que $\{V(p_0,x)/x \in X\}$ soit infini et on a : $\neg\theta(V(p_0,x),V(p_0,y)V(p_0,\vec{z}))$ pour $x,y \in X$, $x \neq y$, d'où on a : $R_1(Q^2 x y \neg\theta(x,y,\vec{z}))$.

- sinon il existe x avec $V(p,x) \neq 0$ pour un $p \notin P'$ et on a :

$$\neg\theta(0,V(p,x),\vec{0}) \wedge \neg\theta(V(p,x),0,\vec{0})$$

d'où : $R_1(\exists x(x \neq 0 \wedge \neg\theta(0,x,\vec{0}) \wedge \neg\theta(x,0,\vec{0}))$, d'où la dernière condition.

<u>CS</u>.- Si on a : $R_1(Q^2 x\, y \neg\theta(x,y,\vec{z}))$, soit p_o un nombre premier tel que $(Q^2 x\, y \neg\theta(x,y,\vec{z}))^{p_o}$ et Y un ensemble témoin correspondant. Soit P' l'ensemble des nombres premiers divisant les paramètres. Pour $p \in P'$, soit Y_p un ensemble témoin si on a $(Q^2 x\, y \neg\theta(x,y,\vec{z}))^p$, soit $\{x_p\}$ si on a : $\neg\theta(x_p,x_p,V(p,\vec{z}))$ dans la théorie de l'addition. Alors $X = \{x/V(p,x) = 0$ si $p \notin P' \cup \{p_o\}$

$V(p,x) \in Y_p$ si $p \in P'\backslash\{p_o\}$

$V(p_o,x) \in Y\}$

est témoin.

- Sinon on a $R_1(\exists x(x \neq 0 \wedge \neg\theta(0,x,\vec{0}) \wedge \neg\theta(x,0,\vec{0})))$

$$\text{et} \quad \neg R_1(\neg\exists x \neg\theta(x,x,\vec{z})).$$

Soient P' l'ensemble des nombres premiers divisant les paramètres, $(p_i)_{i\in\mathbb{N}}$ une énumération de $\mathbb{P}\backslash P'$, x_o tel que $\neg\theta(0,x_o,\vec{0})$ et $\neg\theta(x_o,0,\vec{0})$ pour la théorie de l'addition, et pour $p \in P'$, x_p tel que $\neg\theta(x_p,x_p,V(p,\vec{z}))$ pour la théorie de l'addition. Alors l'ensemble $X = \{x_n/n \in \mathbb{N}\}$ défini de la façon suivante :

+ $V(p,x_n) = x_p$ pour $p \in P'$

+ $V(p_n,x_n) = x_o$

+ $V(p_i,x_n) = 0$ pour $i \neq n$

est un ensemble témoin. □

<u>Lemme 3</u>.- $Q^2 x\, y\, S_k(\theta) \longleftrightarrow (Q^2 x\, y\, R_k(\theta) \wedge \neg R_1(\theta(0,0,\vec{0}))$

$\wedge \neg R_{k+1}(\neg(\exists x \neg\theta(x,z,\vec{x}) \vee Q^2 x\, y \neg\theta(x,y,\vec{z})))$

$\wedge R_1(Q^2 x\, y\, \theta(x,y,\vec{z}) \vee Q^2 x\, y \neg\theta(x,y,\vec{z})$

$\vee \exists x\ (x \neq 0 \wedge (\theta(x,0,\vec{0}) \vee \neg\theta(x,0,\vec{0})))))$

<u>Démonstration</u>.- <u>CN</u>. + La première condition vient de ce que : $Q^2(A \wedge B) \rightarrow Q^2 A$.

+ La deuxième condition se montre comme dans le lemme 2.

+ Pour la troisième condition, s'il existe au moins $k+1$ nombres premiers p tels que

$$(1) \qquad (\neg \exists x \neg \theta(x,x,\vec{z}) \wedge \neg Q^2 x y \neg \theta(x,y,\vec{z}))^p$$

alors, d'après le théorème de Ramsey, il existe un nombre premier p parmi ceux-là et Y infini tel que : $\forall x,y \in Y,\ x \neq y,\ (\neg \theta(x,y))^p$; d'où s'il existe $x,y \in Y$ avec $x \neq y$ et $V(p,x) = V(p,y)$ on a $\exists x \neg \theta$, et sinon $Q^2 x y \neg \theta$, ce qui est contradictoire avec (1).

+ Pour la dernière condition soit X un ensemble témoin, donc infini.

S'il existe $p_o \in \mathbb{P}$ tel que $\{V(p,x)/x \in X\}$ soit infini, alors, en utilisant le théorème de Ramsey, on obtient :

$$R_1(Q^2 x y\ \theta(x,y,\vec{z}) \vee Q^2 x y \neg \theta(x,y,\vec{z})).$$

Sinon soit $x_o \in X$, P' l'ensemble fini des nombres premiers divisant x_o et le produit des paramètres, alors il existe $y_o \in X$, $p_o \in \mathbb{P} \setminus P'$ tel que $V(p_o,y) \neq 0$, d'où on a :

$$R_1(\exists x(x \neq 0 \wedge (\theta(x,0,\vec{0}) \vee \neg \theta(x,0,\vec{0})))).$$

<u>CS</u>. + Soient $m \leq k$ tel que $S_m(\neg(\exists x \neg \theta(x,x,\vec{z}) \vee Q^2 x y \neg \theta(x,y,\vec{z})))$ et $p_1,\ldots,p_m$ les m nombres premiers concernés. On mettra : $V(p_i,x) = 0$. Dans la suite on peut donc considérer que :

$$\neg R_1(\neg(\exists x \neg \theta(x,x,\vec{z}) \vee Q^2 x y \neg \theta(x,y,\vec{z})))$$

en remplaçant k par $m-k$ dans $S_k(\theta)$.

+ Si on a $R_1(\exists x \exists y\ \theta(x,y,\vec{0}))$, distinguons les trois cas suivants :

- si on a : $R_1(\exists x\ \theta(x,x,\vec{\sigma})) \wedge \neg R_1(\exists x(x \neq 0 \wedge (\theta(x,0,\vec{\sigma}) \vee \theta(0,x,\vec{\sigma}))))$ soit x_0 tel que l'on ait $\theta(x_0,x_0,0)$ pour la théorie de l'addition, et $p_1,\dots,p_k$ k nombres premiers ne divisent pas le produit des paramètres. On a aussi :

$$R_1(Q^2 x\, y\ \theta(x,y,\vec{z}) \vee Q^2 x\, y \neg\theta(x,y,\vec{z}) \vee \exists\, x(x \neq 0 \wedge \neg\theta(x,0,\vec{\sigma})))$$

On comprend alors comment construire l'ensemble témoin ; on procède ainsi :

- si on a :

$$R_1(\exists x y\,(x \neq y \wedge \theta(x,y,\vec{\sigma}) \wedge \neg\theta(y,x,\vec{\sigma}) \wedge \neg\theta(x,x,\vec{\sigma}) \wedge \neg\theta(y,y,\vec{\sigma}))),$$

alors on construit l'ensemble témoin de façon analogue à celle utilisée dans le lemme 1.

- si on a

$$R_1(\exists x\ \exists\ y(x \neq y \wedge \theta(x,y,\vec{\sigma}) \wedge \theta(y,x,\vec{\sigma}) \wedge \neg\theta(x,x,\vec{\sigma}) \wedge \neg\theta(y,y,\vec{\sigma})))$$

alors soient (x_0,y_0) un tel couple d'entiers, P' l'ensemble des nombres premiers divisant les paramètres et $(p_i)_{i\in\mathbb{N}^*}$ une énumération de $\mathbb{P}\setminus P'$, on construit un ensemble témoin $X = \{x_n/n \in \mathbb{N}^*\}$, avec $V(p,x_n) \in Y_p$, Y_p ensemble témoin si on a $(Q^2\, x\, y \neg\theta(x,x,\vec{z}))^p$, ou $V(p,x) = y_p$ tel que $(\neg\theta(y_p,y_p,\vec{z}))^p$ sinon, pour $p \in P'$, et

$$V(p_i,x_n) = y_0 \qquad \text{pour } i \in [1,k(n-1)]$$

$$V(p_i,x_n) = x_0 \qquad \text{pour } i \in [k(n-1)+1,k_n]$$

$$V(p_i,x_n) = 0 \qquad \text{sinon.}$$

+ Sinon on a : $R_k(\exists\, x\ \theta(x,x,\vec{z}) \vee Q^2\, x\, y\ \theta(x,y,\vec{z}))$

$$\wedge\ R_1(Q^2 x\, y\ \theta(x,y,z) \vee Q^2 x\, y \neg\theta(x,y,\vec{z}) \wedge \exists\ x(x \neq y \wedge \neg\theta(x,0,\vec{\sigma}) \wedge \neg\theta(0,x,\vec{\sigma})))$$

et la construction de l'ensemble témoin ne pose pas de problème. □

o Dans le cas général, on se sert du fait que :

$$Q^2 x\, y \bigwedge \phi_i \rightarrow \bigwedge Q^2 x\, y\, \phi_i,$$

ce qui fait que l'on peut se servir des lemmes précédents pour établir la condition nécessaire ; pour la condition suffisante, on fera la construction effective d'un ensemble témoin. La difficulté est que l'on peut avoir des chevauchements c'est-à-dire que, malgré que les θ_j soient indépendants, pour un nombre premier on peut avoir, par exemple : $(Q^2 x\, y \theta_1 \wedge Q^2 x\, y\, \theta_2)^p$.

Disons d'abord, pour $l_1,\dots,l_k$ entiers, $\theta_1,\dots,\theta_k$ formules de (.), que $\underline{\Phi_k(l_1,\theta_1,\dots,l_k,\theta_k)}$ signifie:

"Il existe un sous-ensemble de nombres premiers admettant une partition en k classes, $(P_i)_{1 \le i \le k}$, tel que pour $i \in [1,k]$, P_i contienne l_i éléments et pour $p \in P_i$ on ait :

$$(\exists x\, \theta_i(x,x,\vec{z}) \vee Q^2 x\, y\, \theta_i(x,y,\vec{z}))^p \text{ ".}$$

Ceci se dit, bien sûr, dans le langage de la multiplication. Dans la suite, on ne notera pas l'indice k.

Alors, je dis que, si $n+m \neq 0$:

$$Q^2 x\, y(\bigwedge_{1 \le i \le n} R_{k_i}(\theta_i) \wedge \bigwedge_{n+1 \le i \le n+m} S_{k_i}(\theta_i) \wedge \neg R_1(\theta))$$

$$\longleftrightarrow [\, \neg R_1(\bigvee_{n+1 \le i \le n+m} \theta_i(0,0,\vec{0}) \vee \theta(0,0,\vec{0}))$$

$$\wedge \bigwedge_{n+1 \le i \le n+m} \neg R_{k_i+1}(\neg(\exists x \neg \theta_i(x,x,\vec{z}) \vee Q^2 x\, y \neg \theta_i(x,y,\vec{z})))$$

$$\wedge \neg R_1(\neg(\exists x \neg \theta(x,x,\vec{z}) \vee Q^2 x\, y \neg \theta(x,y,\vec{z})))$$

$$\wedge \bigvee_{I \subset [1,n+m]} (\Phi((k_i,\theta_i)_{i \notin I}) \wedge \bigwedge_{i \in I} R_1(\exists x \exists y (\theta_i(x,y,\vec{0})))$$

$$\wedge R_1(\bigvee_{1 \le i \le n+m} Q^2 x\, y\, \theta_i(x,y,\vec{z}) \vee \bigvee_{1 \le i \le n} \exists x \exists y\, \theta_i(x,y,\vec{0})$$

$$\vee \bigvee_{n+1 \le i \le n+m} \exists x \exists y (x \neq y \wedge \theta_i(x,y,\vec{0}))))\,]$$

d'où le résultat. □

<u>Remarque</u>.- Pour $n \geq 2$, le <u>quantificateur de Ramsey Q^n</u> est tel que $Q^n x_1 \ldots x_n \phi(x_1,\ldots,x_n)$ est vrai si, et seulement si, il existe un ensemble infini X tel que $\phi(a_1,\ldots,a_n)$ soit vrai pour tout n-ensemble $\{a_1,\ldots,a_n\}$ de X.

Schmerl et Simpson ([SS]) ont montré que les quantificateurs de Ramsey supérieurs Q^n s'éliminaient pour l'addition. Le résultat est encore vrai pour la multiplication. Il suffit de reprendre la démonstration précédente, que nous avons traitée seulement dans le cas n =2 pour simplifier.

REFERENCES

[CH] Zoé CHATZIDAKIS : "Théorie de la multiplication et faisceaux", ce volume.

[FV] S. FEFERMAN, R.L. VAUGHT : "The first order properties of products of algebraic systems", Fundamenta Mathematicae, 1959, pp. 57-103

[FR] R. FRAISSE : Cours de Logique mathématique, t. 2 (p. 45), 172 p., Gauthier -Villars, 1972.

[JE] DON JENSEN, A. EHRENFEUCHT : "Some problems in elementary arithmetic", Fundamenta Mathematicae, 1976, XCII, pp. 223-245.

[LE] H. LESSAN : Models of arithmetics (Thèse, Manchester, 1978).

[MA] A. MACINTYRE : "Ramsey quantifiers in arithmetic", Proceeding of logic symposium (Karpacz, 1979), Springer-Verlag SLN 834.

[Mc] K. Mc ALOON : "On the complexity of models of arithmetic" (à paraître dans JSL).

[ME] E. MENDELSON : Introduction to mathematical logic, 2nd. ed. 1979, 324 p. Van Nostrand.

[MO] A. MOSTOWSKI : "On direct products of theories", Journal of symbolic logic 17, 1952, pp. 1-31.

[NA] M.E. NADEL : "The completeness of Peano multiplication", Abstracts of the american mathematical society, vol.1 N° 2, Février 1980, p. 236

[PA] R. PARIKH : "Existence and feasibility in arithmetic", Journal of Symbolic Logic 36, 1971, pp. 494-503.

[PR] M. PRESBURGER : "Uber die Völlstandigkeit eines gewissen systems der arithmetik ganzer zahlen in welchem addition als einzige operation hervortritt",C.R. ler Congr. des mathématiciens des Pays slaves, 1930, pp. 92-101, 395.

[RA] Ch. RACKOFF : "On the complexity of the theories of weak direct products", preprint de janvier 1974.

[SK] T. SKOLEM : "Uber einige satzfunktionen in der arithmetik" Skriften utgit av videnskasselskapet i Kristiana, 1 Klasse, N° 7, Oslo, 1930. Reproduit dans T. Skolem Selected works in logic, J.E. Fenstad ed., Universteds-forlaget, Oslo, 1970, pp. 281-306; avec une analyse en anglais de Hao Wang (p. 34).

[SS] J.H. SCHMERL, S.G. SIMPSON : "On the role of Ransey quantifier in first order atithmetic", à proposer au Journal of symbolic logic.

*
* *

I. RAPPELS SUR LES FAISCEAUX.

Soit L un language

(ATTENTION : les notions de faisceaux que nous introduisons ici ne sont pas les plus générales).

DEFINITION 1 - (X,E,π) est un faisceau de L-structures si :

1) X et E sont des espaces topologiques, π est une application continue surjective de E dans X, qui de plus est un homéomorphisme local (i.e. tout point de E a un voisinage U qui est homéomorphe avec sa projection $\pi(U)$ qui est un ouvert).

2) pour tout point x de X, $\pi^{-1}\{x\}$, noté E_x, est muni d'une L-structure.

3) Soit $E^{(n)} = \{(r_1,\ldots,r_n) \in E^n \; ; \; \pi(r_1) = \ldots = \pi(r_n)\}$, muni de la topologie induite par la topologie produit sur E^n. Alors

- pour tout symbole de constante c du langage L, l'application qui à tout point x de X associe c_x, l'interprétation de c dans E_x, doit être continue.

- pour tout symbole f de fonction à n places, l'application de $E^{(n)}$ dans E, qui à un n-uplet $(r_1,\ldots,r_n)$ associe son image $f(r_1,\ldots,r_n)$, doit être continue.

- pour tout symbole R de relation n-aire, le graphe de R dans $E^{(n)}$ doit être ouvert-fermé.

- le graphe de l'égalité dans $E^{(2)}$ doit être ouvert-fermé.

Les E_x sont appelés les fibres du faisceau, $\biguplus_{x\in X} E_x = E$ est appelé l'espace étalé.

DEFINITION 2 - Soit $Y \subseteq X$, muni de la topologie induite. Une section continue de E sur Y est une application continue s de Y dans E, telle que $\pi_o s = id_Y$. L'ensemble de toutes les sections continues de E sur Y est noté $\Gamma(Y,E)$.

DEFINITION 3 - Soit $s \in \Gamma(Y,E)$. On suppose que L a un symbole de constante privilégié: 0. On appelle support de s l'ensemble des points x de Y où s(x) est différent de 0. On note $\Gamma_c(Y,E)$ le sous-ensemble de $\Gamma(Y,E)$ formé des sections à support compact.

On suppose à partir de maintenant que X a une base d'ouverts compacts.
On suppose aussi, que pour tout symbole R de relation et pour tout x de X, $E_x \models R(\overline{0})$.

PROPRIETES : (Voir par exemple [Go] ou [Pi])

1) $\Gamma(X,E)$ peut être muni d'une L-structure

- pour tout symbole de constante c, la constante c est interprétée par l'application qui à tout point x de X associe c_x, interprétation de c dans E_x.

- pour tout symbole de fonction à n-places f, on définit, pour $s_1,\dots,s_n$ appartenant à $\Gamma(X,E)$: $f(s_1,\dots,s_n)(x) = f(s_1(x),\dots,s_n(x))$.

- pour tout symbole de relation n-aire R, pour $s_1,\dots,s_n$ appartenant à $\Gamma(X,E)$ $R(s_1,\dots,s_n)$ si et seulement si pour tout x de X, on a $E_x \models R(s_1(x),\dots,s_n(x))$.

2) Soit r appartenant à E_x. Alors il existe une section continue s, à support compact, telle que $s(x) = r$.

3) Les ensembles $s(N)$, où s appartient à $\Gamma_c(X,E)$ et N parcourt les ouverts compacts de X, forment une base de E.

4) Soit Y compact, inclus dans X. Soit s une section continue de E sur Y. Alors il existe t, section continue de E sur X, qui coïncide avec s sur Y.

5) Pour toute section continue s de E sur X, s(X) et X sont homéomorphes (par π).

6) Si s et t sont deux sections de E sur Y, alors l'ensemble $\{x \in Y \; ; \; s(x) = t(x)\}$ est un ouvert-fermé de Y (pour la topologie induite).

7) Si pour tout point x de X, {0} est une sous-structure (au sens de L) de E_x, alors $\Gamma_c(X,E)$ est une sous-structure de $\Gamma(X,E)$.

Exemples de structures de sections continues :

Soit $(M_i)_{i\in I}$ une famille de L-structures. On munit $\biguplus_{i\in I} M_i$ et I de la topologie discrète, et on définit π de $\biguplus_{i\in I} M_i$ dans I comme étant la projection canonique. Alors $(I, \bigcup_{i\in I} M_i, \pi)$ est un faisceau.

De plus $\Gamma(I, \biguplus_{i\in I} M_i) \cong \prod_{i\in I} M_i$

$$\Gamma_c(I, \biguplus_{i\in I} M_i) \cong \bigoplus_{i\in I} M_i$$

Weispfenning, dans [W] a introduit des méthodes très appropriées pour l'étude de L-structures de sections continues vérifiant ces conditions. Il se place dans un langage plus grand, avec des symboles de fonctions $v_=$, $v_R,\dots$, et un prédicat pour une algèbre de Boole. Les fonctions $v_=$ et v_R correspondent au valeurs de vérités de = ou de R dans l'algèbre de Boole des ouverts fermés de X.

$$v_=(a,b) = \{x \in X \; ; \; E_x \models a(x) = b(x)\}$$

$v_R(\bar{a}) = \{x \in X \; ; \; E_x \models R(\bar{a}(x))\}$

Il donne aussi une axiomatique pour les structures de sections continues sur un espace Booléen. Voulant étudier les structures de sections continues sur un espace localement compact zéro-dimensionnel, pas nécessairement compact, nous devons raffiner un peu les méthodes de [W] . En effet le $v_=$ défini ci-dessus prend ses valeurs dans les ouverts fermés co-compacts. Rien ne distingue (model-théoriquement parlant) dans l'algèbre de Boole des ouverts-fermés de X ceux qui sont compacts de ceux qui ne le sont pas. On voudrait pouvoir dire par exemple que l'on ne considère que les sections continues à support compact.

Pour celà, nous n'allons parler que des ouverts-fermés compacts de X, qui forment sous les opérations $\emptyset$, $\cap$, $\cup$, - (complémentaire relatif) un treillis distributif relativement complémenté avec un plus petit élément $\emptyset$. Nous définirons les valeurs de vérité, non plus sur X tout entier, mais sur les ouverts-fermés compacts de X.

Si α est un ouvert-fermé compact de X, nous définissons :

$$v_=(a,b,\alpha) = \{x \in \alpha \; ; \; E_x \models a(x) = b(x)\}$$

(*)

$$v_R(\bar{a},\alpha) = \{x \in \alpha \; ; \; E_x \models R(\bar{a}(x))\}$$

Par la suite nous noterons $\mathcal{B}(X)$ le treillis des ouverts-fermés compacts de X.

Introduisons le langage L^* de Weispfenning associé à un langage L.

$L^* = L \cup \{\emptyset,\cap,\cup,-\} \cup \{v_=,v_R,$ R symbole de relation de L$\} \cup \{M_L,M_B\}$. M_L et M_B sont des prédicats unaires. Les symboles de L sont interprétés dans M_L pour faire une L-structure. Les symboles $\emptyset,\cap,\cup,-$ sont interprétés dans M_B pour lui donner une structure de treillis.

$v_=$ et les v_R sont des symboles de fonctions.

$$v_= : M_L^2 \times M_B \to M_B$$

$$v_R : M_L^n \times M_B \to M_B \text{ si R est une relation n-aire de L.}$$

Les lettres grecques α,β ..., désigneront toujours des variables ou des paramètres à valeur dans M_B, tandis que les lettres latines a,b,...,u,... désigneront des variables ou paramètres à valeur dans M_L.

<u>Remarque 1</u> : toutes les L-structures M de sections continues sur un espace X (vérifiant les conditions ci-dessus) peuvent être enrichies en des structures de L^*, en prenant $M_L = M$, $M_B = \mathcal{B}(X)$, $v_=$ et v_R les valeurs de vérité définies en (*).

Réciproquement, comme dans [W], on peut donner une série d'axiomes P de L^* telle que : si $(M_L, M_B) \models P$, alors M_L est une structure de sections continues à support compact sur X, espace de Stone associé à M_B.

Axiomes de P :

(1) $\forall x,y,\ x = y \leftrightarrow \forall\alpha,\ v_=(x,y,\alpha) = \alpha$

(2) $\forall x,y,\alpha,\ v_=(x,y,\alpha) \leq \alpha$

(3) $\forall x_1,\ldots,x_n,\ R(x_1,\ldots,x_n) \leftrightarrow \forall\alpha\ v_R(x_1,\ldots,x_n,\alpha) = \alpha$

(4) $\forall x_1,\ldots,x_n,\alpha,\ v_R(x_1,\ldots,x_n,\alpha) < \alpha$

(5) $\forall x,y,\alpha,\ v_=(x,y,\alpha) = v_=(y,x,\alpha)$

(6) $\forall x,y,z,\alpha,\ v_=(x,y,\alpha) \cap v_=(y,z,\alpha) \leq v_=(x,z,\alpha)$

(7) $\forall x_1,\ldots,x_n,\ y_1,\ldots,y_n,\alpha,\ \bigcap_{1\leq i\leq n} v_=(x_i,y_i,\alpha) \leq v_=(f(\bar{x}),f(\bar{y}),\alpha)$

(8) $\forall\bar{x},\bar{y},\alpha,\ \bigcap_{1\leq i\leq n} v_=(x_i,y_i,\alpha) \cap v_R(\bar{x},\alpha) \leq v_R(\bar{y},\alpha)$ (R n-aire)

(9) $(M_B,\emptyset,\cap,\cup,-)$ est un treillis distributif relativement complémenté avec un plus petit élément $\forall\alpha,\beta,\gamma,\ (\alpha\cup\beta) \cup \gamma = \alpha \cup (\beta\cup\gamma) \wedge (\alpha\cap\beta) \cap \gamma = \alpha \cap (\beta\cap\gamma) \wedge \alpha\cup\beta = \beta\cup\alpha$ $\wedge\ \alpha\cap\beta = \beta\cap\alpha \wedge \alpha\cup\alpha = \alpha \wedge \beta\cap\beta = \beta \wedge \alpha \cup (\beta\cap\gamma) = (\alpha\cup\beta) \cap (\alpha\cup\gamma) \wedge \alpha \cap (\beta\cup\gamma) = (\alpha\cap\beta)$ $\cup\ (\alpha\cap\gamma) \wedge \alpha \cup (\alpha\cap\beta) = \alpha \wedge \alpha \cap (\alpha\cup\beta) = \alpha \wedge \alpha\cup\emptyset = \alpha \wedge \alpha\cap\emptyset = \emptyset \wedge \alpha - (\beta\cup\gamma) =$ $(\alpha-\beta) \cap (\alpha-\gamma) \wedge \alpha - (\beta\cap\gamma) = (\alpha-\beta) \cup (\alpha-\gamma) \wedge (\alpha\cap\beta) \cup (\alpha-\beta) = \alpha \wedge \alpha\cap\beta \cap (\alpha-\beta) =$ $\emptyset \wedge \alpha - (\alpha-\beta) = \alpha\cap\beta \wedge \exists\delta,\ \delta \neq \emptyset$.

(10) $\forall x,y,\exists\alpha,\ v_=(x,y,\alpha) = \emptyset \wedge \forall\beta,\ v_=(x,y,\beta) = \beta-\alpha$

(11) $\forall\bar{z},\ \exists\alpha,\ (R(\bar{0}) \rightarrow v_R(\bar{z},\alpha) = \emptyset \wedge \forall\beta\ \ v_R(\bar{z},\beta) = (\beta-\alpha))$.

(12) $\forall x,y,\bar{z},\alpha,\beta\ \ v_=(x,y,\alpha\cap\beta) = v_=(x,y,\alpha) \cap v_=(x,y,\beta) \wedge v_R(\bar{z},\alpha\cap\beta) = v_R(\bar{z},\alpha)$ $\cap\ v_R(\bar{z},\beta)$.

(13) $\forall x,y,\bar{z},\alpha,\beta,\ v_=(x,y,\alpha\cup\beta) = v_=(x,y,\alpha) \cup v_=(x,y,\beta) \wedge v_R(\bar{z},\alpha\cup\beta) = v_R(\bar{z},\alpha)$ $\cup\ v_R(\bar{z},\beta)$

(14) $\forall\alpha,x,y,\exists z\ \forall\beta,\ v_=(x,z,\beta) \geq \alpha\cap\beta \wedge v_=(y,z,\beta) \geq \beta-\alpha$.

THEOREME DE REPRESENTATION (Weispfenning) - Soit (M,M_B) une L^*-structure, modèle de P. Alors M peut se représenter comme une L-structure de sections continues (à support compact) sur l'espace de Stone associé à M_B.

Démonstration - Soit X l'espace de Stone associé à M_B.

$$X = \{P \ ; \ P \text{ idéal maximal de } M_B\}$$

Base d'ouverts compacts : $\forall\alpha \in M_B$, $O(\alpha) = \{P \in X \ ; \ \alpha \notin P\}$.
Soit $P \in X$.
On pose $M_P = M/\sim_P$.
Pour $a,b \in M$, $a \sim_P b$ ssi $\exists\alpha \notin P$, $v_=(a,b,\alpha) = \alpha$
A cause de (1), (5) et (6), $\sim_P$ est bien une relation d'équivalence.
On munit M_P d'une L-structure :

$$R(\bar{a}/\sim_P) \text{ ssi } \exists\alpha \notin P,\ v_R(\bar{a},\alpha) = \alpha$$

$$f(\bar{a}/\sim_P) = b/\sim_P \text{ ssi } \exists\alpha \notin P,\ v_=(f(\bar{a}),b,\alpha) = \alpha$$

$$0_P = 0/\sim_P \ , \ (c_{iP} = c_i/\sim_P \text{ si } X \text{ est compact})$$

Soit P l'application canonique de M dans $M/\sim_P$.
P est un homomorphisme à cause de (7) et (8).
Soit $M' = \biguplus_{P\in X} M_P$.
On envoie M dans M'^X de la façon suivante : à $a \in M$, on associe $\hat{a} : X \to M'$, définie par $\hat{a}(P) = P(a)$. A cause de (1) et (3), cette application est bien un homomorphisme.

LEMME 1 - Soient $a,b,\bar{c} \in M$. Alors il existe $\alpha,\beta \in M_B$, tels que

$$\forall P \in X \ , \qquad P \in O(\alpha) \leftrightarrow \hat{a}(P) \neq \hat{b}(P)$$

$$P \in O(\beta) \leftrightarrow M_P \models \neg R(\hat{\bar{c}}(P))$$

Démonstration : D'après (10), $\exists\alpha \in M_B$, $v_=(a,b,\alpha) = \emptyset \wedge \forall\beta$, $v_=(a,b,\beta) = \beta-\alpha$.
D'après (13) et (2), c'est équivalent à ce que

$$\forall\beta,\ (\alpha\cap\beta = \emptyset) \to v_=(a,b,\beta) = \beta$$

Soit $P \in O(\alpha)$. Soit $\beta \notin P$, donc $\alpha\cap\beta \neq \emptyset$.

D'après (12), $v_=(a,b,\alpha\cap\beta) = \emptyset$

D'après (2) et (13), $v_=(a,b,\beta) = v_=(a,b,\beta-\alpha) \leq \beta-\alpha < \beta$.

donc $\hat{a}(P) \neq \hat{b}(P)$.

Soit $P \notin O(\alpha)$. Soit $\beta \notin P$ tel que $\alpha \cap \beta = \phi$.
donc $v_{=}(a,b,\beta) = \beta$
donc $\hat{a}(P) = \hat{b}(P)$.
Même démonstration pour R.
Suite de la démonstration du théorème :
A cause de (1) et (10), l'application qui à $a \in M$ associe $\hat{a}$, est bien un monomorphisme.
On munit M' de la topologie dont une base d'ouvert-fermés est la suivante :
$\forall a \in M$, $\forall \alpha \in M_B$, $\hat{a}(O(\alpha))$ et $\hat{a}(X-O(\alpha))$ sont des ouverts-fermés.

Le lemme 1 nous assure que (X,M') satisfait toutes les conditions que nous exigeons d'un faisceau.
On va maintenant montrer que $M \cong \Gamma_c(X,M')$.

- $\forall a \in M$, $\hat{a} \in \Gamma_c(X,M')$.

D'après (10), $\exists \alpha$ $v_{=}(a,0,\alpha) = \phi \wedge \forall \beta$ $v_{=}(a,0,\beta) = \beta - \alpha$.
D'après le lemme, $O(\alpha)$ est exactement le support de $\hat{a}$. Donc $\hat{a}$ est bien à support compact.
Soient $b \in M$, U ouvert de X.

$$\begin{aligned}\hat{a}^{-1}(\hat{b}(U)) &= \{P \in X \; ; \; \hat{a}(P) \in \hat{b}(U)\} \\ &= \{P \in U \; ; \; \hat{a}(P) = \hat{b}(P)\} \\ &= \{P \in U \; ; \; \exists \beta \notin P, \; v_{=}(a,b,\beta) = \beta\}\end{aligned}$$

Soit $\alpha \in M_B$ tel que $v_{=}(a,b,\alpha) = \phi \wedge \forall \beta, \alpha \cap \beta = \phi, \rightarrow v_{=}(a,b,\beta) = \beta$.

$$\begin{aligned}\hat{a}^{-1}(\hat{b}(U)) &= \{P \in U \; ; \; \exists \beta \notin P, \; \alpha \cap \beta = \phi\} \\ &= \{P \in U \; ; \; P \notin O(\alpha)\} \\ &= U - O(\alpha)\end{aligned}$$

C'est bien un ouvert.

- $\forall s \in \Gamma_c(X,M')$, $\exists a \in M$, $\hat{a} = s$.

D'après la démonstration du lemme, on voit que M' est Hausdorff. Donc le support de s est un $O(\alpha)$ pour un certain $\alpha \in M_B$.
Soit $P \in O(\alpha)$. Soit $a_P \in M$ tel que

$$s(P) = a_P/\sim_P = \hat{a}_P(P) .$$

$\hat{s}$ et $\hat{a}_P$ sont donc égales sur un ouvert-fermé O_P.
On fait la même chose pour chaque P de $O(\alpha)$.
On obtient ainsi un recouvrement par des ouverts-fermés de $O(\alpha)$; $O(\alpha)$ étant compact, on peut en extraire un recouvrement fini de $O(\alpha)$, $O_1,\dots,O_n$ et des éléments $a_1,\dots,a_n$ de M tels que $\forall i \le n$, $\forall y \in O_i$, $s(y) = \hat{a}_i(y)$. Ces ouvert-fermés sont de la forme $O(\alpha_i)$, pour des $\alpha_i \in M_B$. En appliquant (14) un certain nombre de fois, on peut obtenir un élément a de M vérifiant :

$$\forall \beta,\ (\alpha \cap \beta = \phi) \rightarrow v_=(a,0,\beta) = \beta$$

$$\forall i \le n,\ v_=(a,a_i,\alpha_i) = \alpha_i .$$

Comme $\forall P \in X$, $\hat{a}(P) = s(P)$ on a bien que $M \cong \Gamma_c(X,M')$.

<u>DEFINITION 4</u> - Soit $\theta(\overline{u})$ une formule de L, sans quantificateurs. On définit par induction sur la longueur de θ la valeur de vérité $v_\theta(\overline{u},\alpha)$.
Si $\theta(\overline{u}) = (u_1 = u_2)$ où u_1 et u_2 sont des termes de L, $v_\theta(\overline{u},\alpha) = v_=(u_1,u_2,\alpha)$.
Si $\theta(\overline{u}) = R(\overline{u})$, où $\overline{u}$ est un uplet de termes de langage L,

$$v_\theta(\overline{u},\alpha) = v_R(\overline{u},\alpha)$$

Si $\theta(\overline{u}) = \varphi(\overline{u}) \wedge \psi(\overline{u})$, $v_\theta(\overline{u},\alpha) = v_\varphi(\overline{u},\alpha) \cap v_\psi(\overline{u},\alpha)$.
Si $\theta(\overline{u}) = \varphi(\overline{u}) \vee \psi(\overline{u})$, $v_\theta(\overline{u},\alpha) = v_\varphi(\overline{u},\alpha) \cup v_\psi(\overline{u},\alpha)$
Si $\theta(\overline{u}) = \neg\varphi(\overline{u})$, $v_\theta(\overline{u},\alpha) = \alpha - v_\varphi(\overline{u},\alpha)$.

<u>DEFINITION 5</u> - Soit $\varphi(\overline{v})$ une formule de L, s'écrivant sous forme prénexe $Q_1u_1Q_2u_2\dots Q_nu_n\ \theta(\overline{u},\overline{v})$, où $\theta(\overline{u},\overline{v})$ est sans quantificateurs.
Soit α un ouvert compact de M_B.
Nous définissons $\varphi^*(\overline{v},\alpha)$ comme étant la formule suivante :

$$Q_1u_1Q_2u_2\dots Q_nu_n(v_\theta(\overline{u},\overline{v},\alpha) = \alpha) .$$

<u>PROPOSITION 1.7</u> : [W]. Soit (M_L,M_B) un modèle de P, $M_L = \Gamma_c(X, \biguplus_{x\in X} M_x)$, $M_B = \mathcal{B}(X)$.
Alors pour toute formule $\varphi(\overline{v})$ de L, pour tout uplet $\overline{a}$ de M_L, pour tout ouvert compact de X,

1) Si $(M_L,M_B) \models \varphi^*(\overline{a},\alpha)$, alors

$$\forall x \in \alpha \quad M_x \models \varphi(\overline{a}(x)) .$$

2) si $\Gamma_c(\alpha, \biguplus_{x\in\alpha} M_x) \cong \prod_{x\in\alpha} M_x$ et si $\forall x \in \alpha$, $M_x \models \varphi(\bar{a}(x))$, alors $(M_L, M_B) \models \varphi^*(\bar{a},\alpha)$.

Démonstration : Par induction sur la complexité de φ.

COROLLAIRE - Si $M_L = \bigoplus_{n\in\omega} (\mathbb{N},+)$, M_B = parties finies de ω, alors pour tout énoncé φ de $Th(\mathbb{N},+)$,

$$(M_L, M_B) \models \forall\alpha\ \varphi^*(\alpha) \ .$$

D'autre part, étant donnés $\varphi(\bar{v})$ formule de L, et $\bar{a}$ uplet de M_L, $\{x \in \omega \ ; \ M_x \models \varphi(\bar{a}(x))\}$ est fini ou cofini.

Théorème de Feferman-Vaught pour certaines structures de sections continues.

Soit $(\Gamma_c(X, \biguplus M_x), \mathcal{B}(X))$ un modèle de P vérifiant les conditions suivantes :

- pour toute formule $\varphi(\bar{v})$ de L, pour tout uplet $\bar{a}$ de $\Gamma_c(X, \biguplus M_x)$, $v_\varphi(\bar{a}) = \{x \in X \ ; \ M_x \models \varphi(\bar{a}(x))\}$ est un ouvert fermé, compact ou cocompact.
- X a une base d'ouverts compacts, mais n'est pas compact.
- pour tout symbole de relation R ,

$$(\Gamma_c(X, \biguplus M_x), \mathcal{B}(X)) \models \forall\alpha\ v_R(\bar{0},\alpha) = \alpha \vee \forall\alpha\ v_R(\bar{0},\alpha) = \phi$$

Soit A(X) l'algèbre de Boole des ouverts fermés de X qui sont compacts ou cocompacts.

THEOREME [Co], [FV]. Soit $\varphi(\bar{v})$ une formule de L. Alors il existe une suite $<\Phi(z_1,\ldots,z_m),\theta_1(\bar{v}),\ldots,\theta_m(\bar{v})>$, où $\Phi(z_1,\ldots,z_m)$ est une formule du langage des algèbres de Boole augmenté d'un prédicat unaire (pour $\mathcal{B}(X)$) et $\theta_1(\bar{v}),\ldots,\theta_m(\bar{v})$ sont des formules de L, telles que pour tout uplet $\bar{a}$ de $\Gamma_c(X, \biguplus M_x)$

$$\Gamma_c(X, \biguplus M_x) \models \varphi(\bar{a})$$

si et seulement si $(A(X), \mathcal{B}(X)) \models \Phi(v_{\theta_1}(\bar{a}),\ldots,v_{\theta_m}(\bar{a}))$.

Démonstration : voir [Co] ou [FV] théorèmes 3.1 et 3.2 pour plus de détails.

* si φ est une formule atomique

$\varphi(u_1,u_2) = (u_1 = u_2)$

$<\Phi(z),\theta(u_1,u_2)> = <z = \overline{\phi}, u_1 = u_2>$.

$\varphi(\overline{u}) = (R(\overline{u}))$.

$<\Phi(z),\theta(\overline{u})> = <z = \overline{\phi}, R(\overline{u})>$.

* Si $\psi = \varphi_1 \wedge \varphi_2$

Si $<\Phi_1,\theta_1,\ldots,\theta_m>$ et $<\Phi_2,\theta'_1,\ldots,\theta'_n>$ sont les suites associées à φ_1 et φ_2, la suite associée à ψ sera

$<\Phi_1 \wedge \Phi_2,\theta_1,\ldots,\theta_m,\theta'_1,\ldots,\theta'_n>$

* Si $\psi = \neg\varphi$

Si $<\Phi,\theta_1,\ldots,\theta_m>$ est la suite associée à φ, la suite associée à ψ sera

$<\neg\Phi,\theta_1,\ldots,\theta_m>$.

Remarquons ensuite que si $<\Phi,\theta_1,\ldots,\theta_m>$ est une telle suite, on peut trouver $<\Psi,\theta'_1,\ldots,\theta'_n>$ telle que

- $\forall\overline{a}$, $(A(X),\mathfrak{B}(X)) \models \Phi(v_{\theta_1}(\overline{a}),\ldots,v_{\theta_m}(\overline{a}))$ si et seulement si

  $(A(X),\mathfrak{B}(X)) \models \Psi(v_{\theta'_1}(\overline{a}),\ldots,v_{\theta'_n}(\overline{a}))$

- $\forall\overline{a}$, $\forall i,\forall j$, si $i \neq j$ alors $v_{\theta'_i}(\overline{a}) \cap v_{\theta'_j}(\overline{a}) = \phi$

- $\forall\overline{a}$, $\bigcup_{1\leq i\leq n} v_{\theta'_i}(\overline{a}) = \overline{\phi}$

* Si $\psi = \exists u\, \varphi(u)$.

Soit $<\Phi,\theta_1,\ldots,\theta_m>$ une suite associée à φ et vérifiant les hypothèses de partition énumérées ci-dessus.

Soient $\theta'_i = \exists u\, \theta_i(u)$ et $\zeta_i = \theta_i(0)$ pour $1 \leq i \leq m$.

La suite associée à ψ sera alors

$$<\Psi,\theta'_1,\ldots,\theta'_m,\zeta_1,\ldots,\zeta_m>$$

où Ψ est définie comme suit :

$$\Psi(z_1,\ldots,z_{2m}) = \exists y_1,\ldots,y_{2m} \bigwedge_{1\le i\le 2m} y_i \le z_i \wedge \bigwedge_{1\le i\le m} y_i \in \mathcal{B}(X)$$

$$\wedge \bigwedge_{i\neq j} y_i \cap y_j = \phi \wedge \bigcup_{1\le i\le 2m} y_i = \overline{\phi} \wedge \Phi(y_1 \cup y_{m+1},\ldots,y_m \cup y_{2m})$$

Le seul point délicat dans la démonstration de ce théorème est au moment de la reconstruction.

Supposons en effet que :

$$(A(X),\mathcal{B}(X)) \models \Phi(v_{\theta'_1},\ldots,v_{\theta'_m},\zeta_1,\ldots,\zeta_m)\ .$$

Nous voulons trouver une section b de $\Gamma_c(X,\biguplus M_x)$ telle que l'on ait

$$(A(X),\mathcal{B}(X)) \models \Phi(v_{\theta_1}(b),\ldots,v_{\theta_m}(b))$$

Soient donc $\beta_1,\ldots,\beta_{2m}$ formant une partition et vérifiant :

$$(A(X),\mathcal{B}(X)) \models \bigwedge_{1\le i\le m} (\beta_i \le v_{\theta'_i} \wedge \beta_{m+i} \le v_{\zeta_i} \wedge \beta_i \in \mathcal{B}(X))$$

$$\wedge\ \Phi(\beta_1 \cup \beta_{m+1},\ldots,\beta_m \cup \beta_{2m})\ .$$

Soit $1 \le i \le m$, soit x un point de β_i.
Alors $M_x \models \exists u\ \theta_i(u)$. Soit $b_x \in M_x$ tel que $M_x \models \theta_i(b_x)$. Soit b' une section sur β_i, telle que $b'(x) = b_x$. D'après l'hypothèse sur le faisceau, $\{y \in \beta_i,\ M_y \models \theta_i(b'(y))\}$ est un ouvert fermé de $\mathcal{B}(X)$.

On fait de même pour chaque point x de β_i. On obtient ainsi un recouvrement de β_i par des ouverts fermés. β_i étant compact, on peut en extraire un sous recouvrement fini qu'on peut raffiner en une partition en ouverts fermés. On recolle ensuite les sections sur les différents morceaux pour obtenir un b_i satisfaisant.

$$v_{\theta_i}(b_i) = \beta_i$$

On fait de même pour chaque $i \le m$.

On prend ensuite b comme étant égal à b_i sur β_i (pour $i \le m$ et à 0 sur $\beta_{m+1}\cup\ldots\cup\beta_{2m}$. b est bien un élément de $\Gamma_c(X,\biguplus M_x)$, et l'on a bien

$$(A(X),\mathcal{B}(X)) \models \Phi(v_{\theta_1}(b),\ldots,v_{\theta_m}(b))$$

Remarque 3 - On voit par exemple que si les M_x sont tous élémentairement équivalents, la théorie de $\Gamma_c(X, \biguplus M_x)$ ne dépend que de la théorie de $(A(X), \mathcal{B}(X))$. En fait, avec le lemme suivant, nous allons montrer qu'elle ne dépend que de la théorie de $\mathcal{B}(X)$.

LEMME 2 - Soient A et B deux algèbres de Boole, P et Q des idéaux maximaux de A et B respectivement.

Alors $P \equiv Q$ entraine $(A,P) \equiv (B,Q)$.

Démonstration : Parce que $P \equiv Q$, il existe par le théorème de Keisler-Shelah un ultrafiltre $\mathcal{U}$ tel que $P^{\mathcal{U}} \cong Q^{\mathcal{U}}$.
D'autre part $(A,P)^{\mathcal{U}} = (A^{\mathcal{U}}, P^{\mathcal{U}})$ vérifie que $P^{\mathcal{U}}$ est un idéal maximal de $A^{\mathcal{U}}$. De même $Q^{\mathcal{U}}$ est un idéal maximal de $B^{\mathcal{U}}$.

L'isomorphisme entre $P^{\mathcal{U}}$ et $Q^{\mathcal{U}}$ se prolonge de manière évidente à un isomorphisme entre $A^{\mathcal{U}}$ et $B^{\mathcal{U}}$. On a donc

$$(A,P)^{\mathcal{U}} \cong (B,Q)^{\mathcal{U}} .$$

Pour avoir une démonstration un peu plus effective, voir le théorème 9.6 de [FV].

COROLLAIRE - Soit $(\Gamma_c(X, \biguplus M_x), \mathcal{B}(X))$ modèle de P, vérifiant les hypothèses du théome, et vérifiant de plus que toutes les fibres sont modèles d'une théorie complète T. Alors la théorie de $\Gamma_c(X, \biguplus M_x)$ ne dépend que de la théorie de $\mathcal{B}(X)$.

Le lemme suivant va nous donner les moyens d'exprimer dans L^* qu'un modèle de P, $(\Gamma_c(X, \biguplus M_x), \mathcal{B}(X))$ satisfait les hypothèses du théorème.

LEMME 3 - Soit $(\Gamma_c(X, \biguplus M_x), \mathcal{B}(X))$ un modèle de P satisfaisant les hypothèses du théorème.

Si $\varphi(\overline{v})$ est une formule de L, $\overline{a}$ un uplet de $\Gamma_c(X,E)$ et α un élément de $\mathcal{B}(X)$ tels que,

$$\forall x \in \alpha \quad E_x \models \varphi(\overline{a}(x)), \text{ alors}$$

$(\Gamma_c(X, \biguplus M_x), \mathcal{B}(X)) \models \varphi^*(\overline{a},\alpha)$.

Démonstration : Si $\varphi(\overline{a})$ est sans quantificateurs, pas de problème. Montrons ensuite le résultat par induction sur la complexité de φ.

Si $\varphi(\overline{v}) = \exists u\ \psi(u,\overline{v})$

Soit $x \in \alpha$. $E_x \models \exists u\ \psi(u,\overline{a}(x))$.

Soit $b \in E_x$ tel que $E_x \models \psi(b,\overline{a}(x))$

Soit $c_x \in \Gamma_c(X,\biguplus M_x)$ tel que $c_x(x) = b$. On a alors $E_x \models \psi(c_x(x),\overline{a}(x))$. Soit α_x l'ouvert fermé sur lequel $\psi(c_x,\overline{a})$ est vraie. On recouvre ainsi α d'ouverts fermés. Par compacité de α on peut en extraire un recouvrement fini, qu'on peut raffiner en une partition d'ouverts fermés. Maintenant il suffit de recoller de bonne façon les c_x ensemble de manière à obtenir une section c qui satisfasse :

$$\forall x \in \alpha \quad E_x \models \psi(c(x),\overline{a}(x)).$$

Par hypothèse d'induction, on a donc

$$(\Gamma_c(X,\biguplus M_x), \mathcal{B}(X)) \models \psi^*(c,\overline{a},\alpha)$$

et donc $(\Gamma_c(X,\biguplus M_x), \mathcal{B}(X)) \models \varphi^*(\overline{a},\alpha)$.

<u>COROLLAIRE</u> - On peut dire dans L^* que $(\Gamma_c(X,\biguplus M_x), \mathcal{B}(X))$ vérifie les hypothèses du théorème.

<u>Démonstration</u> : Pour toute formule $\varphi(\overline{v})$ de L on dit :

$$\forall \overline{a}\ \exists \alpha\ (\varphi^*(\overline{a},\alpha) \wedge \forall \beta\ (\beta \cap \alpha = \phi \rightarrow (\neg\varphi)^*(\overline{a},\beta)) \vee$$

$$\vee\ ((\neg\varphi)^*(\overline{a},\alpha) \wedge \forall \beta\ \ (\beta \cap \alpha = \phi \rightarrow \varphi^*(\overline{a},\beta))\ .$$

Le dernier théorème de cette partie, dû à Ershov [Er], nous permet de donner l'axiomatisation du treillis des parties finies d'un ensemble infini.

<u>THEOREME</u> - La théorie des treillis distributifs infinis, relativement complementés avec plus petit élément (ϕ), sans plus grand élément et atomiques ($\forall \alpha\ \exists \beta < \alpha$, $\beta > 0 \wedge \forall \gamma\ \ 0 \leq \gamma \leq \beta \rightarrow \gamma = \beta \vee \gamma = 0$) est complète.

<u>Démonstration</u> : nous allons en fait montrer que cette théorie admet l'élimination des quantificateurs dans un langage L' défini comme suit :

$$L' = \{\phi, \cap, \cup, -, <_n\}_{n\in\omega}$$

où $\alpha \lneqq \beta \leftrightarrow \alpha < \beta \leftrightarrow \alpha \cap \beta = \alpha \wedge \alpha \neq \beta$

$$\alpha <_n \beta \leftrightarrow \exists \xi_1,\ldots,\xi_n\ ,\ \alpha < \xi_1 < \xi_2 <\ldots< \xi_n \leq \beta$$

et $\alpha <_0 \beta \leftrightarrow \alpha \cap \beta = \alpha \leftrightarrow \alpha \leq \beta$.

Prenons ensuite deux modèles A et B de notre théorie, que nous supposerons être ω-saturés. Nous allons montrer que tout isomorphisme partiel de domaine fini se prolonge. Si $\alpha_1,\dots,\alpha_m$ sont des éléments de A, nous noterons $<\alpha_1,\dots,\alpha_m>$ la L'-structure engendrée par $\alpha_1,\dots,\alpha_m$ dans A.

Remarquons d'abord que si $\alpha_1,\dots,\alpha_m$ sont des éléments disjoints ($\alpha_i \cap \alpha_j = \phi$ pour $i \neq j$) de A, et $\beta_1,\dots,\beta_m$ des éléments disjoints de B, alors il suffit que les α_i et β_i satisfassent les mêmes formules de la forme $\alpha_i >_m 0$ $(\alpha_i >_m 0)$ pour qu'il y ait un L'-isomorphisme partiel de A dans B qui envoie α_i sur β_i. Cette condition est évidemment nécessaire.

Nous noterons $\alpha >_\infty 0$ pour $\bigwedge\limits_{n<\omega} \alpha >_n 0$.

Soient $\alpha_1,\dots,\alpha_n$ et $\beta_1,\dots,\beta_n$ deux n-uples de A et de B tels qu'il existe un L'-isomorphisme de A dans B qui envoie α_i sur β_i. Cet isomorphisme se prolonge évidemment à $<\alpha_1,\dots,\alpha_n>$. Soient $\varepsilon_1,\dots,\varepsilon_m$, $\zeta_1,\dots,\zeta_m$ les atomes de $<\alpha_1,\dots,\alpha_n>$ et $<\beta_1,\dots,\beta_n>$, enumérés de telle façon que l'isomorphisme envoie ε_i sur ζ_i.

Soit $\alpha_{n+1} \in A$. α_{n+1} s'exprime comme réunion des termes de la forme $\alpha_{n+1} \cap \varepsilon_j$ et $\alpha_{n+1} - \varepsilon_1 \cup \dots \cup \varepsilon_m$. (ils constituent d'ailleurs avec les $\varepsilon_j - \alpha_{n+1}$ les atomes de $<\alpha_1,\dots,\alpha_{n+1}>$). Nous allons construire β_{n+1} comme réunion de $\xi_1,\dots,\xi_{m+1}$, où pour $1 \leq j \leq m$, $\xi_j \leq \varepsilon_j$ et $\xi_{m+1} \cap (\varepsilon_1 \cup \dots \cup \varepsilon_m) = \phi$.

Soit $1 \leq j \leq m$. Il y a quatre cas possibles :

* Supposons que α_{n+1} vérifie

$$\alpha_{n+1} \cap \varepsilon_j >_k 0 \wedge \neg(\alpha_{n+1} \cap \varepsilon_j >_{k+1} 0) \wedge \varepsilon_j - \alpha_{n+1} >_{k'} 0 \wedge \neg(\varepsilon_j - \alpha_{n+1} >_{k'+1} 0).$$

Cela implique notamment que $\varepsilon_j >_{k+k'} 0 \wedge \neg(\varepsilon_j >_{k+k'+1} 0)$. ζ_j satisfait donc la même formule. Donc il existe un $\xi_j \leq \zeta_j$, tel que l'on ait

$$\xi_j \cap \zeta_j >_k 0 \wedge \neg(\xi_j \cap \zeta_j) >_{k+1} 0 \wedge \zeta_j - \xi_j >_{k'} 0 \wedge \neg(\zeta_j - \xi_j >_{k'+1} 0)$$

On le prend.

* Supposons que α_{n+1} vérifie

$$\alpha_{n+1} \cap \varepsilon_j >_\infty 0 \wedge \varepsilon_j - \alpha_{n+1} >_k 0 \wedge \neg(\varepsilon_j - \alpha_{n+1} >_{k+1} 0)$$

Cela entraine que $\varepsilon_j >_\infty 0$. ζ_j satisfait donc la même formule. Soient $\lambda_1,\dots,\lambda_k$

k atomes distincts (de B) inférieurs à ζ_j. On prend alors $\xi_j = \zeta_j - \lambda_1 \cup \ldots \cup \lambda_k$.

* Si α_{n+1} vérifie

$$\alpha_{n+1} \cap \varepsilon_j >_k 0 \wedge \neg(\alpha_{n+1} \cap \varepsilon_j >_{k+1} 0) \wedge \varepsilon_j - \alpha_{n+1} >_\infty 0 ,$$

La construction est symétrique.

* Supposons maintenant que α_{n+1} vérifie

$$\alpha_{n+1} \cap \varepsilon_j >_\infty 0 \wedge \varepsilon_j - \alpha_{n+1} >_\infty 0 .$$

Cela entraîne que $\varepsilon_j >_\infty 0$ et donc que $\zeta_j >_\infty 0$. Pour tout k, $B \models \exists \xi \leq \zeta_j$ $\xi \cap \zeta_j >_k 0 \wedge \zeta_j - \xi >_k 0$. Par ω-saturation il existe donc un ξ_j qui vérifie

$$\xi_j \cap \zeta_j >_\infty 0 \wedge \zeta_j - \xi_j >_\infty 0 \wedge \zeta_j \geq \xi_j .$$

Nous allons maintenant nous occuper de $\alpha_{n+1} - \varepsilon_1 \cup \ldots \cup \varepsilon_m$. Deux cas sont possibles.

* $\alpha_{n+1} - \varepsilon_1 \cup \ldots \cup \varepsilon_m >_k 0 \wedge \neg(\alpha_{n+1} - \varepsilon_1 \cup \ldots \cup \varepsilon_m >_{k+1} 0)$.

Il est à remarquer que comme un modèle de notre théorie n'a pas de plus grand élément, alors pour tout élément β de B, le treillis des éléments disjoints de β a aussi une infinité d'atomes.

Donc pour tout k $B \models \exists \xi \;\; \xi \cap (\zeta_1 \cup \ldots \cup \zeta_m) = \phi \wedge \xi >_k 0$.

Prenons donc k atomes disjoints de $\xi_1 \cup \ldots \cup \xi_m$ faisons-en la réunion et baptisons la ξ_{m+1}.

* $\alpha_{n+1} - (\varepsilon_1 \cup \ldots \cup \varepsilon_m) >_\infty 0$.

D'après la remarque précédente, et par ω-saturation il existe un ξ_{m+1} disjoint de $\zeta_1 \cup \ldots \cup \zeta_m$ et tel que $\xi_{m+1} >_\infty 0$.

Soit maintenant $\beta_{n+1} = \xi_1 \cup \ldots \cup \xi_{m+1}$. C'est le β_{n+1} cherché.

Remarque 4 - Si l'on ajoute au langage des treillis {φ,∩,∪,-} un prédicat unaire $\mathcal{P}$ pour les atomes, la théorie que nous avons décrite devient en fait model-complète. Sans ce prédicat, on peut toujours étendre un modèle en "coupant un atome en deux".

II. REPRESENTATION DES MODELES DU PRODUIT DES ENTIERS.

Nous allons d'abord donner la représentation du modèle standard ($\mathbb{N}^*,\times$).

La notation "a/b" sera utilisée comme abréviation de la formule "$\exists x\ ax = b$".

Soit $\mathcal{P}$ l'ensemble des nombres premiers de $\mathbb{N}^*$. $\mathcal{P}(x)$ sera la formule définissant $\mathcal{P}$: $\forall y\ \ y/x \to y^2 = y \vee y = x$. Nous ajoutons au langage la constante 1 (définissable par $x = 1 \leftrightarrow x^2 = x$).

Soit f de $(\mathbb{N}^*,\times,1)$ dans $\bigoplus_{p\in\mathcal{P}} (\mathbb{N}^*,+,0)$, qui à m associe f(m) défini comme suit

$$f(m)(p) = \text{le plus grand } n \text{ tel que } p^n \text{ divise } m.$$

f est bien définie et c'est un isomorphisme car tout nombre entier se décompose de façon unique en produit fini de puissances de nombres premiers. D'autre part $p^m.p^n = p^{m+n}$.

Soit $L = \{+,0\}$.

Maintenant, nous allons définir le langage L^* de Weispfenning dans $(\mathbb{N}^*,\times,1)$. Pour celà, il suffit de définir l'appartenance à $\mathcal{B}(X)$, les opérations de treillis ainsi que le symbole de fonction $v_=(\ ,\ ,\ )$.

- $m \in \mathcal{B}(X)$ si et seulement si $\forall n \neq 1,\ \neg(n^2/m)$.

C'est-à-dire si l'image de m dans la somme directe ne prend que les valeurs 0 ou 1. Nous définissons ensuite pour m et n appartenant à $\mathcal{B}(X)$.

$\phi = 1$

$m \cap n = \text{p.g.c.d}(m,n)$

$m \cup n = \text{p.p.c.m}(m,n)$

$m - n = m/\text{p.g.c.d}(m,n)$

<u>Remarque 1</u> - $\mathcal{B}(X)$ contient tous les nombres premiers. Ceux-ci sont d'ailleurs les atomes de $\mathcal{B}(X)$.

Définissons ensuite $v_=$:

Soit $m \in \mathcal{B}(X)$; $a,b \in \mathbb{N}^*$:

$$v_=(a,b,m) = n \leftrightarrow n \in \mathcal{B}(X) \wedge n/m \wedge \forall x\ \ (\forall p \subset P\ \ p/x \leftrightarrow p/n) \to (x/a) \leftrightarrow x/b).$$

C'est-à-dire n est exactement le produit des nombres premiers qui divisent m et qui apparaissent avec le même exposant dans la décomposition de a et b en produit de puissances de nombres premiers.

Maintenant que L^* est défini, l'axiomatisation de $Th(\mathbb{N}^*,x,1)$ consiste à formaliser les données suivantes (la multiplication et l'addition seront toujours identifiés) :

1) $\cap$, $\cup$ et $-$ sont des opérations de $\mathcal{B}(X)$
   1 joue le rôle de ϕ
   $v_=$ est une fonction.

2) $(\mathbb{N}^*, \mathcal{B}(X)) \models P$
   (voir partie I pour les axiomes de P).

3) $\mathcal{B}(X)$ est un treillis distributif relativement complementé dont ϕ est le plus petit élément. Il n'a pas de plus grand élément et a une infinité d'atomes.

4) Nous disons (voir le corollaire du lemme I3) que pour toute formule $\varphi(\bar{v})$ de L, pour tout uplet $\bar{a}$, $\varphi(\bar{a})$ est vraie sur un ouvert-fermé, compact ou co-compact.

Sachant que $Th(\mathbb{N})$ admet l'élimination des quantificateurs dans le langage $L' = \{+,0,1,\leq,\equiv_n\}_{n\in\mathbb{N}}$, il suffit en fait de le dire pour les formules du type $a \leq b$ et $a \equiv_n b$.

5) Si T est une axiomatisation de $Th(\mathbb{N},+)$, on dit :

$$\forall m \in \mathcal{B}(X),\ \varphi^*(m)\ .$$

<u>THEOREME</u> - Le schéma d'axiomes donné ci-dessus est une axiomatisation de la théorie complète de la multiplication des entiers naturels.

<u>Démonstration</u> : D'après le corollaire de la proposition I.1.7, $(\mathbb{N}^*,x)$ en est un modèle. D'autre part, d'après le corollaire du lemme I.2 et le dernier théorème de la partie I, cette axiomatisation est bien complète.

<u>Remarque 2</u> - La théorie de $(\mathbb{N}^*,x)$ n'est pas finiment axiomatisable (voir [Ce]).

<u>THEOREME</u> - La théorie de la multiplication des entiers naturels admet l'élimination des quantificateurs dans la langage suivant :

$$\{+,1,\mathcal{B}(X),\cap,\cup,-,\phi,<_n,v_{\neq},v_<,v_{\neq_n}\}_{n\in\mathbb{N}}$$

où $v_{\neq}$, $v_<$, $v_{\neq_n}$ sont des fonctions binaires definies comme suit :

- $v_{\neq}(a,b) = \alpha \leftrightarrow \alpha \in \mathcal{B}(X) \wedge \forall \beta \in \mathcal{B}(X)\ ,\ v_=(a,b,\beta-\alpha) = \beta-\alpha.$

- $v_{<}(a,b) = \alpha \leftrightarrow \alpha \in \mathcal{B}(X) \wedge \alpha \subset v_{\neq}(a,b) \wedge \exists c(v_{\neq}(a+c,b) = v_{\neq}(a,b) - \alpha \wedge$

$\wedge\ v_{\neq}(a,b+c) = \alpha)$.

- $v_{\not\equiv_n}(a,b) = \alpha \leftrightarrow \alpha \in \mathcal{B}(X) \wedge \forall c(v_{\neq}(a+nc,b) \cap v_{\neq}(a,b+nc) \supset \alpha) \wedge$

$\wedge\ \forall \beta \in \mathcal{B}(X)\ \exists c(v_{\neq}(a+nc,b) \cap v_{\neq}(a,b+nc) \cap (\beta-\alpha) = \phi)$.

Démonstration : Soit $\varphi(\bar{v})$ une formule du langage $\{0,+\}$ (ou $\{1,\times\}$). D'après le théorème de Feferman-Vaught énoncé en partie I, il existe des formules $\Phi,\theta_1,\ldots,\theta_m$ telles que, si M est un modèle de $Th(\mathbb{N}^*,\times)$ et X son espace de Stone associé, alors pour tout uplet $\bar{a}$ de M, $M \models \varphi(\bar{a})$ si et seulement si

$$(A(X),\mathcal{B}(X)) \models \Phi(v_{\theta_1}(\bar{a}),\ldots,v_{\theta_m}(\bar{a})).$$

On remarque ensuite que pour toute formule $\theta(\bar{v})$ du langage $\{0,+\}$,

soit $\forall\bar{v}\quad v_\theta(\bar{v}) \in \mathcal{B}(X)$

soit $\forall\bar{v}\quad \bar{\phi} - v_\theta(\bar{v}) = v_{\neg\theta}(\bar{v}) \in \mathcal{B}(X)$.

En effet, si l'on a $\theta(\bar{0})$, alors $\forall\bar{v}$, $v_\theta(\bar{v}) \supset v_=(\bar{v},\bar{0}) \notin \mathcal{B}(X)$, donc $\forall\bar{v}$, $v_\theta(\bar{v}) \notin \mathcal{B}(X)$, donc $\forall\bar{v}\ v_{\neg\theta}(\bar{v}) \in \mathcal{B}(X)$. De même, si l'on a $\neg\theta(\bar{0})$, alors $\forall\bar{v}$, $v_\theta(\bar{v}) \in \mathcal{B}(X)$.
Nous pouvons donc supposer, en changeant légèrement Φ et les θ_i que $\forall\bar{v}$, $v_{\theta_i}(\bar{v}) \in \mathcal{B}(X)$.
Il est ensuite facile de trouver une formule ψ telle que pour tous $Y_1,\ldots,Y_m$ de $\mathcal{B}(X)$,

$(A(X),\mathcal{B}(X) \models \Phi(Y_1,\ldots,Y_m)$ si et seulement si

$\mathcal{B}(X) \models \psi(Y_1,\ldots,Y_m)$.

(Remarquer que $\exists X\ \varphi(X)$ se transforme en $\exists X\ \varphi(X) \vee \varphi(\bar{\phi}-X)$, puis travailler sur les formules atomiques ; voir aussi [FV], théorème 9.6).
On a donc : $M \models \varphi(\bar{a})$ si et seulement si

$$\mathcal{B}(X) \models \psi(v_{\theta_1}(\bar{a}),\ldots,v_{\theta_m}(\bar{a})) .$$

Comme $Th(\mathbb{N},+)$ admet l'élimination des quantificateurs dans $\{+,0,1,\leq,\equiv_n\}_{n\in\mathbb{N}}$, donc dans $\{+,0,1,>,\not\equiv_n\}_{n\in\mathbb{N}}$, $v_{\theta_i}(\bar{v})$ est égal à un terme du langage $\{v_{\neq},v_{>},v_{\not\equiv_n},\cap,\cup,-\}_{n\in\mathbb{N}}$ $(v_=(x,1) = v_{\neq}(x,0) - v_{\neq}(x,v_{\neq}(x,0)))$.
Comme ψ est équivalente à une formule sans quantificateurs de $\{\cap,\cup,-,\phi,<_n\}_{n\in\mathbb{N}}$, nous avons donc obtenu une élimination des quantificateurs.

QUELQUES EXEMPLES DE MODELES ELEMENTAIREMENT EQUIVALENTS A $(\mathbb{N}^*,\times)$.

A) Soit $(M,+,0)$ élémentairement équivalent à $(\mathbb{N},+,0)$.

Soit X un espace topologique non compact, ayant une base d'ouverts compacts et où les points isolés sont denses. On munit M de la topologie discrète. Alors $C_c(X,M)$ (les fonctions continues de X dans M à support compact) est élémentairement équivalent à $(\mathbb{N}^*,\times)$.

<u>Démonstration</u> : 1) et 2) sont évidents, d'après la structure même de $C_c(X,M)$.

Le fait que dans X les points isolés soient denses correspond exactement au fait que le treillis des ouverts compacts soit atomique.

Montrons ensuite que 4) est vérifié.

Pour + et 0 pas de problème.

<u>Pour ≤</u> : Soient a et b appartenant à $C_c(X,M)$.

Soit α = support (a) $\cup$ support (b).
C'est un compact. Comme a et b sont des fonctions localement constantes, en fait elles ne prennent qu'un nombre fini de valeurs dans M, soient $a_1,\ldots,a_n$ et $b_1,\ldots,b_m$ ces valeurs.
D'autre part, pour tout i, $a^{-1}(a_i)$ est un ouvert compact. On voit alors facilement que l'ensemble des points de α où a est inférieur à b est un ouvert fermé de α.
a est donc inférieur à b sur un co-compact $(0 \leq 0)$.

<u>Pour $\equiv_n$</u> : même démonstration.

Pour vérifier la cinquième condition, il suffit de remarquer que toutes les fibres sont élémentairement équivalentes à $(\mathbb{N},+)$. On applique ensuite le lemme I.3 à tous les ouverts compacts de $\mathcal{B}(X)$.

B) Si $(M_i)_{i\in I}$ est une famille de modèles élémentairement équivalents à $\mathbb{N}^*$, alors $\bigoplus_{i\in I} M_i$ est élémentairement équivalent à $\mathbb{N}^*$.

En effet si X_i est l'espace topologique sous-jacent à M_i, l'espace sous-jacent à $\bigoplus_{i\in I} M_i$ est $\biguplus_{i\in I} X_i$, qui est évidemment non compact, a une base d'ouverts compacts et où les points isolés sont denses.
D'autre part le fait pour une formule d'être vraie sur un ouvert fermé compact ou co-compact est préservé, car les uplets qui peuvent intervenir dans la formule prennent des valeurs nulles pour presque tout i.

C) Soit X un espace topologique infini, non compact, ayant une base d'ouverts compacts, et où I, l'ensemble des points isolés, est dense.

Soit $(M_i)_{i \in I}$ une famille de modèles élémentairement équivalent à $(\mathbb{N},+)$.
Pour $x \in X - I$, on pose $M_x = \mathbb{N}$.
Mettons sur $M = \biguplus_{x \in X} M_x$ la topologie suivante :

- $\forall i \in I$, $\forall m \in M_i$, $\{m\}$ est un ouvert

- pour tout U ouvert compact de X, pour tout n de $\mathbb{N}$, $n(U) = \{n_x \ ; \ x \in U\}$ est un ouvert compact.

Alors $\Gamma_c(X,M)$ est un modèle de $(\mathbb{N}^*,\times)$.

Démonstration : Si π est la projection canonique, le fait que (X,M,π) est un faisceau de structures additives se vérifie aisément :

Soit $a \in \Gamma_c(X,M)$. Soit α le support de a. C'est un ouvert fermé compact. I est ouvert dans X, donc $\alpha - I$ est un fermé de α, donc un compact.
Il s'ensuit que $a\restriction_{\alpha - I}$ ne prend qu'un nombre fini de valeurs dans $\mathbb{N}$. Soient $n_1,\ldots,n_m$ ces valeurs. Alors $a^{-1}[\{n_1,\ldots,n_m\}]$ est un ouvert fermé de α, qui contient tous les points non isolés de α. Son complémentaire dans α est un ouvert-fermé, donc un compact, et n'est constitué que de points isolés. Il est donc fini.

A partie de cette description des éléments de $\Gamma_c(X,M)$ il est facile de voir que les formules "$a \leq b$" et "$a \equiv_n b$" sont vraies sur des ouverts-fermés, qui sont co-compacts.

Quelques remarques pour terminer.

Remarque 3 - $Th(\mathbb{N}^*,\times)$ n'est pas modèle complète (voir remarque I.4). Elle le devient si l'on ajoute au langage un prédicat $\mathcal{P}$ pour les nombres premiers. Un nombre premier p joue en effet le rôle d'un atome dans la partie treillis, et de 1 dans sa fibre.

Remarque 4 - On voit facilement que $(\mathbb{N}^*,/)$ est isomorphe à une somme directe de copies de $(\mathbb{N},\leq)$. On s'aperçoit alors que le langage de Weispfenning peut être défini de la même façon, avec cependant une petite modification pour l'appartenance à $\mathcal{B}(X)$.

$$m \in \mathcal{B}(X) \leftrightarrow \forall x,\ \forall p[\forall y\ y/p \to y = p \vee y = 1] \to [(\forall y\ y/x \to p/y \vee p = 1) \wedge$$
$$\wedge\ x \neq 1 \wedge x/m] \to x = p\ .$$

Les mêmes techniques s'appliquent alors pour donner une axiomatisation de la théorie complète de $(\mathbb{N}^*,/)$.

Tous les modèles de cette théorie seront donc des $\Gamma_c(X, \biguplus M_x)$, où X a une base d'ouverts compacts, est non compact et a un sous-ensemble dense de points isolés, où chacun des M_x est un ensemble discrètement et totalement ordonné avec plus petit élément 0, et où les formules sont vraies sur des ouverts fermés compacts ou co-compacts.

BIBLIOGRAPHIE.

[BW] S. BURRIS et H. WERNER - Sheaf constructions and their elementary properties. Transactions of the American Mathematical Society, vol 248 n°2 March 1979 pp. 269-309.

[Ce] P. CEGIELSKI - Théorie de la multiplication des entiers naturels. Ce volume.

[Co] S.D. COMER - Elementary properties of structures of sections. Bull. Soc. Mat. Mexicana 19 (1974) pp. 78-85.

[Er] Y. ERSHOV - Décidabilité de la théorie des treillis distributifs relativement complémentés et de la théorie des filtres. Algebra i Logika 3-3 (1964), pp. 17-38 (en russe).

[FV] S. FEFERMAN et R.L. VAUGHT - The first order properties of algebraic systems. Fundamenta Mathematicae XLVII (1959), pp. 57-103.

[Go] R. GODEMENT - Topologie algébrique et théorie des faisceaux. Hermann, Paris 1958.

[Pi] R.S. PIERCE - Modules over commutative regular rings. Memoirs of the American Mathematical Society 1967 (70).

[W] V. WEISPFENNING - Model-completeness and elimination of quantifiers for subdirect products of structures. Journal of Algebra 36 (1975) pp. 252-277.

NOTE ON A NULLSTELLENSATZ

Gregory L. CHERLIN, Rutgers University*
Max A. DICKMANN, CNRS - Université de Paris VII.

ABSTRACT : We extend a "nullstellensatz" for polynomials over real closed rings proved in [2].

§1. THE RESULT.

A real closed ring is a commutative ordered ring R with identity which is not a field, satisfying either of the following equivalent conditions (see [1 ; Part II ; Theorem 2]) :

(A) the intermediate value property for polynomials in one variable ;

(B) R is a proper convex subring of a real closed field.

In [2] the following Nullstellensatz was proved (and applied to the representation of positive definite polynomials on real closed rings) :

THEOREM 1. Let A be a real closed ring (hence a valuation ring ; cf. [1]) and let M be its maximal ideal. Let I be an ideal of $A[\bar{X}]$ satisfying the following conditions :

(1) I is finitely generated.

(2) For every $k \geq 1$, $P_1,\ldots,P_k,G_1,\ldots,G_k \in A[\bar{X}]$ and $a_1,\ldots,a_k \in M$, if $\Sigma(1 + a_iP_i)G_i^2 \in I$, then $G_1,\ldots,G_k$ are in I.

(3) For every $Q \in A[\bar{X}]$ and $a \in M$, $a \neq 0$, if $aQ \in I$, then $Q \in I$.

*Supported by NSF Grant MCS 76-06484 A01 and Alexander-von-Humboldt Foundation (1978-1979).

Then for any $P \in A[\bar{X}]$ the following are equivalent :

(I) $V_A(I) \subseteq V_A(P)$.

(II) $P \in I$,

where $V_A(I)$, $V_A(P)$ are the varieties defined over A by I,P, respectively.

The purpose of the present note is to remark that condition (1) is superfluous and that if condition (3) is removed, then the result still holds if we weaken condition (II) to :

(II') $aP \in I$ for some $a \in A$, $a \neq 0$.

(Of course, if $I \cap A \neq (0)$, then $V_A(I) = \phi$ and (II') holds vacuously).

Thus we state :

THEOREM 1.a. With the notation of Theorem 1, if the ideal I satisfies (2), then for all $P \in A[\bar{X}]$, (I) $\Leftrightarrow$ (II').

§2. THE PROOF.

Let us briefly recall the structure of the proof of Theorem 1. The implication (II) $\Rightarrow$ (I) [or (II') $\Rightarrow$ (I)] is of course trivial. For the converse one proves :

THEOREM 1.b. With the notation of Theorem 1, assume that the ideal I satisfies conditions (2), (3). [In the terminology of [2], I is "strongly real"]. If $P \in A[\bar{X}]$, $P \notin I$, then there is a real closed ring $B \supseteq A$ satisfying :

(i) A is an elementary substructure of B.

(ii) $V_B(I)$ is not contained in $V_B(P)$.

Remark 1. [2 ; Proposition 4.1] and the first half of [2 ; Proposition 2.2] prove that $P \notin I$ implies the existence of a real closed ring B and a totally ordered ring C such that $A \subseteq C \subseteq B$, (i) holds, and :

(ii_c) $V_C(I)$ is not contained in $V_C(P)$.

Condition (ii) follows at once from (ii_c).

Remark 2. Theorem 1 is an instantaneous consequence of Theorem 1.b. (If I is finitely generated, then condition (ii) is a first order property of B, inherited by A). The point of the present note is that Theorem 1.a is also an easy consequence of Theorem 1.b.

Proof of Theorem 1.b.

We suppose that A is a real closed ring, I an ideal of $A[\bar{X}]$ satisfying (2).

Step 1. The ideal I'.

Introduce the following ideal of $A[\bar{X}]$.

$$I' = \{P \in A[\bar{X}] \mid aP \in I \text{ for some } a \in A,\ a \neq 0\}.$$

Claim. I' satisfies (2), (3).

Condition (3) is trivial. As for condition (2), suppose $P_1,\dots,P_k,G_1,\dots,G_k \in A[\bar{X}]$, $a_1,\dots,a_k \in M$, and :

$$\Sigma(1 + a_iP_i)G_i^2 \in I'.$$

Fix $b \in A$, $b \neq 0$ so that :

$$b.\ \Sigma(1 + a_iP_i)G_i^2 \in I.$$

Letting $H_i = bG_i$ we conclude :

$$\Sigma(1 + a_iP_i)H_i^2 \in I.$$

Applying condition (2) to I, therefore $H_i = bG_i \in I$, i.e. $G_i \in I'$, as desired.

Step 2. Application of Theorem 1.b.

We begin the proof that $\neg(II') \Rightarrow \neg(I)$. Fix accordingly $P \in A[\bar{X}]$, and assume that P does not satisfy (II'), that is, $P \notin I'$.

By Step 1, Theorem 1.b applies, yielding a real closed ring $B \supseteq A$ which satisfies :

(i) A is an elementary substructure of B,

(ii') $V_B(I')$ is not contained in $V_B(P)$.

Of course $V_B(I') = V_B(I)$, so condition (ii') may be rewritten :

(ii) $V_B(I)$ is not contained in $V_B(P)$.

Step 3. Transfer to A.

Let K be the field of fractions of A, and set $J = I\cdot K[\bar{X}]$. As $K[\bar{X}]$ is noetherian, we can choose a finite set $F \subseteq I$ such that J is generated by F over $K[\bar{X}]$. Let J_0 be the ideal of $A[\bar{X}]$ generated by F. Then $J_0 \subseteq I$, so condition (ii) above yields :

(ii$_0$) $V_B(J_0)$ is not contained in $V_B(P)$.

Since J_0 is finitely generated, condition (ii$_0$) is first order, and hence transfers to A by (i) :

(iii$_0$) $V_A(J_0)$ is not contained in $V_A(P)$.

Finally, since $J_0 \subseteq I \subseteq J$ and $J = J_0 \cdot K[\bar{X}]$ by construction, we conclude :

$$V_A(J_0) \supseteq V_A(I) \supseteq V_A(J) = V_A(J_0) .$$

In particular, $V_A(I) = V_A(J_0)$ and hence :

(iii) $V_A(I)$ is not contained in $V_A(P)$.

Thus, P does not satisfy condition (I), and we conclude $\neg(II') \Rightarrow \neg(I)$, as claimed.

REFERENCES.

[1] G.L. CHERLIN and M.A. DICKMANN, "Real closed rings", to appear.

[2] M.A. DICKMANN, "On polynomials over real closed rings", to appear in Proceedings of the Sixth Bierutowice Conference (1979), Lecture Notes in Mathematics, Springer-Verlag, 1980.

ANTI-BASIS THEOREMS AND THEIR RELATION TO
INDEPENDENCE RESULTS IN PEANO ARITHMETIC

Peter CLOTE

Ever since Paris [11] and Paris-Harrington found Π_2^0 sentences ϕ with intrinsic "mathematical" interest (related to Ramsey's theorem) which are true but unprovable in first-order Peano arithmetic, denoted P, there has been an extensive search for other independent sentences with "mathematical" (i.e. not explicitely meta-mathematical) content. The purpose of this paper is to separate clearly the recursion theoretic part from the combinatorial aspects in the proofs of most known independence results (thus simplifying and unifying the results) and further to suggest that a similar analysis is possible for the sharp results of Paris [12] on Π_2^0 sentences provable with the Σ_{n+1}^0 schema of induction yet unprovable with the Σ_n^0 schema of induction.

1.- NOTATIONS AND DEFINITIONS

Let $\mathbb{N}$ denote the set of natural numbers, let $\{e\}^B$ designate the Turing machine with index e and oracle B, where $B \subseteq \mathbb{N}$. For $A,B \subseteq \mathbb{N}$ $A \leq_T B$ means that there is an e such that

$$\forall x \; (x \in A \longleftrightarrow \{e\}^B(x) = 0 \quad \text{and} \quad x \notin A \longleftrightarrow \{e\}^B(x) = 1).$$

A is <u>recursive</u> if $A \leq_T \emptyset$. $A \equiv_T B$ iff $A \leq_T B$ and $B \leq_T A$.

$0' = \{e : \exists\, y \; \{e\}(e) = y\} = \{e : \exists\, z \; T_1(e,e,z)\}$ where T_1 is Kleene's primitive recursive predicate which also satisfies

$\forall z\ (T_1(e,e,z) \rightarrow \forall z' > z\ T_1(e,e,z'))$.

$O^{n+1} = \{e : \exists y\ \{e\}^{O^n}(e) = y\}$. For each $n \geq 1$,

$O^n_T \equiv \Sigma^0_n(\mathbb{N}) =_{df} \{\ulcorner\phi\urcorner\}$: ϕ is a Σ^0_n sentence in the language of P and $\mathbb{N} \models \phi\}$. $\emptyset \equiv_T \Sigma^0_0(\mathbb{N})$.

We refer the reader to "Cuts in Models of Arithmetic" by A. Pillay for the definitions of coded sets, initial segments I of M (denoted $I \subseteq_e M$), semi-regular, regular, strong, indicator, etc... For $I \subseteq_e M$ we denote the collection of subsets of I coded in M by $\mathbb{R}_M I$.

The language of second order arithmetic is that of P plus the membership relation ϵ and infinitely many variables $X_1, X_2, \ldots$ intended to range over sets of numbers. Terms are those of P and the additional atomic formulas are of the form $t \in X$ where t is a term of P. A formula ϕ in second order arithmetic is Σ^0_n for $n \geq 1$ if it is of the form $\exists x_1\ \forall x_2 \ldots Qx_n\ \psi(x_1,\ldots,x_n)$ where ψ is quantifier free yet possibly contains other free number and set variables. ϕ is <u>arithmetic</u> if ϕ is Σ^0_n for some $n \geq 1$. For $n \geq 1$, ϕ is Σ^1_n if it is of the form $\exists X_1\ \forall X_2 \ldots QX_n\ \psi(X_1,\ldots,X_n)$ where ψ is arithmetic. Π^0_n and Π^1_n are similary defined.

We will consider certain infinite forms of combinatorial principles-Ramsey's theorem, the "spacing" property, 3-games, the flipping property - for which a "miniaturization" yields a Π^0_2 sentence in the language of P which is true in $\mathbb{N}$ yet not provable in P. All of these combinatorial principles can be expressed in the form $\forall X \exists Y\ \phi(X,Y)$ where ϕ is an arithmetical formula in the language of second order arithmetic.

In recursion theory a <u>basis result</u> is something of the form :

(i) $\forall$ recursive sets $X \exists Y \in C_0\ \phi(X,Y)$ where $C_0 \subseteq \mathcal{P}(\mathbb{N})$ is a given class of rather simple sets (recursive, arithmetical, etc...).

An <u>anti-basis result</u> can be of two forms :

(ii) $\exists$ recursive set $X \forall Y\ (\phi(X,Y) \rightarrow Y \notin C_1)$ or

(iii) $\exists$ recursive set $X \forall Y\ (\phi(X,Y) \rightarrow Y \in C_2)$ where C_1 is a class of rather simple sets and C_2 is a class of messy sets.

For $X \subseteq \mathbb{N}$, $[X]^n$ is the set of increasing n-tuples drawn from X. Given a partition $F : [\mathbb{N}]^n \to m$ where $m \in \mathbb{N}$, X is said to be homogeneous for F if $F''[X]^n$ has cardinality 1.

An illustration of the notion of basis and anti-basis theorem is given by Jockusch [3], who has shown

(i) for each $n,m \geq 2, \forall$ recursive partitions $F : [\mathbb{N}]^n \to m\ \exists\ X$ an infinite homogeneous Π^0_n set.

(ii) for each $n \geq 2, \exists$ recursive partition $F : [\mathbb{N}]^n \to 2$ $\forall X$ (X is infinite homogeneous $\to$ X is not Σ^0_n).

(iii) for each $n \geq 3, \exists$ recursive partition $F : [\mathbb{N}]^n \to 2$ $\forall X$ (X is infinite homogeneous $\to 0^{n-2} \leq_T X$).

For independence results related to a given combinatorial principle, we will see that it is essential that there be a recursively presented problem such that 0' is recursive in every solution - this phenomena we will call a 0'-anti-basis theorem.

2.- RAMSEY'S THEOREM

We say $(I, \mathbb{R}_M I) \models \Sigma^0_1$ comprehension if and only if $(I, \mathbb{R}_M I) \models \exists Y \forall x (x \in Y \leftrightarrow \phi(x))$ where ϕ is any Σ^0_1 formula in the language of second order arithmetic in which Y does not occur freely. Recall that $I \subseteq_e M$ is strong iff I is semi-regular and $(I, \mathbb{R}_M I) \models \forall$ partitions $F : [I]^3 \to 2\ \exists$ X unbounded homogeneous.

The following tree property was introduced by Kirby-Paris [7]. An M-tree is a structure $< T, <_T >$ such that $T \subseteq M$, $T = [o,b]$ for some b, $<_T$ is a partial ordering, T and $<_T$ are coded in M, and $a <_T b \to a < b$. Rank and branch are defined as usual. $I \subset_e M$ has the tree property if for any M-tree $T \supseteq I$ such that $\forall n \in I$ card $\{x \in T : \text{rank}(x) = n\} \in I$ there is a coded branch B such that $\forall n \in I$ $\exists x \in B \cap I\ \text{rank}(x) = n$. As in [5], notice that if I is semi-regular and has the tree property then I is regular : for if $m \in I$ and $F : \{0,\dots,n\} \to m$ is a coded partition with $I < n$ then let $T = \{0,\dots,n\}$ and $a <_T b$ iff

$F(a) = F(b)$ and $a < b$. If B is the unbounded branch given by the tree property then F"B has cardinality 1.

In [7] it was shown :

Proposition 1.- For $I \subseteq_e M$ semi-regular I has the tree property iff I is strong.

The key result for all known independence results for Peano arithmetic is the following proposition due to Kirby-Paris [5].

Proposition 2.- For $I \subseteq_e M$ semi-regular, $(I, \mathbb{R}_M I) \models \Sigma_1^0$ comprehension iff I is strong.

We remark first that it follows from Proposition 2 that $(I, \mathbb{R}_M I) \models ACA_0$ iff I is strong, where ACA_0 is Friedman's weak theory of second order arithmetic with the arithmetical comprehension axiom schema (see [2]).

Proof.- $\Longrightarrow$ By induction on n, for all $n \geq 1$ $(I, \mathbb{R}_M I) \models \Sigma_n^0$ comprehension. Now given an M-tree $< T, <_T >$ such that $T \supseteq I$ and $\forall n \in I$ card $\{x \in T : \text{rank}(x) = n\} \in I$ define

$$f(0) = \text{least } x \in T\, [\forall y\, \exists z > y\ x <_T z \text{ and rank}(x) = 0]$$

$$f(n+1) = \text{least } x \in T\, [x > f(n) \text{ and } \forall y\, \exists z > y [x <_T z \text{ and rank}(x) = y]$$

By the comprehension axioms f is coded, so I satisfies the tree property. The result now follows from Proposition 1. (If $(I, \mathbb{R}_M I) \models \Sigma_1^0$ comp then $I \models P$, so f can be defined by induction.)

$\Longleftarrow$ From any set $X \in \mathbb{R}_M I$ we must show that

$$\{x \in I : (I, \mathbb{R}_M I) \models \exists y\, \phi(x,y,X)\} = Y \in \mathbb{R}_M I,$$

where ϕ has at most bounded quantification over number variables. Define $F : [I]^3 \to 2$ by $F(a,b,c) = 0$ iff

$$(I, \mathbb{R}_M I) \models \forall x \leq a\, (\exists y \leq b\, \phi(x,y,X) \leftrightarrow \exists y \leq c\, \phi(x,y,X))$$

Since I is semi-regular, I is a substructure of M so F is a partition coded in M. As I is strong, let $Z \subseteq I$ be unbounded and homogeneous. Let $a \in X$. Taking the supremum of the "witnesses", by semi-regularity there is $d \in I$ such that $\forall b \geq d$

$$(I, \mathbb{R}_M I) \models \forall x \leq a \; (\exists y \leq b \; \phi(x,y,X) \leftrightarrow \exists y \leq d \; \phi(x,y,X)).$$

Since Z is unbounded, $F''[Z]^3 = \{0\}$.

Then $Y = \{x \in I : (I, \mathbb{R}_M I) \models \exists y \leq p_Z(x) \; \phi(x,y,X)\}$ where $p_Z(x)$ is the $(x+1)^{st}$ element of Z when Z is listed in increasing order. Any initial segment closed under multiplication and addition satisfies Δ^0_1 comprehension, so $Y \in \mathbb{R}_M I$.

Introducing the notion of density [11] related to Ramsey's theorem for 3-tuples (X is 0-dense of $|X| > \min X + 3$; X is k+1-dense if $\forall F : [X]^3 \to z \; \exists Y \subseteq X$ (Y is homogeneous and k-dense)) Paris [11] (method of proof indicated in [6]) has shown that the function $Y(a,b)$ = largest k such that [a,b] is k-dense yields an indicator for strong initial segments. Hence by indicator theory, $P \nvdash \forall a \forall c \exists b \; Y(a,b) \geq c$.

We remark that the second part of the proof of Proposition 2 is different from that given in [5] and is related to a proof of Jocksuch's result that there is a recursive partition $G : [\mathbb{N}]^3 \to 2$ such that $\forall X$ (X is homogeneous and infinite $\to 0' \leq_T X$).

The intuition is that 0' being a universal Σ^0_1 set, there is a 0'-anti-basis result for a given combinatorial principle $\forall X \exists Y \phi(X,Y)$ iff for each semi-regular cut $I \subseteq_e M$ $(I, \mathbb{R}_M I) \models \forall X \exists Y \phi(X,Y)$ implies that $(I, \mathbb{R}_M I) \models \Sigma^0_1$ comprehension. This makes it possible to look for new independence results by first proving a 0'-anti-basis result for a given combinatorial principle.

We now consider in succession the "spacing" property due to Paris (and independently to Pudlák), 3-games, the flipping property and König's lemma * - in each case we give a (sometimes trivial) O'-anti-basis result. The notion of density associated with the combinatorial principle being considered produces an indicator for semi-regular initial segments satisfying that combinatorial principle and hence (by results analogous to Proposition 2 based on the O'-anti-basis result) for strong initial segments. By indicator theory this produces an independence result.

3.- SPACING PROPERTY AND 3-GAMES

For a partial function $f : \mathbb{N} \to \mathbb{N}$ the (finite or infinite) set $B \subseteq \mathbb{N}$ is a <u>spacing of</u> f if $\forall n \forall x \leq b_n$ (if f(x) is defined then $f(x) \leq b_{n+1}$ or $\forall b \in B\ f(x) > b$) where $b_0 < b_1 < \ldots$ is a list of the elements of B in increasing order. Let $\forall X \exists Y\ \phi_1(X,Y)$ be the second order statement $\forall f : \mathbb{N} \to \mathbb{N}$ partial function $\forall A \subseteq \mathbb{N}$ infinite $\exists B \subseteq A$ (B is an infinite spacing for f).

<u>Proposition 3</u>.- $\exists$ recursive partial function $f : \mathbb{N} \to \mathbb{N}\ \forall B \subseteq \mathbb{N}$ (B is an infinite spacing for $f \to 0' \leq_T B$).

<u>Proof</u>.- Let

$$F(x) = \begin{cases} \text{least } y \text{ such that } T_1(x,x,y) \text{ if such exists} \\ \text{undefined otherwise} \end{cases}$$

f is clearly a recursive partial function and if B is an infinite

---

(*) O'-anti-basis results have been proved for square-bracket partition relations [1] and the marriage theorem [9]; corresponding characterizations of strong cuts have been obtained for square-bracket partition relations by the author in [1] and for the marriage theorem by K. Mc Aloon in [10]. As for independence results, one for the square bracket partition relations is given in [1] ; the marriage theorem yields an awkward version of the result of Paris-Pudlák, based on the spacing property.

spacing for f, then

$$x \in 0' \Longleftrightarrow T_1(x,x,b_{x+1}) \text{ so } 0' \underset{T}{\leq} B. \quad \square$$

Proposition 4.- For $I \subseteq_e M$ semi-regular, $(I, \mathbb{R}_M I) \models \forall X \exists Y \phi_1(X,Y)$ $(I, \mathbb{R}_M I) \models \Sigma_1^0$ comprehension.

Proof.- $\Longrightarrow$ (mimic the O'-anti-basis theorem)

Given $X \in \mathbb{R}_M I$ and $Y = \{x \in I : (I, \mathbb{R}_M I) \models \exists y\, \psi(x,y,X)\}$

Let $f : I \to I$ be defined by

$$f(x) = \begin{cases} \text{least } z \text{ such that } (I, \mathbb{R}_M, I) \models \exists y \leq z\, \psi(x,y,X) \\ \text{if such exists} \\ \text{undefined otherwise} \end{cases}$$

Let B be an unbounded spacing for f, $B = \{b_n\}_{n \in I}$. Then $Y = \{x \in I : (I, \mathbb{R}_M I) \models \exists y \leq b_x\, \psi(x,y,X)\}$ so $Y \in \mathbb{R}_M I$.

$\Longleftarrow$ Given $f : I \to I$ a coded partial function and $A \subseteq I$ unbounded coded where $a_0 < a_1 < \ldots$ is a listing of A in increasing order, let $b_0 = a_0$ and given b_n let $b_{n+1} = a_{i_{n+1}}$ where i_{n+1} is the least index i larger than i_n such that $\forall x \leq b_n$ (f(x) defined $\to f(x) \leq a_i$). By the comprehension axioms B is coded. (As before, $I \models P$ so induction is allowed.)

Define (Paris, Pudlák [13]) X to be 0-dense if $3 \leq |X|$ and X to be k+1-dense if $\forall$ partial functions $f : \mathbb{N} \to \mathbb{N}$ $\exists Y \subseteq X$ (Y is a spacing of f and Y is k-dense). Putting Y(a,b) = max k such that [a,b] is k-dense, Paris and Pudlák have shown that Y is an indicator for semi-regular initial segments satisfying $\forall X \exists Y \phi_1(X,Y)$ hence by indicator theory $P \nvdash \forall a \forall c \exists b\, Y(a,b) \geq c$.

Given a set $A \subseteq \mathbb{N}^3$ we consider the game G_A listing 3 moves where two players I and II play alternately : I a c .
II b

I wins the game G_A if $(a,b,c) \in A$, otherwise II wins. Winning strategies (abbreviated w.s.) are defined as usual.

Proposition 5.- $\exists$ recursive $A \subseteq \mathbb{N}^3$ $\forall \sigma$ (σ is a w.s. $\rightarrow 0' \leq_T \sigma$)

Proof.- Let $(a,b,c) \in \mathbb{N}^3 - A$ iff

$$\forall x \leq a \ (T_1(x,x,b) \longleftrightarrow T_1(x,x,b+c)).$$

A is clearly recursive, the player II can always win and for any winning strategy σ for II

$$T_1(x,x,\sigma(x)) \leftrightarrow \exists z \ T_1(x,x,z)$$

so $0' \leq_T \sigma$.

Let $\forall X \exists Y \phi_2(X,Y)$ be the second order sentence expressing $\forall$ 3-games $\exists \sigma$ (σ is a w.s. for I or II). In a similar way to Proposition 2 we can show

Proposition 6.- For $I \subseteq_e M$ semi-regular, $(I, \mathbb{R}_M I) \models \forall X \exists Y \phi_2(X,Y)$ iff $(I, \mathbb{R}_M I) \models \Sigma_1^0$ comprehension. □

While we have not found a notion of density corresponding to 3-games (it seems difficult to find a natural density notion because a winning strategy is a function and not a set), one can give an indicator for semi-regular "game cuts" by using the technique of Kirby-Paris games [7], thus yielding an independent statement. The details can be found in [1].

4. FLIPPING PROPERTY

Flips in the context of models of arithmetic were studied in the recent paper [6] by L. Kirby. For $I \subseteq_e M$ and $B \subseteq I$ let $B^0 = B$ and $B^1 = I - B$. For $A \subseteq I^2$ the ith section of A is the set $A_i = \{x : (i,x) \in A\}$. The flipping property is the Π_2^1 sentence $\forall X \exists Y \phi_3(X,Y)$ expressing

$$\forall A \subseteq \mathbb{N}^2 \ \exists f : \mathbb{N} \rightarrow \{0,1\} \ \ \forall m \ (\bigcap_{i<m} A_i^{f(i)} \text{ is unbounded}).$$

Proposition 7.- There is a recursive set $A \subseteq \mathbb{N}^2$ such that $\forall f$ ($\forall m \bigcap_{i<m} A_i^{f(i)}$ is unbounded $\rightarrow 0' \leq_T f$).

Proof.- Let $(i,x) \in A$ iff $T_1(i,i,x)$. If f is a flipping function where $\forall m \bigcap_{i<m} A_i^{f(i)}$ is unbounded, then $\exists z\, T_1(i,i,z) \Leftrightarrow f(i) = 0$; so $0' \leq_T f$.

In a similar way to Proposition 2 , we can show

Proposition 8.- For $I \subseteq_e M$ semi-regular, $(I, \mathbb{R}_M I) \models \forall X \exists Y\, \phi_3(X,Y)$ iff $(I, \mathbb{R}_M I) \models \Sigma_1^0$ comprehension.

Proof.- First we show that I is regular. If $m \in I$ and $F : I \to m$ is coded, then consider the coded set $A \subseteq I^2$ defined by $(i,x) \in A$ iff $F(x) = i$. Let $f : I \to 2$ be a coded flip for which $\bigcap_{i<m} A_i^{f(i)}$ is unbounded in I. If $\forall i < m$ $F^{-1}(i)$ is unbounded in I, then $\forall i < m$ $f(i) = 1$ and so $\bigcap_{i<m} A_i^{f(i)} = \emptyset$. Contradiction.(This argument from [6])

Now given $X \in \mathbb{R}_M I$ and $Y = \{x : (I, \mathbb{R}_M I) \models \exists y\, \psi(x,y,X)\}$. Let $A \subseteq I^2$ be defined by $(x,z) \in A$ iff $(I, \mathbb{R}_M I) \models \exists y \leq z\, \psi(x,y,X)$. Since truth for bounded quantification is coded, A is coded. If $f : I \to z$ is the coded flipping function provided by the hypothesis then,

$$Y = \{x : (I, \mathbb{R}_M I) \models \exists y \leq \min A_x^{f(x)}\ \psi(x,y,X)\}$$

so $Y \in \mathbb{R}_M I$.

$\Leftarrow$ One can define the flipping function using the comprehension axioms. □

We mention that L. Kirby gave a different proof of this proposition. Moreover L. Kirby gives two different notions of density associated with the flipping property and thus produces two new independent results.

5. KONIG'S LEMMA

The tree property defined in section 2 is not quite the direct extension of König's lemma into models of arithmetic. An M-tree may be rather "fat", i.e. including elements $x \in M - I$ at levels $n \in I$. In this section we consider the direct extension of König's lemma.

Proposition 9.- There is a recursive finite branching tree $< T, \underset{T}{\leq} >$ with $T = \mathbb{N} = \{x : 0 < x\}$ and $a \underset{T}{<} b \rightarrow a < b$ such that there is exactly one infinite branch B. Moreover $0' \underset{T}{\leq} B$.

Idea.- The construction will be arranged so that the unique branch $B = \{a_0, a_1, \ldots\}$ satisfies the condition that

$$\forall n \, \forall e \leq a_n \, (T_1(e,e,a_{n+1}) \longleftrightarrow T_1(e,e,a_{n+2}))$$

thus insuring that $0' \underset{T}{\leq} B$. It will actually turn out that $0' \underset{T}{\equiv} B$ - the a_i's will be the minimal "witnesses" for the T_1 predicate.

Proof.- S(a,b) will mean that b is an immediate successor of b in the tree T.

Let S(0,b) iff $0 < b$ and $\forall c \, (0 < c < b \rightarrow \neg(T_1(0,0,c) \leftrightarrow T_1(0,0,b)))$.

For $a \neq 0$

$$S(a,b) \text{ iff } a < b \text{ and } \exists s < p_a^{a+1} ((s)_0 = 0 \text{ and } (s)_{\ell hs-1} = a$$

$$\text{and } \forall i < \ell hs-1 \, [S((s)_i, (s)_{i+1}) \wedge \forall e \leq (s)_i (T_1(e,e,(s)_{i+1}) \longleftrightarrow$$

$$T_1(e,e,b))] \text{ and } \forall a' < a \, \neg S(a',b)$$

$$\text{and } \forall c \, (a < c < b \rightarrow \text{either } \exists a' < a \, S(a',c) \quad \text{or}$$

$$\exists e \leq a \, \neg(T_1(e,e,c) \leftrightarrow T_1(e,e,b))).$$

Here p_a is the $(a+1)^{st}$ prime (the encoding of sequences is done by products of prime powers). In words, the above says that b is an immediate successor of $a \neq 0$ if there is a chain of immediate successors beginning with 0 leading up to a, b preserves previous computations of the T_1 predicate, b is not the immediate successor of some $a' < a$ already in the tree, and b is a "minimal witness" of the T_1 predicate comportment with respect to all $e \leq a$.

By the recursion theorem, S is a recursive partial relation. By induction on a, S is total and for each a there are at most 2^{a+1} immediate successors b of a_1 there being at most 2^{a+1} different "comportments" with respect to the T_1 predicate for $e \le a$. Let $a \underset{T}{<} b$ iff $\exists\, s \le p_b^{b+1}$ ($\ell hs \ge 2$ and $(s)_0 = a$ and $(s)_{\ell hs-1} = b$ and $\forall\, i < \ell hs-1 \;\; S((s)_i,(s)_{i+1})$).

Let $b \in T$ iff $0 \underset{T}{<} b$ or $b = 0$.

<u>Claim</u>.- $< T_1 \underset{T}{<} >$ is a tree and $a \underset{T}{<} b \to a < b$.

<u>Proof of claim</u>.- The latter is clear by construction. For any $b \in T$ we must show $\{a : a \underset{T}{<} b\}$ is totally ordered. It suffices to show that every non-zero element $b \in T$ has a unique predecessor in the tree. But this is clear by the condition $S(a,b) \to \forall\, a' < a \neg S(a,b)$.

<u>Claim</u>.- There is a unique infinite branch.

<u>Proof of claim</u>.- We explicitely define the branch $B = \{a_0, a_1, \ldots\}$.

$$a_o = 0$$

$$a_1 = \text{least } b > a_0 \;\; T_1(0,0,b) \longleftrightarrow \exists\, z \;\; T_1(0,0,z)$$

By construction $S(a_0,a_1)$.

$$a_{n+1} = \text{least } b > a_n \text{ such that } \forall\, a' < a_n \neg S(a',b)$$

and $\forall\, e \le a_n \;(T_1(e,e,b) \longleftrightarrow \exists\, z\; T_1(e,e,z))$.

Then $S(a_n,a_{n+1})$. We have $\forall\, n\, \forall\, e \le a_n \;(T_1,e,e,a_{n+1}) \longleftrightarrow \exists\, z\; T_1(e,e,z))$ so $0' \underset{T}{\le} B$.

Now suppose that C is an infinite branch, $C = \{c_0, c_1, \ldots\}$. We show by induction on n that $c_n = b_n$ for all n. $c_0 = 0 = b_0$. Suppose that $c_n = b_n$. By the "compatibility" condition in the definition of S,

$$\forall\, e \le c_n \;(T_1(e,e,c_{n+1}) \longleftrightarrow T_1(e,e,c_m)) \text{ for any } m \ge n+1.$$

Hence $\forall\, e \le c_n \;(T_1(e,e,c_{n+1}) \longleftrightarrow \exists\, z\; T(e,e,z))$.

By the "minimality of comportment" condition,

$$\forall c\ (0 < c < c_{n+1} \rightarrow (\exists a' < c_n\ S(a',c) \text{ or } \exists e \leq c_n \neg(T_1(e,e,c) \longleftrightarrow T_1(e,e,c_{n+1}))))$$

$$\forall c\ (0 < c < b_{n+1} \rightarrow (\exists a' < b_n\ S(a',c) \text{ or } \exists e \leq b \neg(T_1(e,e,c) \longleftrightarrow T_1(e,e,b_{n+1})))).$$

But $\forall e \leq b_n = c_n \quad T_1(e,e,b_{n+1}) \longleftrightarrow T_1(e,e,c_{n+1})$ and

$\forall a' \leq b_n = c_n \neg S(a',b_{n+1}) \wedge \neg(S(a',c_{n+1}))$. Hence $b_{n+1} = c_{n+1}$. □

In [3] Jockusch constructed a recursive partition $F : [\mathbb{N}]^2 \rightarrow 2$ with no infinite homogeneous Σ_2^0 set. The usual proof of the existence of a homogeneous set goes by way of producing first an almost homogeneous set given by an increasing sequence $a_0, a_1, \ldots$ such that $\forall n \forall m, m' > n\ F(a_n, a_m) = F(a_n, a_{m'})$. Then letting $A_0 = \{a_n : F(a_n, a_{n+1}) = 0\}$ and $A_1 = \{a_n : F(a_n, a_{n+1}) = 1\}$, A_0 and A_1 are homogeneous and one of them is infinite. By mixing the Jockusch partition into the construction in Proposition 9, we can construct a recursive tree $< T, \underset{T}{<} >$ which is finite branching and such that all branches B when listed in increasing order $b_0 < b_1 < \ldots$ satisfy

$$\forall n \forall e \leq b_n\ (T_1(e,e,b_{n+1}) \longleftrightarrow \exists z\ T_1(e,e,z))$$

and

$$\forall n \forall m, m' > n\ F(b_n, b_m) = F(b_n, b_{m'}).$$

Hence $0' \underset{T}{\leq} B$ and if $0' \underset{T}{\equiv} B$ then as above either B_0 or B_1 would be an infinite homogeneous set. Since $B_0, B_1 \underset{T}{\leq} 0'$, B_0 and B_1 are Σ_2^0 ; but this contradicts the fact that F has no Σ_2^0 infinite homogeneous set. We simply give the definition of S(a,b) meaning that b is an immediate successor of a. The verification that T has the desired property is shown as in the preceding proposition.

$$S(0,b) \text{ iff } 0 < b \text{ and } \forall c\ (0 < c < b \rightarrow \neg(T_1(0,0,c) \longleftrightarrow T_1(0,0,b) \text{ and } F(0,c) = F(0,b))).$$

For $a \neq 0$

$S(a,b)$ iff $a < b$ and $\exists\, s \leq p_a^{a+1}$ $((s)_o = 0$ and $(s)_{\ell hs-1} = a$

$\forall\, i < \ell hs-1\ [S((s)_i,(s)_{i+1})$ and $\forall\, e \leq (s)_i (T_1(e,e,(s)_{i+1}) \longleftrightarrow T_1(e,e,b))$

and $F((s)_i,(s)_{i+1}) = F((s)_i,b)]$

and $\forall\, a' < a\ \neg S(a',b)$ and $\forall\, c\ [a < c < b \rightarrow \exists\, a' < a\ S(a',c)$

or $\exists\, e \leq a\ \neg(T_1(e,e,c) \longleftrightarrow T_1(e,e,b))$

or $\exists\, s \leq p_a^{a+1}((s)_o = 0$ and $(s)_{\ell hs-1} = a$ and $\forall\, i < \ell hs-1\ \ S((s)_i,(s)_{i+1})$

and $\exists\, i < \ell hs-1\ F((s)_i,c) \neq F((s)_i,b)]$.

Thus we have

Proposition 10.- There is a recursive finite branching tree $< T, <_T >$ such that every infinite branch B satisfies $O' <_T B$. □

Remarks.- 1) Obviously the trees in Proposition 9 and 10 are not recursively bounded (see [4]), for if so, the Jockusch-Soare basis theorem would give an infinite branch B such that $B' \leq_T O'$.

2) We emphasize the fact that for the trees constructed in Proposition 9 and 10, the relations T and $<_T$ have total recursive characteristic functions. In [14] C.E.M. Yates proved results analogous to ours for trees given by partial recursive characteristic functions. Our results were obtained before knowledge of Yate's work. The method of proof is quite different and the author does not see any way of obtaining Proposition 9 and 10 by a simple modification of the proof in [14].

3) Let A be any set recursive in O'. By Shoenfield's limit lemma there is a recursive total function F such that for all x, $x \in A$ iff $\lim_b F(x,b) = 0$. By replacing $T_1(e,e,(s)_{i+1}) \longleftrightarrow T_1(e,e,b)$ by $F(e,(s)_{i+1}) = F(e,b)$ etc..., we can construct a recursive finite bran-

ching tree with a unique branch B. Moreover $B \underset{T}{\equiv} A$.

4) By replacing $\forall e \leq (s)_i \; (T_1(e,e,(s)_{i+1}) \longleftrightarrow T_1(e,e,b))$ by $\forall e \leq \text{rank}\,((s)_i)\,(T_1(e,e,(s)_{i+1}) \longleftrightarrow T_1(e,e,b))$ the trees constructed in Proposition 9 and 10 can be made to be at most bifurcating, i.e. every element $x \in T$ has at most two immediate successors. This applies as well to remark 3.

5) The result stated in remark 3 is the best possible since one can easily show that for any finite branching tree with a unique branch B, $B \underset{T}{\leq} 0'$.

Using sequence numbers, König's lemma - i.e. the statement "for any infinite finite branching tree $\langle T, \underset{T}{<} \rangle$ there is an infinite branch B of the tree" - can be expressed in a π^1_2 sentence $\forall X \exists Y \phi_4(X,Y)$. We say that I satisfies König's lemma if $(I, \mathbb{R}_M I) \models \forall X \exists Y \phi_4(X,Y)$. By imitating the 0'-anti-basis theorem for König's lemma we get the difficult direction of

<u>Proposition</u> 11.- For $I \subset_e M$ semi-regular, I satisfies König's lemma iff $(I, \mathbb{R}_M I) \models \Sigma^0_1$ comprehension.

<u>Corollary</u>.- I satisfies the tree property iff I satisfies König's lemma.

The proof of Proposition 11 and the corresponding indicator for initial segments satisfying König's lemma will be given in the joint paper "Two further combinatorial theorems equivalent to the 1-consistency of Peano arithmetic" by K. Mc Aloon and the author [2] (to appear).

6. n-RAMSEY AND n-FLIPPING PROPERTIES

We have seen that the existence of a 0'-anti-basis result for a π^1_2 combinatorial principle can often be miniaturized to give an independent π^0_2 sentence of P. We are presently working on an analysis of n-fold combinatorial principles with the conviction that the existence of a 0^n-anti-basis result will give rise to an indicator for n-Ramsey initial segments and thus to π^0_2 sentences provable in the Σ^0_{n+1} schema of induction but not provable in the Σ_n^o schema of induction.

We begin by recalling work of J. Paris [12] and L. Kirby [6]. For $A \subseteq I^n$ and $x \in I$ the xth section A_x is the set $\{(x_2,\ldots,x_n) : (x_1 x_2,\ldots,x_n) \in A\}$. $A \subseteq I$ is <u>1-unbounded</u> if $\forall x \in I \exists y > x (y \in A)$. $A \subseteq I^{n+1}$ is <u>n+1-unbounded</u> if $\{x : A_x$ is n-unbounded$\}$ is 1-unbounded. $I \subseteq_e M$ is <u>n-Ramsey</u> if $(I, \mathbb{R}_M I) \models \forall m \forall F : [I]^n \to m \exists i < m \; F^{-1}(i)$ is n-unbounded. Paris [12] has shown that if $Y(a,b)$ is an indicator for n-Ramsey initial segments then $P^- + I\Sigma_n \nvdash \forall a \forall c \exists b \; Y(a,b) \geq c$ and $P^- + I\Sigma_{n+1} \vdash \forall a \forall c \exists b \; Y(a,b) \geq c$. (Here $P^- + I\Sigma_n$ is the theory whose axioms are those of Peano arithmetic with the induction schema restricted to Σ_n^o formulas.) For $A \subseteq I^n$ let $A^o = A$ and $A^1 = I^n - A$. We say that $I \subseteq_e M$ is <u>n-flippable</u> iff $(I, \mathbb{R}_M I) \models \forall A \subseteq I^{n+1}$ $\forall m \exists f : I \to 2 \bigcap_{i<m} A_i^{f(i)}$ is n-unbounded. (This is the n-fold generalisation of Kirby's definition of flippable.) In [6] Kirby shows that for $I \subseteq_e M$, I is regular iff I is 1-flippable i.e. $(I, \mathbb{R}_M I) \models \forall A \subseteq I^2$ $\forall m \exists f : I \to 2 \bigcap_{i<m} A_i^{f(i)}$ is 1-unbounded. He also shows that I is strong iff $(I, \mathbb{R}_M I) \models \forall A \subseteq I^2 \exists f : I \to 2 \forall m \bigcap_{i<m} A_i^{f(i)}$ is 1-unbounded. (Note that going from regular to strong involves a quantifier switch from $\forall m \exists f$ to $\exists f \forall m$.)

By adapting Kirby's argument ([6] Proposition 3), we obtain

<u>Proposition 12</u>.- For $I \subseteq_e M$ **semi-regular**, I is n-flippable iff I is n-Ramsey. **for n≥1.**

<u>Proof</u>. ⟹ Let $G : [I]^n \to 2$ be a given coded partition. Let $\phi : I^n \to [I]^n$ be the bijection given by $\phi(x_1,\ldots,x_n) = (x_1, x_1 + x_2,\ldots,x_1 +\ldots+ x_n)$. By induction on n, it is easy to show that for $A \subseteq I^n$ A is n-unbounded iff $\phi(A)$ is n-unbounded, and for $B \subseteq [I]^n$, B is n-unbounded iff $\phi^{-1}(B)$ is n-unbounded. Suppose, in order to obtain a contradiction, that $\forall i < m \; G^{-1}(i)$ is not n-unbounded. Letting $A_i = \phi^{-1}(G^{-1}(i))$ and $A = \{(i,x_1,\ldots,x_n) : (x_1,\ldots,x_n) \in A_i\}$ it is clear that $A \subseteq I^{n+1}$ is coded. Let $f : I \to 2$ be the coded flip given by hypothesis. $f(i) = 1$ for each $i < m$, since $G^{-1}(i)$ is not n-unbounded. But then $\bigcap_{i<m} A_i^{f(i)} = \emptyset$. Contradiction.

$\Leftarrow$ Let $A \subseteq I^{n+1}$ be coded. For $i < 2^m$ let X_i be the ith subset of $\{0,\dots,m-1\}$ and define $G : [I]^n \to 2^m$ by $G(x_1,\dots,x_n) = i$ iff $\forall j < m\ [(x_1,\dots,x_n) \in \phi(A_j) \Longleftrightarrow j \in X_i]$. By the hypothesis let $i_0 < 2^m$ be such that $G^{-1}(i_0)$ is n-unbounded. The desired flip f : $I \to 2$ is given by $f(i) = \begin{cases} 0 & \text{if } i = i_0 \\ 1 & \text{otherwise.} \end{cases}$

To obtain O^n-anti-basis results we need a recursion theoretic tool, a generalization of Schoenfield's limit lemma. If F is an m-ary partial function then $\lim_s F(x_1,\dots,x_m,s) = y$ iff $\exists\, t\ \forall\, s \geq t\ \ F(x_1,\dots,x_m,s) = y$. If F is an (m+n)-ary partial function then

$$\lim_{s_1} \dots \lim_{s_n} F(x_1,\dots,x_m,s_1,\dots,s_n) = \lim_{s_1} (\lim_{s_2} \dots \lim_{s_n} F(x_1,\dots,x_m s_1 \dots s$$

<u>Lemma 13</u>.- For all $n \geq 1$ there is a recursive partial function F_n such that $\forall\, e, x$

$$\lim_{s_1} \dots \lim_{s_n} F(e,x_1,s_1,\dots,s_n) \cong \{e\}^{O^n}(X).$$

Moreover, regardless of wether $F(e,x_1,s_1,\dots,s_n)$ is defined or not, the computation terminates in a finite number of steps.

<u>Proof</u>.- By induction on n, similar to the proof of the limit lemma. For details see [1].

<u>Proposition 14</u>.- For each $n \geq 1$ there is a recursive set $A \subseteq \mathbb{N}^{n+1}$ such that for any flipping function $f : \mathbb{N} \to 2$ if $\forall\, m \bigcap_{i<m} A_i^{f(i)}$ is n-unbounded then $O^n \leq_T f$.

<u>Proof.</u>- For $n \geq 1$ fixed, by Lemma 13, let F be a recursive partial function such that

$$\forall\, i \quad i \in O^n \Longleftrightarrow \lim_{s_1} \dots \lim_{s_n} F(i,s_1,\dots,s_n) = 0$$

$$i \notin O^n \Longleftrightarrow \lim_{s_1} \dots \lim_{s_n} F(i,s_1,\dots,s_n) = 1.$$

Let $A = \{(i,s_1,\dots,s_n) : F(i,s_1,\dots,s_n) = 0\}$. A is recursive.

Let f be a flip such that $\forall m \bigcap_{i<m} A_i^{f(i)}$ is n-unbounded. Then $i \in O^n$ iff $f(i) = 0$ so $O^n \leq_T f$. □

Hence we have a O^n-anti-basis result for the uniformization of the n-flipping property, i.e. for the statement
$\forall A \subseteq \mathbb{N}^{n+1} \exists f : \mathbb{N} \to 2 \ \forall m \bigcap_{i<m} A_i^{f(i)}$ is n-unbounded.
(The uniformization is obtained by replacing $\forall m \exists f$ by $\exists f \forall m$ in the n-flipping property.) We have found a rather difficult argument to prove a O^n-anti-basis theorem for n-fold finite branching tree. It seems that most known π_2^1 combinatorial principles with a O'-anti-basis result have n-fold generalizations with O^n-anti-basis results. This suggests the possibility of finding new combinatorial statements which are provable in $P^- + I\Sigma_{n+1}$ yet unprovable in $P^- + I\Sigma_n$.

It would also be interesting to find generalized quantifiers that correspond to some of the combinatorial properties considered here in analogy with work of Maintyre and Schmerl-Simpson on Ramsey quantifiers and arithmetic.

REFERENCES

[1] P. CLOTE : "Weak partition relations, finite games and independence results", Proceedings of Logic Colloquium in Karpac 1979.

[2] H. FRIEDMAN, K. Mc ALOON, S. SIMPSON : "A finite combinatorial principle which is equivalent to the 1-consistency of predicative analysis".

[3] C.G. JOCKUSCH, Jr. : "Ramsey's theorem and recursion theory", JSL 37-2, June 1972.

[4] C.G. JOCKUSCH R. SOARE : " $^{o}_{1}$ classes and degrees of theories" Transactions of the American Mathematical Society 173, November 1972.

[5] L.A.S. KIRBY, Ph. D. Thesis, Manchester University 1977.

[6] L.A.S. KIRBY : "Flipping properties in arithmetic". To appear.

[7] L.A.S. KIRBY, J.B. PARIS : "Initial segments of models of Peano's axioms.

[8] A. MACINTYRE : "Ramsey quantifiers in arithmetic" to appear.

[9] A. MANASTER, J. ROSENSTEIN : "Effective matchmaking, rec. theor. aspects of a thm. of P. Hall", Proc. London Math. Soc. 25 1972.

[10] K. Mc ALOON : "Diagonal methods and strong cuts in models of arithmetic", Logic Colloquium 1977, North Holland.

[11] J.B. PARIS : "Some incompleteness results for Peano arithmetic, JSL.

[12] J.B. PARIS : "A hierarchy of cuts in models of arithmetic.

[13] P. PUDLAK : "Another combinatorial sentence independent of Peano's axioms" (unpublished).

[14] C.E.M. YATES : "Arithmetical sets and retracing functions" Zeitschr. f. math. Logik und Grundlagen der Math 13, 1967.

A NOTE ON DECIDABLE MODEL THEORY

Peter CLOTE

In this paper T will denote a complete decidable first order theory and $M \models T$ a countable model of T. Following [4] an <u>enumeration</u> of M is a bijection $E : \mathbb{N} \to M$, where $\mathbb{N}$ is the set of natural numbers. Let $\{\phi_n : n \in \mathbb{N}\}$ be an effective enumeration of all formulas in the language of T. ϕ_n^E denotes the formula obtained from by replacing each free occurence of "x_i" by "E(i)". $\{e\}^B$ designates the Turing machine with index e and oracle B, where $B \subseteq \mathbb{N}$. For $A,B \subseteq \mathbb{N}$ $A \leq_T B$ means that there is an index e such that

$$\forall x \; (x \in A \longleftrightarrow \{e\}^B(x) = 0 \text{ and } x \notin A \longleftrightarrow \{e\}^B(x) = 1).$$

$A \equiv_T B$ iff $A \leq_T B$ and $B \leq_T A$. $0' = \{e : \exists y \; \{e\}(e) = y\} =$

$\{e : \exists z \; T_1(e,e,z)\}$

where T_1 is Kleene's primitive recursive predicate such that $\forall z \; (T_1(e,e,z) \to \forall z' > z \; T_1(e,e,z'))$. In general for $A \subseteq \mathbb{N}$, $A' = \{e : \exists y \; \{e\}^A(e) = y\}$. $0^{(n+1)} = (0^{(n)})'$. A set $A \subseteq \mathbb{N}$ is <u>arithmetical</u> if $A \leq_T 0^{(n)}$ for some $n \in \mathbb{N}$.

A model M is decidable in A, written $M \leq_T A$, iff there is an enumeration E of M for which the complete diagram with respect to that enumeration is recursive in A, i.e. $\{n : M \models \phi_n^E\} \leq_T A$. $M \geq_T A$ iff for any enumeration E of M, $\{n : M \models \phi_n^E\} \geq_T A$. M is said to be <u>decidable</u> iff $M \leq_T \emptyset$.

Nerode asked whether every countable model M of a complete decidable theory T having only finitely many countable models (up to isomorphism) is decidable. Lachlan (described in [5]) provided a negative answer by contructing a complete decidable theory T with only 6 countable models (up to isomorphism), of which only the prime model is decidable. Goncharov and Nartazin [1], independently, describe the same construction which is based on a lemma due to Denisov. Here we improve Denisov's result.

Proposition 1.- There is a recursive total ordering R with field $\mathbb{N}$ of order type $\omega + \omega^*$ for which $A \geq_T O'$ and $B \geq_T O'$, where

$A = \{x$: there are only finitely many R-predecessors of $x\}$

$B = \{x$: there are only finitely many R-successors of $x\}$.

Proof.- The idea is to define R in a constructive manner on $\{0,\ldots,s\}$ by the end of stage $s+1$. There will be a "cut" between the bottom and top half of the ordering being constructed. We will arrange for the bottom half A to satisfy $\forall a,b\ (a,b \in A\ (R(a,b) \longleftrightarrow a < b))$ and for $A = \{a_0,a_1,\ldots\}$ (the a_i's listed in increasing order) we will have

$$(*) \qquad \forall n \quad \forall e \leq a_n \ (T_1(e,e,a_n) \longleftrightarrow \exists z\ T_1(e,e,z)).$$

This insures that $0' \leq_T A$. Since $B = \mathbb{N} - A$ we also will have $0' \leq_T B$.

Stage 1.- List 0 and put the cut marker) above 0, written $0 <^*)$.

Stage 2.- Put $0 <^*) <^* 1$.

Stage 3.- Put $0 <^* 2 <^*) <^* 1$.

Stage s + 2.- Suppose the ordering on $\{0,\ldots,s\}$ at the end of stage $s+1$ looks like

$$a_0 <^* \ldots <^* a_{i_s} <^*) <^* b_{j_s} <^* \ldots <^* b_0$$

Let $m = \max\{k \leq i_s - 2 : \forall e \leq a_k (T_1(e,e,a_{k+1}) \longleftrightarrow T_1(e,e,a_{k+2}) \longleftrightarrow T_1(e,e,s))\}$ and m undefined if $i_s < 2$ or if no $k \leq i_s - 2$ satisfies the condition.

If m is undefined, then put $a_0 <^* s <^*) <^* a_1$.

If m is defined and $m < i_s - 2$, then put $a_m <^* a_{m+1} <^* s <^*) <^* a_{m+2}$.

If $m = i_s - 2$ and if $\forall e \le a_{m+1}$ $(T_1(e,e,a_{m+2}) \longleftrightarrow T_1(e,e,s))$, then put $a_{m+1} <^* a_{m+2} <^* s <^*) <^* b_{j_s}$.

If $m = i_s - 2$ and $\neg \forall e \le a_{m+1}$ $(T_1(e,e,a_{m+2}) \longleftrightarrow T_1(e,e,s))$, then put $a_{m+1} <^* s <^*) <^* a_{m+2} <^* b_{j_s}$.

Given a and b let $t = \max\{a,b\} + 1$ and define

$$R(a,b) \Longleftrightarrow \exists s \le p_t^{t+1} ((s)_0 = a \wedge (s)_{lh(s)-1} = b \wedge$$

$$\forall i < lh(s)-1((s)_i <^* (s)_{i+1} \text{ at the end of stage } t)).$$

Here p_t denotes the $(t+1)^{st}$ prime and $(s)_i$ is the $(i+1)^{st}$ number in the sequence coded by s. This ends the construction.

Claim.- R is a recursive total ordering of order type $\omega + \omega^*$ and satisfies (*).

Proof of claim.- R is clearly a recursive total ordering. (*) is established by induction on n. It then follows that neither A nor B is finite and so by the construction the order type of R is $\omega + \omega^*$. □

Remark.- In the terminology of [2] this yields an infinitary combinatorial principle with a O'-anti-basis theorem. The corresponding independence result for Peano arithmetic is described in the joint paper by K. Mc Aloon and the author [6].

If C is a recursively enumerable (abbreviated r.e.) non-recursive set enumerated by the recursive total function f, then by replacing $T_1(e,e,s)$ by $\exists x \le s$ $(f(x) = e)$ etc..., the proof of Proposition 1 yields

Proposition 2.- For any r.e. set C there is a recursive total ordering R of order type $\omega + \omega^*$ such that

if A = {x : there are at most finitely many R-predecessors of x} and B = {x : there are at most finitely many R-successors of x} , then A follows R (i.e. $\forall x,y \in A\, [x R y \leftrightarrow x < y]$) and $A \equiv_T C \equiv_T B$.

Proof.- The result is trivial for C recursive. For C r.e. non-recursive the proof is as remarked above. □

We remark that (independently and by a very different proof) C.E.M. Yates (unpublished) has proved Proposition 2.

Also he has shown that (1) if R is a recursive total ordering on ω of order type $\omega + \omega^*$, then $A \equiv_T B \leq_T O'$;

(2) if furthermore A follows R then A is Π_1^0 and so is of r.e. degree (i.e. $A \equiv_T C$ for some r.e. set C). This led him to ask whether for any $C \leq_T O'$ there is a recursive total ordering R of order type $\omega + \omega^*$ such that $A \equiv_T B \equiv_T C$. The answer is affirmative.

Proposition 3.- For any $C \leq_T O'$ there is a recursive total ordering R of order type $\omega + \omega^*$ such that $A \equiv_T B \equiv_T C$.

Proof.- Suppose C is not recursive. In remarks 3 and 4 of [2] we indicated how to construct a recursive tree $< T, <_T >$ where $T = \{x : O <_T x \text{ or } x = O\}$ and $\forall a,b \in T\, (a <_T b \rightarrow a < b)$ and such that every element of T has at most two immediate successors. Furthermore $< T, <_T >$ has a unique infinite branch D where moreover $D \equiv_T C$. Since $T \subseteq \mathbb{N}$ is recursive, we can in fact suppose that $T = \mathbb{N}$. Let R be the Kleene-Brouwer ordering on T, i.e. aRb iff $a <_T b$ or a is to the "left" of b (our trees grow upwards). Explicitely aRb iff

$a <_T b$ or $\exists c < b\, [c <_T b \wedge c <_T a \wedge \forall d < b(d <_T b \wedge d <_T a \rightarrow d \leq_T c) \wedge$

$\exists c_1 \leq a\, \exists c_2 \leq b\, [c <_T c_1 \leq_T a \wedge c <_T c_2 \leq_T b \wedge$

$\forall d_1 \leq a(c <_T d_1 \leq_T a \rightarrow d_1 \geq_T c_1) \wedge \forall d_2 \leq b(c <_T d_2 \leq_T b \rightarrow d_2 \geq_T c_2) \wedge$

$c_1 < c_2]]$.

Since there is a unique infinite branch which is not recursive, the order type of R is $\omega + \omega^*$. Since $B = \mathbb{N} - A$, we have $A \equiv_T B$.

First we show that $A \leq_T D$.

$x \in A$ iff x is to the left of the branch D in T

iff letting y be the first predecessor of x which is in D, then the leftmost immediate successor of y is the immediate successor of y which lies under x ;

$$\text{iff } x \notin D \wedge \exists y < x[y <_T x \wedge y \in D \wedge \forall z < x \, (y <_T z <_T x \rightarrow z \notin D$$

$$\wedge \exists y_1 \leq x \; \exists y_2 \leq x[y <_T y_1 \wedge \forall z \leq y_1 (y <_T z \leq_T y_1 \rightarrow z = y_1)$$

$$\wedge \forall y' \leq x \; (y <_T y' \wedge \forall z \leq y' \; (y <_T z \leq_T y' \rightarrow z = y') \rightarrow y' = y_1)$$

$$\wedge \; y <_T y_2 \leq_T x \wedge \forall z \leq x \; (y <_T z <_T x \rightarrow y_2 \leq_T z) \wedge y_1 = y_2]].$$

Since the above is written with only bounded quantifiers, we have $A \leq_T D$.

To show that $D \leq_T A$, we define $\{d_n\}_{n \in \mathbb{N}}$, the members of D listed in increasing order, by induction on n using A as an oracle.

$d_0 = 0$. Suppose we have d_n. In words, look for the leftmost immediate successor of d_n ; say it is e. If $e \notin A$ then the unique infinite branch goes through e, so set $d_{n+1} = e$. If $e \in A$, then the unique infinite branch does not go through e, so look for the least immediate successor of d_n larger than e ; say it is e'. Then set $d_{n+1} = e'$. Now given any x, $x \in D$ iff $x \in \{d_0, \ldots, d_x\}$, so $D \leq_T A$. □

Let R be as in Proposition 1. As described in [1] and [5], the theory of dense linear orderings without endpoints, with countably many distinguished constants $c_0, c_1, \ldots$ satisfying $c_i < c_j$ iff $R(i,j)$ is complete, decidable and has exactly six countable models. (The models are determined by the order type of the set of elements in the "gap" between the two infinite sequences of constants : ϕ, 1, η, $1 + \eta$, $\eta + 1$, $1 + \eta + 1$, where η is the order type of the rationals). The prime model is decidable and from Proposition 1 it follows that for the non-prime models M (those with an element in the gap), $M \geq_T O'$. It is not hard to see that for every model M of T, $M \leq_T O'$.

The difficulty in finding complete decidable theories with only a finite number of countable models, some of which have arbitrarily complex complete diagrams suggests the following two conjectures.

<u>Conjecture 1</u>.- If T is complete, decidable and $n(T) < \omega$ then every countable model is arithmetic.

<u>Conjecture 2</u>.- If T is complete, decidable and $n(T) \le \omega$ then every countable model is hyperarithmetic.

Both conjectures are unresolved as of this writing and in attemps to establish them, one encounters interesting problems. On the positive side, however, Morley [5] has shown that if $n(T) < \omega$ where T is complete and decidable then the prime model is decidable. Millar [4] has shown that the countable saturated model is hyperarithmetic. Note that if all types are recursive in 0^n, then by work of Millar, all countable homogeneous models of T are arithmetic.

In [4] Millar proved that if T is complete decidable : (i) if T has a prime model M then $M \underset{T}{\le} 0'$ (ii) if every type in S(T) is recursive then the saturated model $M \underset{T}{\le} 0'$. By strengthening (and simplifying) the key theorem in [1] we show that Millar's results are the best possible.

<u>Definition</u> .- $P(x) = [\frac{x \dot{-} 1}{2}]$ $\quad R(x) = 2x + 2 \quad L(x) = 2x + 1$

$f(0) = 0$

$$x' = \begin{cases} x + 1 & \text{if } x \text{ is odd} \\ x \dot{-} 1 & \text{if } x \text{ is even} \end{cases}$$

$f(x + 1) = L(f(x))$

Let $x <^* y$ iff $\exists n \le x \quad P^n(x) = y$ where $P^0(x) = x$ $P^{n+1}(x) = P(P^n(x))$.

A <u>special tree</u> $T \subseteq \mathbb{N}$ satisfies (i) $x \in T$ and $x <^* y \Rightarrow y \in T$

(ii) $x \in R \Rightarrow x' \in T$.

Graphically special trees are directed downwards and each element w which has a successor has both a successor on the right R(x) and on the left L(x).

<u>Proposition 4</u>.- There is a recursively enumerable special tree T such that

(i) $\{L^n(0) : n \in \mathbb{N}\}$ is the only infinite branch (hence all infinite branches are recursive)

(ii) $0' \leq_T B$, where B is any set containing at least one index for the characteristic function of each finite or infinite branch in T and containing only indices for the characteristic functions of branches in T_1 ;

(iii) $0' \leq_T B_f$, where B_f is any set containing at least one index for the characteristic function of each branch in T and containing only indices of characteristic functions of branches in T.

<u>Proof</u>.- Effectively we construct finite trees T_s in stage s and then put $T = \cup T_s$. The tree T will satisfy

$$(*) \quad \forall n \ \forall e \leq L^n(0) \ (T_1(e,e,x_n) \longleftrightarrow \exists z \ T_1(e,e,z))$$

where x_n will be the right-most end node lying below $R(L^n(0))$. Given any set of indices of all finite branches B_f, we can effectively determine $< x_n >_{n \in \mathbb{N}}$ from B_f and by (*) it follows that $0' \leq_T B_f$. A similar argument shows that $0' \leq_T B$.

<u>Construction of T</u>

<u>Stage s + 1</u>.- We will try to verify (*) for all $n \leq s$. Inductively suppose we have defined numbers $m_0^s, \ldots, m_i^s, \ldots, m_s^s$ all strictly positive such that

$$T_s = \{R^j(L^i(0)) : i \leq s, \ \ j \leq m_i^s\} \cup \{L(R^j(L^i(0)) : i \leq s, \ \ j < m_i^s\}$$

Let $x^s = R^{m^s}(L(0))$. Indcutively we suppose that

$$\forall n \leq s \ \forall e \leq L^n(0) \ (T_1(e,e,x_n^s) \longleftrightarrow T_1(e,e,\max\{s,x_n^s\}))$$

Let $(*)_n^s$ denote this last expression.

Now at stage s + 1 let m_n^{s+1} = least $m \geq m_n^s$ such that $(*)_n^{s+1}$ for $n \leq s$ and let m_{s+1}^{s+1} = least m such that $(*)_{s+1}^{s+1}$.

Now let

$$T_{s+1} = \{R^j(L^i(0)) : i \le s+1,\ j \le m_i^{s+1}\}$$

$$\cup \{L(R^j(L^i(0)) : i \le s+1,\ j \le m_i^{s+1}\}$$

This completes the construction of T. It is easy to see that T satisfies (*) so (ii) and (iii) follow as explained above. □

The method of [1] now yields

<u>Proposition 5</u>.- There is a complete and decidable theory T with a prime model $M_o \underset{T}{\geq} 0'$, all of whose types are recursive and with a countable saturated model $M_1 \underset{T}{\geq} 0'$.

It is natural to ask whether there is a complete decidable theory T all of whose types are recursive with a decidable prime model, and whose countable saturated model reconstructs O'. G. Wilmers (in a conversation) has provided a positive answer to this last question.

<u>Proposition 6</u>.- (G. Wilmers) there is a complete decidable theory T all of whose types are recursive which has a decidable prime model M_o and a countable saturated model M_1. Furthermore $M_1 \underset{T}{\geq} 0'$.

<u>Sketch of proof</u>.- Let S be the complete decidable theory resulting from Proposition 4 by applying the technique of [1]. Let $\{\phi_n(x) : n \in \mathbb{N}\}$ be a recursive listing of all formulas with one free variable in the language of S. Let $\phi_n^o(x)$ be $\phi_n(x)$ and $\phi_n^1(x)$ be $\neg\phi_n(x)$.

Now define

$$T_o \underset{df}{=} \{\phi \in 2^{<\omega} : S \cup \{\phi_i^{\sigma(i)}(x) : i < lh(\sigma)\} \text{ is consistent}\}.$$

T_o is a recursive infinite tree (in the sense of [3]) with no finite branches, all of whose branches are recursive, such that every list of indices of all branches reconstructs O'. At the nodes where no bifurcation occurs, add the isolated infinite branch which passes through such a node and terminates in O's. This being done in a uniform effective way, we now have shown the existence of a recursive tree $T \subseteq 2^{<\omega}$ all of whose branches are infinite, such that there is a recursive list of indices of all isolated branches and that every list of indices for all branches reconstructs O'. The technique described in [7] shows the existence of a complete decidable theory T all of whose types are recursive and having a decidable prime model M_0 and a countable saturated model M_1, where $M_1 \geq_T O'$.

o
o o

REFERENCES

[1] S.S.GONCHAROV and A.T. NURTAZIN : Constructive models of complete solvable theories. Algebra i Logica 12-2 March-April 1973.

[2] P. CLOTE : Anti-basis theorems and their relation to indepen dence results in Peano arithmetic. This volume

[3] C.G. JOCKUSCH , Jr. and R.I. SOARE : Π_1^0 Classes and degrees of theories. Transactions of the American Mathematical Society 173, November 1972.

[4] T.S. MILLAR : Foundations of recursive model theory. Annals of Mathematical Logic, 13 , 1978.

[5] M. MORLEY : Decidable models, Israel Journal of Mathematics, 25, 1976.

[6] P. CLOTE and K. Mc ALOON : Two new combinatorial theorems equivament to the 1-consistency of Peano Arithmetic, à paraître.

[7] G. WILMERS : Minimally saturated models, Proceedings of Logic Colloquium 1979 at Karpacz.

INTERPRÉTATIONS D'ARITHMÉTIQUES DANS DES GROUPES ET DES TREILLIS

par : Michèle JAMBU-GIRAUDET

La théorie du premier ordre de certaines structures peut contenir des systèmes logiques qui paraissent à priori plus compliqués. Dans la classe d'exemples que nous décrivons au §1, certaines structures ont une théorie qui contient des arithmétiques de type fini arbitraires, voire toutes les arithmétiques de type fini. Nous détaillerons au §2 l'interprétation de l'arithmétique du premier ordre et signalerons pour mémoire les autres résultats au §3.

Les structures que nous considérerons sont constituées chacune d'une chaîne et d'un groupe ordonné en treillis agissant sur cette chaine. Il faut signaler que leur étude est motivée par le fait qu'une telle structure est, dans sa totalité, interprétable, quelquefois avec un nombre fini de paramètres, dans la seule théorie du groupe comme dans la seule théorie de l'ordre du groupe (cf. : [5] et [6]). Les interprétations d'arithmétiques dans ces structures donnent donc des interprétations dans chaque groupe et chaque treillis sous-jacent.

§1. LES STRUCTURES AT $\cup$ $\overline{T}$, DEFINITIONS ET NOTATIONS.

DEFINITIONS :

A - Un ordre 2-homogène est un ensemble totalement ordonné infini $T = (T,\leq)$ tel que, pour tous $t_1 < t_2$ et $t_1' < t_2'$ dans T, les intervalles $[t_1,t_2]$ et $[t_1',t_2']$ soient isomorphes (sauf éventuellement si l'un des t_i, t_i' est un extrême). Il est dense, et nous le considérerons en général comme sans extrêmes, car lui retirer ses extrêmes, si il en a, ne change pas son groupe d'automorphismes.

Tant qu'il s'agira de n'interpréter que l'arithmétique du second ordre, qui n'exige la présence que d'une famille dénombrable d'intervalles deux à deux disjoints, le lecteur pourra garder à l'esprit l'exemple de la chaine Q des rationnels ou de la chaine R des réels. D'autres exemples simples et de toutes cardinalités sont donnés par :

- les ordres sous-jacents à des corps totalement ordonnés.
- les puissances lexicographiques S^λ où S est un ordre simplement homogène (deux points quelconques se correspondent par un automorphisme de S), par exemple tout ordre sous-jacent à un groupe totalement ordonné, et λ est un ordinal régulier.

Nous noterons $\overline{T}$ le complété de Dedekind sans extrêmes de l'ordre 2-homogène T ($\overline{T}$ n'est pas en général 2-homogène) et nous ne distinguerons pas, dans les notations, un automorphisme de $(T,\leq)$ de son prolongement à $\overline{T}$: un automorphisme de $(T,\leq)$ sera pour nous un automorphisme de $(\overline{T},\leq)$ qui préserve T. Cette convention, justifiée par l'unicité du prolongement de chaque automorphisme de T en un automorphisme de $\overline{T}$ sera souvent utile. Il faut en voir la raison profonde dans le fait que les automorphismes de T ne caractérisent pas T (ainsi Q et R-Q ont-ils exactement les mêmes automorphismes) alors qu'ils caractérisent $\overline{T}$ (cf. [5] et [6]).

B - Si f est un automorphisme de $(T,\leq)$:

i) Son support est le sous-ensemble de $\overline{T}$, noté S_f, et défini par :

$$S_f = \{t \in \overline{T} \ ; \ f(t) \neq t\} \quad .$$

ii) Nous appellerons (abusivement) restriction de f tout automorphisme de T, excepté l'identité, qui en tout point de T, est égal soit à f soit à l'identité ; autrement dit, une restriction (au sens propre) de f à une réunion $X \neq \phi$ de parties convexes maximales de S_f, prolongée au reste de $\overline{T}$ par l'identité ; nous parlerons alors de restriction de f à X.

iii) Nous appellerons bosse de f toute restriction de f à une partie convexe (dans $\overline{T}$ et pas seulement dans T) de son support, autrement dit, une restriction de f qui n'admet pas d'autres restrictions qu'elle-même. (Le terme de bosse est traduit de [3]).

iv) Nous dirons que S_f est majoré (resp. minoré, resp. : borné) si il existe $t_1 \in \overline{T}$, (resp. : $t_2 \in \overline{T}$, resp. : t_1 et $t_2 \in \overline{T}$) tel que, pour tout $s \in S_f$, $s < t_1$ (resp. : $t_2 < s$, resp. : $t_2 < s < t_1$).

C - Nous nous intéressons aux ensembles suivants :

A_tT, groupe de tous les automorphismes de $(T,\leq)$.

A_MT (resp. : A_mT), sous-groupe de A_tT de tous les automorphismes à support majoré (resp. : minoré) de $(T,\leq)$.

$A_bT = A_MT \cap A_mT$, groupe des automorphismes à support borné de $(T,\leq)$.

où $(T,\leq)$ est un ordre 2-homogène.

Un groupe sera noté AT, ou dit de la forme AT si il est égal à l'un des quatre groupes ci-dessus pour un ordre 2-homogène T.

D - Si G est un groupe d'automorphismes d'un ordre $(T,\leq)$:

i) Pour tout entier n, G est dit o.n. transitif (sur T) si, quelles que soient les deux suites $\{t_i \; ; \; i \leq n\}$ et $\{t'_i \; ; \; i \leq n\}$, strictement croissantes et de longueur n, d'éléments de T, il existe un élément g de G tel que $g(t_i) = t'_i$ pour tout entier $i \leq n$. Tout groupe de la forme AT est o.n. transitif (sur T) pour tout entier n.

ii) L'ordre de T induit sur G un ordre partiel, que nous noterons par le même symbole $\leq$, et qui est défini, pour f et $g \in G$, par :

$f \leq g$ si et seulement si : $f(t) \leq g(t) \quad \forall t \in T$.

Nous noterons G_+ le demi-groupe des éléments de G supérieurs ou égaux à l'identité, G_- l'ensemble des éléments inférieurs ou égaux à l'identité.

Tous les groupes de la forme AT sont réticulés (ordonnés en treillis) pour cet ordre.

E - Nous utiliserons en général les définitions et conventions de théorie des modèles telles qu'on peut les trouver dans [1].

Le groupe réticulé AT est considéré comme une structure d'un langage L(AT) constitué du langage des groupes $L_G = \{\ \ ,e,(\ )^{-1}\}$ et d'un ou plusieurs des prédicats suivants, équivalents modulo L_G : AT_+, $\leq$ et $<$.

L'ordre $\overline{T}$ est une structure du langage $L_0 = \{<\}$ ou $\{\leq\}$. L'utilisation d'un même symbole pour l'ordre de AT et celui de $\overline{T}$ ne pourra pas entrainer de confusion.

La structure AT $\cup$ $\overline{T}$ a pour domaine la réunion des domaines de AT et de $\overline{T}$, et un langage qui comprend :

. un prédicat pour distinguer AT de $\overline{T}$.

. L(AT) interprété sur AT et L_0 interprété sur $\overline{T}$

. un prédicat ternaire interprétant l'action de AT sur $\overline{T}$, c'est-à-dire satisfait par les triplets (f,x,y) tels que $f \in AT$, x et $y \in \overline{T}$, et $y = f(x)$.

(Bien évidemment ce langage pourrait être défini à partir des seuls prédicats de l'action et de l'ordre de $\overline{T}$, mais ceci alourdirait nos notations).

Notations :

Il est clair que, dans le langage de la structure AT $\cup$ $\overline{T}$, les notions introduites en B ci-dessus sont définissables par des formules du premier ordre ; nous les considèrerons donc comme des abréviations de ces formules. Les assertions suivantes, où f et g sont deux éléments de AT - {e}, sont également équivalentes à des formules :

i) "$S_f \subset S_g$"

ii) "$S_f < S_g$" où la relation d'ordre entre sous-ensembles de $\overline{T}$ est définie par : $X < Y$ si $x < y$ pour tout $x \in X$ et tout $y \in Y$

iii) "il existe un intervalle I de $\overline{T}$ tel que $S_f < I < S_g$ ou $S_g < I < S_f$".
que nous noterons : "f et g sont séparés".

iv) "f a un nombre de bosses fini".

Ceci s'exprime en disant que toute restriction de f a, dans l'ordre total des supports des bosses de f défini en ii), une bosse dont le support est minimum et une bosse dont le support est maximum.

Les formules i à iv) sont, parmi celles faisant intervenir des éléments de $\overline{T}$, les seules que nous aurons à utiliser. Nous adopterons donc la convention suivante :

Toutes les variables et tous les éléments apparaissant désormais dans des formules du langage de AT $\cup$ $\overline{T}$ sont dans le domaine de AT. En particulier, toutes les formules doivent être relativisées à AT pour être lues correctement.

§2. INTERPRÉTATION DE L'ARITHMÉTIQUE DU PREMIER ORDRE.

DEFINITIONS :

1 - Si M_1 est une structure d'un langage L_1 et M_2 une structure d'un langage L_2, nous dirons que M_1 est interprétable dans M_2 si on a :

i) un sous-ensemble D de M_2, définissable par une formule de L_2, qui sera dit domaine d'interprétation de M_1 dans M_2.

ii) une relation d'équivalence E sur D, définissable par une formule de L_2, qui sera dite interprétation de l'égalité de M_1 dans M_2.

iii) pour chaque prédicat P d'arité r du langage L_1, un prédicat P' de même arité r, compatible avec E dans D, définissable par une formule L_2, qui sera dit interprétation de P dans M_2,

tels que :

la structure dont le domaine est D quotienté par E, munie des prédicats induits sur ce quotient par les prédicats P' tels que $P \in L_1$, et notée :

$(D, \{P' ; P \in L_1\})/E$

soit isomorphe à M_1.

Si F est un tel isomorphisme, nous dirons que la classe de l'équivalence modulo E dans D dont l'image par F est l'élément m de M_2 représente m dans cette interprétation.

2 - Nous noterons $\omega = (\omega,+,\times)$ le modèle standard de l'arithmétique muni de la somme + et du produit x.

Nous nous proposons de démontrer le résultat suivant :

THEOREME :

Le modèle standard de l'arithmétique est interprétable dans toutes les structures $AT \cup \overline{T}$.

Avertissement :

L'interprétation que nous donnerons sera effectuée dans le cas où $AT = A_bT$. Il est clair que $A_bT \cup \overline{T}$ est définissable dans $AT \cup \overline{T}$ sans paramètre. Il suffira donc, pour généraliser cette interprétation à $A_tT \cup \overline{T}$, $A_MT \cup \overline{T}$ et $A_mT \cup \overline{T}$, de relativiser toutes les formules à $A_bT \cup \overline{T}$.

Démonstration du théorème :

1) Domaine d'interprétation de $\omega - \{0\}$

Chaque entier $n \neq 0$ sera représenté par l'ensemble des éléments de $A_bT - \{e\}$

qui ont exactement n bosses deux à deux séparées.

Le domaine d'interprétation de $\omega - \{0\}$ sera donc défini dans $A_bT \cup \bar{T}$ par la formule à variable libre u, que nous noterons "$u \in \omega$", suivante :

u a un nombre fini de bosses $\wedge \forall v \forall v'$ [(v et v' sont des bosses de u $\wedge v \neq v'$) $\rightarrow$ v et v' sont séparés].

Notons que si l'ordre 2-homogène T est ω^+-saturé (et seulement dans ce cas) la formule "$u \in \omega$" est équivalente dans la théorie de $A_bT \cup \bar{T}$ à "u a un nombre fini de bosses", car deux bosses distinctes d'un même élément sont toujours séparées. En effet les segments de $\bar{T}$ de cofinalité et co-initialité dénombrables sont exactement les supports de bosses d'éléments de AT pour tout T 2-homogène.

2) Interprétation de l'égalité

Nous noterons "$u =_\omega u'$" la formule à variables libres u et u' qui interprète dans A_bT l'égalité entre entiers. Cette formule doit être satisfaite par deux éléments u et u' du domaine d'interprétation de $\omega - \{0\}$ si et seulement si ils ont le même nombre (fini) de bosses.

$u =_\omega u'$ est la formule :
$\exists w[S_{wuw^{-1}} \subseteq S_{u'} \wedge \forall v'$ (v' est une bosse de u' $\rightarrow \exists$ une unique bosse v de $w\,u\,w^{-1}$ telle que $S_v \subseteq S_{v'}$)].

Vérifions que cette formule convient :

Si u et u' sont deux éléments du domaine d'interprétation de $\omega - \{0\}$ tels que :

$$A_bT \models u =_\omega u'$$

alors :

il existe un conjugué $w\,u\,w^{-1}$ de u tel que le support de toute bosse de $w\,u\,w^{-1}$ soit inclus dans le support d'une bosse de u' et que le support de toute bosse de u' contienne un et un seul support d'une bosse de u.

Cette condition établit une bijection entre les bosses de $w\,u\,w^{-1}$ et celles de u'. Or $w\,u\,w^{-1}$ et u ont le même nombre (fini) de bosses.

Réciproquement, si u et u' sont deux éléments du domaine d'interprétation de $\omega - \{0\}$ qui ont le même nombre (fini) n de bosses, soient, pour $1 \leq i \leq n, t_i, s_i, t'_i$ et s'_i des éléments de T tels que :

a) $s_i < t_{i+1}$ pour $i = 1,\ldots,n-1$

b) $t_i < S_{u_i} < s_i$ pour $i = 1,\ldots,n$

où $u_1, u_2, \ldots, u_n$ est la liste des bosses de u telle que :
$S_{u_1} < S_{u_2} < \ldots < S_{u_n}$.

c) $t'_i < s'_i$ et $t_i, s_i \in S_{u'_i}$ pour $i = 1,\ldots,n$

où $u'_1, u'_2, \ldots, u'_n$ est la liste des bosses de u' telles que :
$S_{u'_1} < S_{u'_2} < \ldots < S_{u'_n}$.

On pourra constater, en choisissant un élément w du groupe 2n-transitif A_bT tel que :
$w(t_i) = t'_i$ et $w(s_i) = s'_i$ pour $i = 1,\ldots,n$, que la formule $u =_\omega u'$ est satisfaite dans A_bT.

3)- Interprétation de la somme.

Nous noterons "$u + u' =_\omega u''$ " la formule à variables libres u, u' et u" qui interprète dans A_bT la somme d'entiers. Cette formule doit être satisfaite par trois éléments u, u' et u" du domaine d'interprétation de $\omega - \{0\}$ si et seulement si le nombre de bosses de u" est égal à la somme du nombre de bosses de u et du nombre de bosses de u'.

$u + u' =_\omega u''$ est la formule : $\exists w(w\, u\, w^{-1}$ et u' sont séparés $\wedge\ u'' =_\omega w\, u\, w^{-1}\, u')$.

Il est très facile de voir que cette formule convient.

4) Interprétation du produit

Nous noterons "$u \times u' =_\omega u''$ " la formule à variables libres u, u' et u" qui interprète dans A_bT le produit d'entiers. Cette formule doit être satisfaite par trois éléments u, u' et u" du domaine d'interprétation de $\omega - \{0\}$ si et seulement si le nombre de bosses de u" est égal au produit du nombre de bosses de u et du nombre de bosses de u'.

$u \times u' =_\omega u''$ est la formule :

$\exists w[S_{w\, u''\, w^{-1}} \subsetneq S_u \wedge \forall v$ bosse de u, $\exists v''$ restriction de $w\, u''\, w^{-1}(S_{v''} \subsetneq S_v \wedge v'' =_\omega u'$

$\wedge\ \forall w''$ restriction de $w\, u''\, w^{-1}(S_{w''} \subsetneq S_v \rightarrow S_{w''} \subseteq S_{v''}))]$.

Vérifions que cette formule convient.

Si u, u' et u'' sont trois éléments du domaine d'interprétation de $\omega - \{0\}$ tels que :

$$A_bT \models u \times u' =_\omega u''$$

alors :

il existe un conjugué $w\, u''\, w^{-1}$ de u'' dont le support est inclus dans celui de u. La restriction de $w\, u''\, w^{-1}$ au support de toute bosse de u a le même nombre de bosses que u'. Le produit du nombre de bosses de u' par le nombre de bosses de u est donc égal au nombre de bosses de $w\, u''\, w^{-1}$ qui est aussi celui de u''.

Réciproquement, si u, u' et u'' sont trois éléments du domaine d'interprétation de $\omega - \{0\}$ tels que le nombre n'' de bosses de u'' soit le produit du nombre n de bosses de u et du nombre n' de bosses de u', soient, pour $1 \leq i \leq n$, t_i, s_i, t''_i et s''_i des éléments de T tels que :

a) $s''_i < t''_{i+1}$ pour $i = 1,\dots,n-1$

b) $t_i < s_i$ et $t_i, s_i \in S_{u_i}$ pour $i = 1,\dots,n$

où $u_1, u_2, \dots, u_n$ est la liste des bosses de u telle que $S_{u_1} < S_{u_2} < \dots < S_{u_n}$

c) $t''_i < S_{u''_i} < s''_i$ pour $i = 1,\dots,n$

où $u''_1, u''_2, \dots, u''_n$ est la liste des restrictions de u'' ayant n' bosses telle que $S_{u''_1} < S_{u''_2} < \dots < S_{u''_n}$.

On constate, en choisissant un élément w de A_bT tel que :

$$w(t''_i) = t_i \quad \text{et} \quad w(s''_i) = s_i \text{ pour } i = 1,\dots,n$$

que la formule "$u \times u' =_\omega u''$ " est satisfaite dans A_bT.

Nous laissons au lecteur le soin de transformer cette interprétation de $\omega - \{0\}$ en une interprétation de ω en représentant 0 par l'ensemble $\{e\}$ et en prolongeant convenablement les interprétations de la somme et du produit, ou en codant ω dans $\omega - \{0\}$, ce qui achèvera la démonstration du théorème.

Si d'une façon générale l'interprétation de types d'arithmétiques fournit une indication sur la complexité de la structure dans laquelle se fait l'interprétation, deux renseignements appréciés sont donnés par la seule interprétation de l'arithmétique du premier ordre dans une structure, à savoir que sa théorie

i) a la propriété d'indépendance

ii) est héréditairement indécidable

Ici le renseignement i) est de peu d'intérêt. En effet il est facile de vérifier que les deux formules $uv = vu$ et $u < v$ ont chacune la propriété d'indépendance non seulement dans les groupes AT, pour la première, et les treillis AT, pour la seconde, mais aussi dans toutes leurs sur-stuctures.

Pour éclairer le renseignement ii) nous donnons quelques exemples de théories dont l'indécidabilité peut se déduire de l'interprétation de l'arithmétique qui vient d'être donnée (certains de ces résultats sont déjà connus par d'autres moyens).

Rappelons d'abord que $\bar{\bar{T}}$ et l'action de AT sur $\bar{T}$ peuvent être interprétés (avec un nombre fini de paramètres) dans le groupe comme dans le treillis AT. Toute théorie dont un groupe ou un treillis AT est un modèle est donc indécidable dans le langage correspondant.

COROLLAIRE.

Les théories suivantes :

i) La théorie des groupes réticulés et la théorie de leurs sous-groupes, les groupes ordonnables à gauche.

ii) La théorie des treillis distributifs.

iii) La théorie des groupes sans torsion dont tout élément différent de l'élément neutre a une infinité de racines n^o pour tout entier n.

iv) La théorie des groupes dont tout élément est un commutateur.

v) La théorie des groupes satisfaisant la formule :

$$\forall x\ \forall y \neq e\ \exists z_1\ \exists z_2\ \exists z_3 (x = (z_1((z_2 y\, z_2^{-1}) y^{-1}) z_1^{-1}) y (z_3\, y^{-1} z_3^{-1}))$$

dont tous les modèles sont algébriquement simples.

sont indécidables.

L'indécidabilité de i) est démontrée dans [4] celle de ii) est citée dans [2]. Il est clair que tout AT est modèle de ces deux théories.

On trouvera dans [3] les démonstrations des faits suivants et leurs références originales :

Tout AT est modèle de iii) et iv).

Tout $A_b T$ est modèle de v).

§3. INTERPRÉTATIONS D'ARITHMÉTIQUES D'ORDRES SUPÉRIEURES.

Nous ne donnerons pas ici les démonstrations des résultats, que le lecteur pourra trouver dans ([5]) et dans un article en préparation.

Notations :

Pour tout entier n, $P^n(\omega)$ est la structure définie par induction sur n par : $P^{i+1}(\omega) = P(P^i(\omega))$, ensemble des parties de $P^i(\omega)$ muni de la relation d'appartenance ϵ.

$P^n(\omega)$ est donc le modèle standard de l'arithmétique d'ordre n+1, sa cardinalité est notée $\beth_n$.

THEOREME :

i) Le modèle $P(\omega)$ de l'arithmétique du second ordre est interprétable dans toutes les structures $AT \cup \overline{T}$.

ii) Si T a une famille bornée de $\beth_{n-1}$ intervalles ouverts non vides deux à deux disjoints, le modèle $P^n(\omega)$ de l'arithmétique d'ordre n+1 est interprétable dans les structures $AT \cup \overline{T}$.

iii) Si T a une famille (resp. : une famille majorée, resp. : une famille minorée) de $\beth_{n-1}$ intervalles ouverts non vides deux à deux disjoints, le modèle $P^n(\omega)$ de l'arithmétique d'ordre n+1 est interprétable dans $A_t T \cup \overline{T}$ (resp. : $A_M T \cup \overline{T}$, resp. : $A_m T \cup \overline{T}$).

Pour les cas simples où T est Q, la chaine des rationnels, ou R, la chaine des réels, il est facile de voir que ce résultat est le meilleur possible. En effet les structures $AQ \cup R$ et $AR \cup R$ sont interprétables dans l'arithmétique du second ordre, et ne contiennent donc pas d'arithmétiques d'ordre supérieur à deux. (Cette remarque m'a été suggérée par K. Mc Aloon).

Pour interpréter AQ $\cup$ R on code dans ω les couples d'entiers représentant les rationnels. L'égalité et l'ordre des rationnels sont définissables dans ω. On code ensuite, toujours dans ω, les couples de rationnels. Une application de Q dans Q, identifiée à un ensemble de couples de rationnels, est alors un élément de $P(\omega)$. L'ensemble AQ des bijections croissantes de Q est définissable dans $P(\omega)$. La loi de groupe et l'ordre se définissent à partir de l'action.

Pour interpréter AR $\cup$ R, on code les couples de rationnels dans ω comme ci-dessus, et on interpréte la chaine des réels, chaque réel étant identifié à un sous-ensemble de Q (une coupure) dans $P(\omega)$. Un élément f de AR est alors identifié à une partie X_f de Q $\times$ Q, donc a un élément de $P(\omega)$, en convenant que :

$$f(a) = \text{le réel représenté par } \{b \; ; \; (a,b) \in X_f\}$$

ce qui suffit, par prolongement (définissable) à chaque coupure de Q, à caractériser f. La structure AR $\cup$ R est alors définissable dans $P(\omega)$ comme précédemment.

BIBLIOGRAPHIE.

[1] CHANG C.C. - KEISLER J.H. - Model theory, North Holland 1973.

[2] ERSHOV Yu.L. - LAVROV I.A. - TAIMANOV A.D.- TAITSLIN M.A. - Elementary theories Russian Math. Surveys (20), 1965, 35-105.

[3] GLASS A.M. - Ordered permutation groups. Bowling Green State University, 1976. Nouvelle version à paraître dans Cambridge University press.

[4] GUREVIČ Yu. (en russe) - Dokl. Akad. Nauk, SSR 175 (1967) 1213-1215.

[5] JAMBU-GIRAUDET M. - Théorie des modèles de groupes d'automorphismes d'ensembles totalement ordonnés. Thèse de 3ème cycle, Université Paris VII, 1979.

[6] JAMBU-GIRAUDET M. - Lattice theory of lattice ordered groups (abstract). Notices of the A.M.S. 80 T-A 153, à paraître. Articles en préparation.

LES METHODES DE KIRBY-PARIS ET

LA THÉORIE DES ENSEMBLES

Kenneth Mc ALOON
Jean-Pierre RESSAYRE

C.N.R.S., LA 212
Université Paris VII

Ce travail étend la méthode des indicatrices de Kirby et Paris, lorsque l'Arithmétique est remplacée par la Théorie des ensembles et la Logique du premier ordre $\mathcal{L}_{\omega\omega}$ est remplacée par $\mathcal{L}_{\infty\omega}$ et ses sous-langages. Aux §§ 0,1,2 nous prouvons l'existence d'indicatrices pour la notion adéquate de "coupure" dans le contexte de la Théorie des ensembles ; nous en tirons des résultats de non-existence de modèles minimaux à la Friedman et des résultats d'incomplétude à la Kirby-Paris, et nous relions ces derniers au Théorème d'incomplétude de Gödel. Par ailleurs, cette extension de la méthode des indicatrices la place dans un contexte général de Théorie des modèles de $\mathcal{L}_{\omega_1,\omega}$ ou de Théorie descriptive des ensembles, celui de l'analyse inductive des relations Σ_1^1 sur une structure donnée, [Ma],[Mo], [V]. En effet, notre preuve de l'existence d'indicatrices, Théorème 1.2 ci-dessous, est essentiellement une variante non-standard de cette analyse des relations Σ_1^1.

Ensuite dans le §3, nous adaptons une des indicatrices combinatoires de Paris, [P] et une de [C,Mc] à la Théorie des ensembles pour trouver entre autres des résultats d'indépendance combinatoires relativement à une extension de la Théorie des ensembles de Gödel-Bernays. Cette extension que nous appelons GBK s'obtient en ajoutant à GB + E une formulation du principe combinatoire $On \rightarrow (On)_2^3$. Ce principe dote

GBK d'une théorie des modèles fort analogue à celle de l'Arithmétique de Péano, ce qui permet d'adapter les méthodes de [K,P] et de [P]. Nous établissons une liaison entre les notions combinatoires introduites et les cardinaux de Mahlo.

Le §0 sert d'introduction aux §§ 1 et 2 et en même temps énonce quelque cas particuliers saillants de leurs résultats généraux. A son tour, le § 1 admet l'existence des indicatrices pour en étudier les conséquences. Le §2 applique l'analyse inductive des relations Σ_1^1 à la construction des indicatrices. Le §3 est indépendant des précédents sur le plan des démonstrations et permet une lecture directe.

§ 0. INTRODUCTION ET ANTICIPATION DES §§ 1,2.

0.1. REMARQUE - Les premiers résultats que nous allons étendre, dus à Kirby-Paris et à Friedman, sont exposés par exemple dans [Fr], [P], [K1], [K2].

0.2. RAPPELS - a) Kirby et Paris ont montré que pour toute théorie récursive $T \subset \mathcal{L}_{\omega\omega}$, où $\mathcal{L}$ est le langage de l'Arithmétique du premier ordre, et pour tout modèle $\mathfrak{N}$ de $I\Sigma_1$, il existe une "indicatrice" Δ_1^0 pour les coupures (ou segments initiaux) de $\mathfrak{N}$ qui sont modèles de T. - où $I\Sigma_1$ désigne la restriction des axiomes de Péano P, obtenue en limitant aux formules Σ_1^0 le schéma d'induction.

b) Kirby-Paris ont montré comment déduire de (a) le théorème de Friedman sur la non existence de modèle non standard minimal de P - ou plus généralement de toute théorie récursive T, contenant $I\Sigma_1$ et Σ_1^0-correcte, voir [K] ou [K,Mc,Mu].

c) Enfin Kirby et Paris ont montré comment déduire de (a) un énoncé Π_2^0 indépendant de P - c'est le "théorème d'incomplétude de Kirby Paris", valable plus généralement pour les théories récursives T qui contiennent $I\Sigma_1$ et sont Σ_1^0-correctes.

Notre extension de 0.2 repose sur les substitutions suivantes :

* le langage de l'Arithmétique est remplacé par celui de la théorie des ensembles, que nous notons encore $\mathcal{L}$;

* le modèle $\mathfrak{N}$ de $I\Sigma_1$ est remplacé par un modèle $\mathfrak{M}$ d'une théorie des ensembles faible, que nous notons T_0 (T_0 est définie en 0.7 ; on peut dire que T_0 entretient avec Z^-, c'est-à-dire avec la théorie des ensembles de Zermelo sans axiome des parties, des relations analogues à celles entre $I\Sigma_1$ et P) ;

* pour les modèles $\mathfrak{M}$ de T_0, nous définissons un analogue des coupures dans

les modèles de l'Arithmétique : une partie transitive I de $\mathcal{M}$ est une <u>coupure de $\mathcal{M}$</u> si elle est close par l'application rang et si ses ordinaux forment une coupure non standard des ordinaux de $\mathcal{M}$.

* au lieu d'une théorie T dans $\mathcal{L}_{\omega\omega}$ comme en 0.2, nous considérons une théorie dénombrable T dans $\mathcal{L}_{\omega_1\omega}$; et la condition que T est récursive est remplacée par une condition de représentabilité de T à l'intérieur des modèles $\mathcal{M}$ considérés : cf. 1.2 et 1.2*.

* enfin la condition, utilisée dans 0.2, que T contient P, est remplacée par celle que T contient la "théorie des ensembles admissibles", ou théorie de Kripke Platete, notée KP (cf. [B]).

<u>N.B.</u> - a) Plus exactement, il suffira que T contienne la théorie KP^* qu'on tire de KP en limitant aux formules Σ et Π le schéma de fondement.

b) De plus, dans KP^* comme dans T_0, nous ne faisons pas figurer l'axiome de l'infini. De cette manière, notre généralisation de 0.2 contiendra en cas particulier celui où l'on ajoute à T_0 et KP^* la négation de l'axiome de l'infini ; et dans ce cas particulier, notre généralisation de 0.2 n'est rien d'autre que 0.2 lui-même, quand on le reformule en utilisant la Théorie des ensembles finis au lieu de l'Arithmétique.

Pour toute Théorie des ensembles T, $T + \infty$ indiquera l'adjonction de l'axiome de l'infini à T.

Nous démontrerons dans les §§ 1 et 2 les énoncés qu'on obtient en portant les substitutions ci-dessus dans 0.2 ; plus précisément, la généralisation de 0.2.a est le Théorème 1.2, et celle de 0.1, (b) et (c) est le Corollaire 1.8. Mais plutôt que de donner ici l'énoncé détaillé de 1.2 et 1.8, nous préférons les illustrer par quelques cas particuliers.

0.3. <u>THEOREME</u> - Soit T une théorie dans $\mathcal{L}_{\omega\omega}$, qui est un ensemble Π^1_1 ;

a) Soit $\mathcal{M}$ un modèle de $KP^* + \infty$, qui est un ω-modèle non-standard : c'est-à-dire que les entiers de $\mathcal{M}$ sont standards, mais $\mathcal{M}$ contient cependant un ordinal non standard. Alors il existe une indicatrice pour les coupures de $\mathcal{M}$ vérifiant T ; c'est-à-dire une fonction $Y : \mathcal{M}^2 \to On^{(\mathcal{M})}$ qui est Δ dans $\mathcal{M}$ et telle que pour $a,b \in \mathcal{M}$, $Y(a,b)$ prend pour valeur un ordinal non standard si et seulement si $\mathcal{M}$ contient une coupure I telle que $a \in I \subset b$ et $\mathcal{M}\restriction I \models T$.

Supposons que T contient $KP^* + \infty$; alors on a de plus les résultats suivants :

b) Il n'existe pas d'ω-modèle non standard minimal de T.

c) Si Y est une indicatrice pour T au sens du (a), alors $\forall a \forall \alpha\ \exists b\ Y(a,b) > \alpha$ est vrai dans tout modèle standard de T ; mais tout ω-modèle non standard de T contient une coupure qui satisfait à la fois T et la négation de $\forall a \forall \alpha\ \exists b\ Y(a,b) > \alpha$. En conséquence, si T admet un modèle standard, alors cet énoncé est ω-indépendant de T : il n'est pas ω-conséquence de T (c'est-à-dire on ne peut le déduire de T même en utilisant l'ω-règle), mais cependant il est ω-consistant avec T (c'est-à-dire que si on l'adjoint à T on ne peut en déduire de contradiction, même en utilisant l'ω-règle).

c') On peut renforcer la fin de (c) de la manière suivante : si T admet un modèle standard, alors pour tout ordinal récursif β, l'énoncé $\forall a\ \exists b\ Y(a,b) > \beta$ est ω-conséquence de T, mais l'énoncé $\forall a\ \forall \beta$ récursif $\exists b\ Y(a,b) > \beta$ est ω-indépendant de T.

On peut noter le cas particulier de 0.3.b où $T = ZF^- + V = HC$: alors les hypothèses de 0.3.b sont largement vérifiées ; et la conclusion est le théorème dû à Friedman de non existence d'un ω-modèle non standard minimal de $ZF^- + V = HC$ (théorème dont la retraduction dans l'Arithmétique du second ordre A_2 est le résultat de A_2 ne possède pas d'ω-modèle minimal, [Fr 2]). Le théorème 0.3 b) permet d'étendre le résultat de Friedman aux théories arithmétiques qui interprètent KP^*, et ainsi de répondre à une question posée par Simpson [Si]. J. Quinsey a de son côté montré que la méthode de preuve de Friedman, fort proche d'ailleurs de celle des indicatrices, s'applique à toute théorie contenant $ACA_0 + \Sigma_1^1 - BI$, cf. [Q].

0.4. REMARQUES - a) Un autre cas particulier de 1.3 et 1.8 est celui où l'on ajoute négation de l'axiome de l'infini à T_0 et à T ; comme déjà mentionné dans un N.B. ci-dessus, vu l'interprétation réciproque bien connue entre modèles de la Théorie des ensembles finis et modèles de l'Arithmétique, T_0 ainsi étendu se ramène à $I\Sigma_1$ et les théorèmes 1.3 et 1.8 se ramènent à ceux de 0.2.

b) Un autre cas est celui où l'on considère des modèles non ω-standards (au contraire de 0.3), mais où l'on adjoint à T_0 et T l'axiome de l'infini (au contraire de 0.4.a). On a alors des résultats similaires à 0.2, pour des modèles dont les entiers sont non standards, mais quand les coupures se situent dans les ordinaux infinis du modèle.

Enfin un autre cas particulier des théorèmes 1.3 et 1.8 étend 0.3 au cas où l'on remplace ω par un ordinal $\alpha \geq \omega$:

0.5 THEOREME - Soit α un ordinal standard, α^+ le premier ordinal $>\alpha$ qui est admissible, c'est-à-dire tel que L_{α^+} satisfait KP. Soit $\varphi_{\alpha+1}$ la formule canonique de $\mathcal{L}_{\infty\omega}$ telle qu'un modèle $\mathfrak{M}$ satisfait $\varphi_{\alpha+1}$ si et seulement si α est élément de $\mathfrak{M}$ (à l'isomorphisme près) ; ainsi en particulier $\mathfrak{M}$ satisfait $\varphi_{\omega+1}$ si et seulement si $\mathfrak{M}$ est un ω-modèle. Soit enfin T une théorie dans $\mathcal{L}_{\infty\omega}$ qui est un sous-ensemble Δ de L_{α^+} et contient $\varphi_{\alpha+1}$.

a) Si α est dénombrable et $\mathfrak{M}$ un modèle dénombrable non standard de $T_0 + \varphi_{\alpha+1}$, alors il existe une indicatrice pour T dans $\mathfrak{M}$.

b) Si α est dénombrable et T contient KP*, alors T n'a pas de modèle minimal non standard.

c) Si α est dénombrable et Y une indicatrice comme en (a), alors tout modèle standard de T vérifie l'énoncé $\forall a\ \forall\alpha\ \exists b\ Y(a,b) > \alpha$, en revanche tout modèle non standard de T contient une coupure vérifiant T et la négation de cet énoncé.

c') Pour tout ordinal $\alpha > \omega$, même non dénombrable, si T a un modèle standard contenant α, alors pour tout ordinal $\beta < \alpha^+$, l'énoncé $\forall a\ \exists b\ Y(a,b) > \beta$ est conséquence formelle de T, mais l'énoncé $\forall a\ \forall\beta < \alpha^+\ \exists b\ Y(a,b) > \beta$ ne l'est pas (ces deux énoncés peuvent être formulés à l'aide de $\varphi_{\alpha+1}$; les conséquences formelles désignant ici les conséquences l'aide des règles de déduction pour $\mathcal{L}_{\infty\omega}$, [D].

N.B. a) Lorsqu'on prend $\alpha = \omega$, on retrouve une reformulation de 0.3 dans laquelle on autorise que T soit une théorie dans $\mathcal{L}_{\omega_1\omega}$, Δ dans $L_{\omega_1^{ck}}$, au lieu d'une théorie Π_1^1 dans $\mathcal{L}_{\omega\omega}$.

b) 0.5 peut paraître une généralisation gratuite de 0.3. Mais il ne coûte pas plus cher à montrer que 0.3, et la généralité et l'uniformité de cette extension de 0.2, nous paraît susceptible de conduire à une nouvelle extension plus intéressante, genre "passage à l'ordre supérieur". D'autre part, il s'en déduit la généralisation qui suit du théorème d'incomplétude de Kirby-Paris 0.1.c :

0.6. THEOREME - Soit T une théorie contenant KP* + ∞ + Schéma de compréhension $\sum$, et représentable dans les modèles de T ; et soit Y une indicatrice pour T dans les modèles de T. Alors

$$T \vdash \forall\alpha\ \forall a\ \exists b\ Y(a,b) > \alpha \leftrightarrow 1 - \mathrm{Cons}(T+RE) \ ;$$

où 1-Cons(T+RE) est la formule qui, interprétée dans un modèle $\mathfrak{N}$, exprime naturellement la consistance formelle de la théorie $T \cup EE(\mathfrak{N}) \cup \Pi_1(\mathfrak{N})$; $EE(\mathfrak{N})$ étant la théorie dans $\mathcal{L}_{\infty\omega}$ dont les modèles sont les extensions finales de $\mathcal{U}$, et $\Pi_1(\mathcal{N})$ désignant l'ensemble des formules Π_1 à paramètres dans $\mathcal{N}$ et vraies dans $\mathcal{N}$.

0.7 NOTATIONS - La théorie T_0.

Elle comporte les axiomes suivants :

Extensionnalité, axiomes de la paire et de la réunion. Axiomes de fondement : tout ensemble non vide d'ordinaux a un plus petit élément, et tout ensemble x a un rang, le rang r(x), vérifiant la relation de récurrence : $r(x) = \sup \{r(y) + 1 : y \in x\}$. Existence de la cloture transitive de x, pour tout ensemble x.
Schéma d'induction Δ_0 : si α est un ordinal, x un ensemble, $\varphi(u,v)$ une formule Δ_0, il existe une (et une seule) fonction $f : \alpha \to \mathcal{P}(x)$ telle que

$$\forall \beta < \alpha \quad f(\beta) = \{u \in x : \varphi(u, f \upharpoonright \beta)\}.$$

Enfin schéma de compréhension Δ_0.

N.B. Pour donner quelques exemples : les modèles de ZF ou de KP satisfont T_0, mais T_0 est évidemment plus faible, ne comportant pas les schémas de collection Δ_0 et de fondement. Ainsi T_0 est vérifié dans tous les modèles standards de la forme $\bigcup_{a \in A} L_\lambda[a]$, où λ est un ordinal limite et A une collection transitive close par paires, réunion et cloture transitive. Un autre cas important est constitué par les modèles naturellement associés aux modèles de l'Arithmétique du second ordre vérifiant la théorie ATR_0 (cf. [Fr 2] : si $(\mathcal{N}, \mathcal{C})$ est un modèle de cette théorie, où $\mathcal{N}$ est le modèle de l'Arithmétique du 1er ordre, et $\mathcal{C}$ la classe de sous-ensembles de $\mathcal{N}$ qui interprète les variables du second ordre, alors $(\mathcal{N}, \mathcal{C})$ "code" un modèle $\mathcal{M}$ de théorie des ensembles, de la manière suivante. La collection

$$\mathcal{E} = \{R \in \mathcal{C} : (\mathcal{N}, \mathcal{C}) \models \text{R est une relation binaire extensionnelle et bien fondée sur } \mathcal{N}\}$$

forme une famille inductive lorsqu'elle est munie des morphismes $f_{RR'}$, où R et $R' \in \mathcal{C}$, $f_{RR'} \in \mathcal{C}$ et $(\mathcal{N}, \mathcal{C}) \models f_{RR'}$ est un isomorphisme de la relation R sur une partie transitive de la relation R'. Quand $\mathcal{M}$ est la limite inductive de cette famille, on voit aisément que $\mathcal{M}$ vérifie les axiomes de T_0. Moyennant quoi on pourrait reformuler le théorème 1.9 ci-dessous, d'existence d'indicatrices dans les modèles de théorie des ensembles, en un théorème pour les théories arithmétiques, valable dans les modèles de ATR_0.

De la construction de $\mathcal{M}$ résulte également :

0.8 PROPOSITION - Les théories suivantes sont biinterprétables : ATR_0 et $T_0 + \infty +$ "tout ensemble est au plus dénombrable" + "tout bon ordre est isomorphe à un ordinal".

Noter que T_0 est cependant beaucoup plus faible que ATR_0, puisque ses modèles standards ont pour hauteur n'importe quel ordinal limite.

Pour finir, nous posons la question de savoir si l'existence d'indicatrice pour ATR_0 qui résulte du Théorème 1.2 et de la Proposition 0.8 entraîne la non-existence d'ω-modèle minimal de ATR_0 ; nous notons par ailleurs que l'existence d'indicatrices permet de construire une formule ω-indépendante de ATR_0 à la façon de Kirby-Paris.

§1. APPLICATIONS DES INDICATRICES EN THEORIE DES ENSEMBLES.

Pour commencer, nous rappelons quelques notations. Si $\mathcal{M} = (\mathcal{M}, \epsilon_{\mathcal{M}})$ est un modèle quelconque de l'axiome d'extentionnalité, nous notons $ps(\mathcal{M})$ la partie standard de $\mathcal{M}$, c'est-à-dire la restriction de $\mathcal{M}$ à sa partie bien fondée dans V. Comme d'habitude, nous identifions $ps(\mathcal{M})$ avec l'ensemble transitif standard qui lui est isomorphe.

En particulier les ordinaux au sens de $\mathcal{M}$ qui sont éléments de $ps(\mathcal{M})$ sont des ordinaux standards, et l'ensemble de ces ordinaux standards est un ordinal standard noté $ops(\mathcal{M})$ qui a les caractérisations suivantes :

$$ops(\mathcal{M}) = On^{\mathcal{M}} \cap ps(\mathcal{M}) = On \cap \mathcal{M} = \text{premier ordinal standard non dans } \mathcal{M} =$$

rang de l'ensemble (au sens standard, mais pas au sens de $\mathcal{M}$) $ps(\mathcal{M})$.

Sauf indication contraire lorsque nous parlons d'une classe ou d'une définition Δ_0, Δ, Σ ou Π dans $\mathcal{M}$, nous autorisons les éléments de $\mathcal{M}$ à figurer en paramètres dans la définition. Lorsque A,B sont des ensembles munis de relations ϵ_A, ϵ_B indiquées par le contexte, on écrit $A \subset^e B$ ou encore "B est extension finale de A", si $(A,\epsilon_A) \subset (B,\epsilon_B)$ et si de plus A est une partie transitive pour la relation ϵ_B.

Soit $\mathcal{M}$ un modèle dénombrable de la théorie T_0 ; nous rappelons qu'une coupure de $\mathcal{M}$ est une partie transitive I de $\mathcal{M}$ telle que tout élément c de I a son rang au sens de $\mathcal{M}$ également dans I, et de plus "I témoigne que $\mathcal{M}$ est non standard", en ce sens que $On^{\mathcal{M}} \setminus I$ ne possède pas de plus petit élément. Le modèle $\mathcal{M} \upharpoonright I$ sera simplement noté I.

1.1. DEFINITIONS - Sauf indication contraire, $\mathcal{L}$ désigne le langage de la théorie des ensembles. Nous considérons une théorie $T \subset \mathcal{L}_{\omega_1\omega}$ qui est représentable dans $\mathcal{M}$, au sens suivant : $T \subset ps(\mathfrak{M})$, et <u>soit</u> $T \in \mathfrak{M}$, <u>soit</u> il existe une famille d'ensembles $(T_\alpha)_{\alpha<\mu}$ élément de $\mathfrak{M}$, ou $(T_\alpha)_{\alpha\in On}$, Δ-définissable dans $\mathfrak{M}$, telle que $T = \cup(T_\alpha)_{\alpha<ops(\mathfrak{M})}$ (ce dernier cas est réalisé notamment chaque fois que T est une théorie Δ dans L_γ, $\gamma = ops(\mathfrak{M})$).

Une <u>indicatrice</u> <u>pour</u> T <u>dans</u> $\mathfrak{M}$ est une fonction $Y : \mathfrak{M}^2 \to On$ qui est Δ dans $\mathfrak{M}$ et vérifie pour tous a,b dans $\mathfrak{M}$ avec $a \in b \subset^e \mathfrak{M}$:

$$Y(a,b) \text{ est non standard (noté } Y(a,b) > ops(\mathfrak{M}))$$

si et seulement si il existe une coupure I telle que $I \models T$ et $a \in I \subset b$.

Le théorème qui suit est la généralisation annoncée du théorème 0.1.a de Kirby-Paris.

1.2 <u>THEOREME</u> - Si $\mathfrak{M}$ est un modèle dénombrable non standard de T_o, alors pour toute théorie T qui est représentable dans $\mathfrak{M}$ (au sens de 1.1), il existe une indicatrice Y pour T dans $\mathfrak{M}$. De plus cette indicatrice Y existe uniformément en $\mathfrak{M}$: c'est-à-dire que la définition Δ de Y (avec T en paramètre) peut être choisie indépendante de $\mathfrak{M}$.

Nous démontrerons au §2 ce théorème. Ici nous l'admettons et nous en examinons les conséquences, pour les théories T qui contiennent KP*.

1.3 <u>LEMME</u> - Soient $\mathfrak{M}$ un modèle dénombrable de KP*, et T_1 un ensemble de formules de $\mathcal{L}_{\omega_1\omega}$ à paramètres dans $\mathfrak{M}$, tel que $\mathfrak{M}$ satisfait T_1 et T_1 est la partie standard d'une classe $\sum$ dans $\mathfrak{M}$. Alors $\mathfrak{M}$ admet une extension finale $\mathfrak{M}_1$, qui satisfait encore T_1 et possède un élément B tel que $\mathfrak{M} \subset^e B$.

<u>Preuve</u> : Nous ajoutons à $\mathcal{L}$ les constantes d'individu $\underline{B}$ et, pour tout $m \in \mathfrak{M}$, $\underline{m}$; soit alors φ_m la formule de $\mathcal{L}_{\omega_1\omega}$: $\forall x\ [x \in \underline{m} \leftrightarrow W\{x = \underline{a} : a \text{ tel que } \mathfrak{M} \models a \in m\}]$; et soit $EE(\mathfrak{M},\underline{B})$ l'ensemble $\{\underline{m} \in \underline{B} \wedge \varphi_m : m \in \mathfrak{M}\}$. Il est clair qu'il existe un modèle $\mathfrak{M}_1$ vérifiant la conclusion du lemme si et seulement la théorie $T_1 \cup EE(\mathfrak{M},\underline{B})$ est consistante.

Pour montrer cette consistance, nous supposons d'abord $\mathfrak{M}$ standard ; alors $\mathfrak{M}$ est admissible, est dénombrable, et $T_1 \cup EE(\mathfrak{M},\underline{B})$ est une théorie $\sum$ dans $\mathfrak{M}$. Par le théorème de compacité de Barwise, pour que cette théorie soit consistante il suffit que toute partie "$\mathfrak{M}$-finie" $\mathfrak{B}$ de cette théorie ait un modèle ; soit donc $\mathfrak{B} \in \mathfrak{M}$

tel que $\circledast \subset T_1 \cup EE(\mathfrak{M},\underline{B})$. Et soit B_0 l'ensemble des éléments $m \in \mathfrak{M}$ tels que $\underline{m}$ figure dans $\circledast$. En interprétant $\underline{B}$ par B_0 et $\underline{m}$ par m pour chaque m, on enrichit $\mathfrak{M}$ en un modèle qui vérifie T_1 par hypothèse, et vérifie trivialement toutes les formules de la forme φ_m, ou $\underline{m} \in \underline{B}$, qui figurent dans $\circledast$. Donc $\circledast$ a un modèle et le lemme est démontré dans le cas où $\mathfrak{M}$ est standard.

Pour montrer que la théorie $T_1 \cup EE(\mathfrak{M},\underline{B})$ est consistante dans le cas où $\mathfrak{M}$ est non standard, nous utilisons le "théorème de compacité pour les admissibles non standards" de Barwise, [B] :

1.4 <u>THEOREME</u> - Soit $c(\varphi)$ la complexité de la formule infinie φ, définie par les clauses de récurrence usuelles, notamment $c(\bigvee\Phi) = \mathrm{Sup}_{\varphi\in\Phi}\, c(\varphi) + 1$. Soit $\mathfrak{M}$ un modèle dénombrable de KP^*, et Φ une théorie dans $\mathscr{L}_{\omega_1\omega}$ qui est la partie de complexité standard d'une classe $\sum$ dans $\mathfrak{M}$ que nous notons $\mathcal{C}$: $\Phi = \{\varphi \in \mathcal{C} ; c(\varphi) < ops(\mathfrak{M})\}$. Si pour tout $\circledast \in \mathfrak{M}$ tel que $\circledast \subset \mathcal{C}$, l'ensemble $\circledast \cap \Phi = \{\varphi \in \circledast : c(\varphi) < ops(\mathfrak{M})\}$ est consistant, alors Φ l'est également.

Nous appliquons ceci quand $\Phi = T_1 \cup EE(\mathfrak{M},\underline{B})$ et $\mathcal{C} = \mathscr{C} \cup EE(\mathfrak{M},\underline{B})$, où $T_1 = \mathscr{C} \cap ps(\mathfrak{M}$ Soit alors $\circledast \in \mathfrak{M}$ tel que $\circledast \subset \mathcal{C}$, donc $\circledast \cap ps(\mathfrak{M}) = \circledast \cap (T_1 \cup EE(\mathfrak{M},\underline{B}))$. Exactement comme dans le cas où $\mathfrak{M}$ était standard, on montre que $\{\varphi \in \circledast : c(\varphi) < ops(\mathfrak{M})\}$ possède un modèle ; par 1.4 il en est de même de $T_1 \cup EE(\mathfrak{M},\underline{B})$, ce qui achève la preuve du lemme 1.3.

<u>1.3.bis</u> - On peut renforcer la conclusion du lemme 1.3, en demandant que $\mathfrak{M}$ soit une coupure dans $\mathfrak{M}_1$.

<u>Preuve</u> : Nous supposons d'abord $\mathfrak{M}$ standard, et nous considérons à nouveau la théorie $T_1 \cup EE(\mathfrak{M},\underline{B})$ qui caractérise les modèles $\mathfrak{M}_1$ satisfaisant la conclusion de 1.3. Cette théorie est $\sum$ dans l'ensemble admissible $\mathfrak{M}$, elle est consistante par le lemme 1.3, donc elle a un modèle $\mathfrak{M}_1$ qui est $\sum$-saturé vis à vis de l'admissible $\mathfrak{M}$ (cf. [R] ou [Ma] pour la notion de $\sum$-saturation). Supposons que $\mathfrak{M}$ n'est pas une coupure de $\mathfrak{M}_1$: il existe donc $\gamma \in On^{(\mathfrak{M}_1)}$ tel que $\sup On^{(\mathfrak{M})} = \gamma$.

Considérons le type

$$p(v) = \{ \underline{\nu} < v < \underline{\gamma} : \nu \in On^{(\mathfrak{M})}\} .$$

C'est un ensemble de formules qui est $\mathfrak{M}$-finiment satisfaisable dans le modèle $(\mathfrak{M}_1,\gamma)$: autrement dit, si $\circledast(v) \in \mathfrak{M}$ et $\circledast(v) \subset p(v)$, alors $\mathfrak{M}_1 \models \exists v \bigwedge\!\!\!\bigwedge \circledast(v)$. En effet tout élément $\mu \in On^{\mathfrak{M}}$ tel que $\mu > \{\nu \in \mathfrak{M} : \underline{\nu}$ figure dans $\circledast(v)\}$ satisfait $\circledast(\mu)$ dans $\mathfrak{M}_1$. Par définition de la Σ-saturation de $\mathfrak{M}_1$, $p(v)$ est alors réalisé par $\gamma' \in \mathfrak{M}_1$: ainsi $On^{\mathfrak{M}} < \gamma' < \gamma$, contredisant la définition de γ. Donc $\mathfrak{M}$ est bien une coupure dans $\mathfrak{M}_1$.

Nous supposons cette fois que $\mathfrak{M}$ est non standard ; la démonstration est quasi identique, la seule différence consiste à construire $\mathfrak{M}_1$ Σ-saturé vis-à-vis non pas de $\mathfrak{M}$, mais de l'admissible Cov($\mathfrak{M}$), dont l'existence et les propriétés sont énoncées ci-dessous - cf. [B].

1.7 - Pour tout modèle non standard $\mathfrak{M}$ de KP^*, il existe un ensemble standard Cov($\mathfrak{M}$), pourvu des propriétés suivantes :

a) Cov($\mathfrak{M}$) est admissible dans un langage $\mathcal{L}' \supset \mathcal{L}$; ce langage $\mathcal{L}'$ permet de définir, d'une façon Δ_0 dans Cov($\mathfrak{M}$), une structure $\mathfrak{M}'$ isomorphe à $\mathfrak{M}^{(*)}$.

b) Via cet isomorphisme, chaque classe Σ dans $\mathfrak{M}$ s'identifie avec une partie de $\mathfrak{M}'$ qui est une classe Σ dans Cov($\mathfrak{M}$), et réciproquement.

c) De même chaque élément $a \in \mathfrak{M}$ s'identifie avec un élément $a' \in$ Cov($\mathfrak{M}$) tel que Cov($\mathfrak{M}$) $\models a' \subset \mathfrak{M}'$, et réciproquement.

Soit donc $\mathfrak{M}_1$, modèle Σ-saturé vis à vis de Cov($\mathfrak{M}$), de la théorie $T_1 \cup EE(\mathfrak{M},\underline{B})$: $\mathfrak{M}_1$ existe parce que Cov($\mathfrak{M}$) est admissible -cf. 1.7.a, et parce que cette théorie est Σ dans Cov($\mathfrak{M}$) -vu 1.7.b. On montre que $\mathfrak{M}$ est une coupure de $\mathfrak{M}_1$ en supposant le contraire et en considérant γ et $p(v)$ comme ci-desus : 1.7.b entraîne que $p(v)$ reste Σ dans Cov($\mathfrak{M}$), et 1.7.c entraîne que tout sous-ensemble "Cov($\mathfrak{M}$)-fini" de $p(v)$ est aussi "$\mathfrak{M}$-fini". Donc vu que $p(v)$ est $\mathfrak{M}$-finîment satisfaisable (même démonstration que dans le cas où $\mathfrak{M}$ est standard), $p(v)$ reste "Cov($\mathfrak{M}$)-finîment satisfaisable" ; et par Σ-saturation il est satisfait un élément γ' de $\mathfrak{M}_1$, ce qui contredit le choix de γ - fin de la preuve.

Remarque - Le Théorème 1.4, de compacité pour $\mathfrak{M}$ non standard, se déduit en appliquant à Cov($\mathfrak{M}$), de façon semblable, le théorème de compacité pour les admissibles standards.

Pour appliquer ce qui précède, nous avons besoin de la condition suivante sur T :

1.1^* Représentabilité uniforme de T. Nous supposons que pour tout modèle $\mathfrak{M}$ de T,

---

(*) $\mathfrak{M}'$ est l'ensemble des urelements de Cov($\mathfrak{M}$), mais peu nous importe ici.

T vérifie la condition 1.1 de représentabilité de T dans $\mathcal{M}$; et ce de façon uniforme, c'est-à-dire la définition de $\mathcal{M}$T dans $\mathcal{M}$, ou celle de la famille (T_α) telle que $T = \bigcup_{\alpha<ops(\mathcal{M})} T_\alpha$, ne dépend pas du modèle $\mathcal{M}$.

1.8 <u>COROLLAIRE</u> - Soit T une théorie dénombrable dans $\mathcal{L}_{\omega_1\omega}$, vérifiant la représentabilité uniforme et contenant KP^* ; soit Y une indicatrice pour les coupures I vérifiant T, dans les modèles $\mathcal{M}$ de T (l'indicatrice Y existe par le Théorème 1.2, puisque tout modèle $\mathcal{M}$ de T vérifie T_0). Alors

a) Tout modèle standard de T vérifie l'énoncé : $\forall\alpha\ \forall a\ \exists b\ Y(a,b) > \alpha$. Et tout modèle non standard $\mathcal{M}$ de T vérifie :

$$\forall\alpha\ \forall a\ \exists b\ Y(a,b) > ps(\mathcal{M})\ .$$

b) La théorie T n'a pas de modèle non standard minimal.

c) Si T a un modèle standard, alors l'énoncé $\forall\alpha\ \forall a\ \exists b\ Y(a,b) > \alpha$ est consistant avec T mais n'est pas conséquence de T.

<u>Preuve</u> : a) Nous supposons $\mathcal{M}$ dénombrable, car le cas non dénombrable s'en déduit facilement par un "argument d'absoluité". Soient $a \in \mathcal{M}$, $\alpha < osp(\mathcal{M})$, et supposons que $\mathcal{M}$ vérifie la formule $\forall b\ Y(a,b) < \alpha$. Appliquant le lemme 1.3bis quand T_1 est constitué de T et de $\forall b\ Y(a,b) < \alpha$, nous en obtenons un modèle $\mathcal{M}_1$, et un point $B \in \mathcal{M}_1$ tel que $\mathcal{M} \subset^e B$ et $\mathcal{M}$ est une coupure de $\mathcal{M}_1$. Dans $\mathcal{M}_1$, pour tout $b \supset B$, il existe une coupure I satisfaisant T, et telle que $a \in I \subset b$: à savoir $I = \mathcal{M}$. Donc $Y^{\mathcal{M}_1}(a,b) > ops(\mathcal{M}_1) = ops(\mathcal{M}) > \alpha$, et $\mathcal{M}_1$ satisfait $Y(a,b) > \alpha$, pour tout b transitif $\supset B$, ce qui contredit $\forall b\ Y(a,b) < \alpha$. Nous avons donc montré que $\mathcal{M} \models \exists b\ Y(a,b) > \alpha$, pour tout $\alpha < ops(\mathcal{M})$; dans le cas où $\mathcal{M}$ est standard, cela montre bien l'énoncé $\forall\alpha\ \exists b\ Y(a,b) > \alpha$ cherché. Et dans le cas non standard, cela montre l'existence de $\nu > ops(\mathcal{M})$ tel que $\mathcal{M} \models \exists b\ Y(a,b) > \nu$: sinon cette propriété $\exists x\ Y(a,x) > \nu$) définirait exactement les ordinaux standards ν de $\mathcal{M}$, de manière Σ, contredisant le schéma de fondement π. D'où (a).

b) Soit $\mathcal{M}$ un modèle non standard de T, et soit a un élément non standard de $\mathcal{M}$; par (a), il existe b tel que $Y(a,b) > ops(\mathcal{M})$. Si $\mathcal{M}$ n'est pas dénombrable, il n'est pas minimal en vertu du Théorème de Loewenheim Skolem ; et s'il l'est, de la propriété $Y(a,b) > ops(\mathcal{M})$ on déduit l'existence d'une coupure I satisfaisant T, telle que

$a \in I$ - donc I n'est pas standard- et $I \subset b$ - donc $I \neq \mathcal{M}$ et $\mathcal{M}$ n'est pas minimal.

c) Puisque T a un modèle standard, nous avons vu en (a) que T est consistant avec l'énoncé $\forall\alpha\ \forall a\ \exists b\ Y(a,b) > \alpha$; et aussi que T possède par ailleurs un modèle non standard, car le modèle $\mathfrak{M}_1$ construit en (a) possède une coupure donc est non standard. Soit alors $\mathfrak{M}$ un modèle non standard dénombrable de T ; et soient $\nu, b \in \mathfrak{M}$ tels que $\nu > ops(\mathfrak{M})$ et $Y(\nu,b) > ops(\mathfrak{M})$ - l'existence de b résulte de (a). Nous supposerons que notre indicatrice Y(a,b) est croissante par rapport à b : $b \subset b'$ entraîne $Y(a,b) \leq Y(a,b')$; mais si ce n'était pas le cas, le raisonnement ci-dessous resterait valide en utilisant par endroit $\max\limits_{y' \subset y} Y(x,y')$ au lieu de Y(x,y). Pour chaque ordinal γ, $b_\gamma = b \cap V_\gamma^{(\mathfrak{M})}$ est élément de $\mathfrak{M}$; soit alors γ défini par : γ = rang de b si $Y(\nu,b) < \nu$, et sinon γ = plus petit ordinal tel que $Y(\gamma,b_\gamma) \geq \nu$. Du fait que $Y(\nu,b_\gamma) > ops(\mathfrak{M})$, il existe une coupure I telle que $I \models T$ et $\nu \in I \subset b_\gamma$. Comme $On^{\mathfrak{M}} \backslash I$ est une coupure, il existe γ' tel que $\gamma' \notin I$ et $\gamma' < \gamma$; et comme I est clos par l'application rang, $\gamma' \notin I$ et $I \subset b_\gamma$ entraînent $I \subset b_{\gamma'}$. De plus $\gamma' < \gamma$ entraîne $Y(\nu,b_{\gamma'}) < \nu$. Ayant supposé Y croissante, nous en déduisons : $\forall c \in I \;\; Y^{\mathfrak{M}}(\nu,c) < \nu$, d'où puisque Y est Δ et $I \subset^e \mathfrak{M}$,

$$I \models \forall c \; Y(\nu c) < \nu.$$

I est donc un modèle de T ne satisfaisant pas $\forall\alpha \; \forall a \; \exists b \; Y(a,b) > \alpha$, ce qui montre (c).

Remarque : Ce dernier argument ne diffère guère de celui de Kirby-Paris, voir Proposition 1 de [P].

Nous terminons ce §1 en déduisant des résultats ci-dessus la conséquence 0.3 énoncée dans l'introduction.

Preuve de 0.3 - (a) Soit T une théorie Π_1^1 dans $\mathcal{L}_{\omega\omega}$; alors T est une théorie Σ dans L_{ω^+}, premier admissible contenant ω. Il en est de même de $T \cup \{\varphi_{\omega+1}\}$; et une astuce bien connue, dite de Craig, entraîne que cette théorie Σ équivaut à une théorie T', qui est Δ dans L_{ω^+}. D'autre part tout ω-modèle $\mathfrak{M}$ de KP* + ∞ contient L_{ω^+} par le lemme de Ville ; moyennant quoi T' est représentable dans $\mathfrak{M}$, et T' est représentable dans tout modèle de T', au sens de 1.1*. Donc le Théorème 1.2 s'applique à T' ; par 1.2.a il existe une indicatrice pour T' dans $\mathfrak{M}$, qui est aussi une indicatrice pour les ω-modèles de T puisque T' équivaut à $T \cup \{\varphi_{\omega+1}\}$.

Et (b) et le début de (c) résultent de la même manière du Corollaire 1.8, (b) et (c) ; la fin du (c) n'est qu'une retraduction du début, moyennant le théorème d'ω-complétude.

Reste à voir (c') ; en appliquant la fin du Corollaire 1.8.a à T', on déduit que tout ω-modèle $\mathfrak{M}$ de T vérifie $\forall a \; \exists b \; Y(a,b) > ops(\mathfrak{M})$. Ou par le lemme de Ville,

$ops(\mathcal{M}) \geq \omega^+$, d'où la première partie de (c').

Nous abordons la deuxième partie de (c') et montrons d'abord que pour tout ordinal récursif β, l'énoncé $\forall a \exists b\ Y(a,b) > \beta$ est ω-conséquence de T : on sait que les ordinaux standards récursifs sont les ordinaux $\beta < \omega^+$; on a vu plus haut que $\omega^+ \leq ops(\mathcal{M})$, dans tout ω-modèle $\mathcal{M}$ de T ; enfin par (c) on sait que $\mathcal{M} \models \forall a \exists b\ Y(a,b) > ops(\mathcal{M})$. D'où résulte, pour tout β récursif, que $\forall a \exists b\ Y(a,b) > \beta$ est vrai dans tout ω-modèle $\mathcal{M}$ de T, donc est ω-conséquence de T, vu le Théorème d'ω-complétude.

Nous supposons que T a un modèle standard - c'est l'hypothèse de (c'), et montrons que l'énoncé

$$\forall a\ \forall \beta \text{ récursif } \exists b\ Y(a,b) > \beta$$

est ω-indépendant de T ; tout d'abord il est vrai dans le modèle standard de T, puisque par (c) celui-ci satisfait $\forall a\ \forall \beta\ Y(a,b) > \beta$. Donc par ω-complétude, il est ω-consistant avec T. Reste à voir qu'il n'est pas ω-conséquence de T, en construisant un ω-modèle I de T, contenant des éléments a,ν et vérifiant :

$I \models \nu$ est un ordinal récursif $\wedge \forall b\ Y(a,b) < \nu$. Pour cela nous rappelons la preuve du Corollaire 1.8.c : dans cette preuve, à partir d'un modèle $\mathcal{M}$ contenant des éléments ν,b tels que $\nu > ops(\mathcal{M})$ et $Y(\nu,b) > ops(\mathcal{M})$, nous avons obtenu une coupure I telle que $\nu \in I$, $I \models T$ et enfin $I \models \forall b\ Y(\nu,b) < \nu$. Comme $I \subset^e \mathcal{M}$, si le modèle $\mathcal{M}$ de départ satisfaisait "ν est un ordinal récursif", cela restera vrai dans I et achèvera notre démonstration. Donc celle-ci sera terminée une fois justifié le

<u>FAIT</u> - Il existe un ω-modèle $\mathcal{M}$ de T, contenant des éléments ν,b tels que

$\mathcal{M} \models \nu$ est un ordinal récursif,

et

$\nu > ops(\mathcal{M})$ et $Y(\nu,b) > ops(\mathcal{M})$.

<u>Preuve du Fait</u> - Nous souvenant que les ordinaux standards récursifs sont les $\beta < \omega^+$, nous posons $T_1 = T \cup \{\varphi_{\omega+1} \wedge \underline{\nu}$ est récursif $\wedge\ \beta < \underline{\nu} \wedge \beta < Y(\underline{\nu},\underline{b})$; $\beta < \omega^+\}$. Cette théorie T_1 est Σ dans l'admissible L_{ω^+}, et elle est L_{ω^+}-finiment satisfaisable. En effet soit $\Phi \subset T_1$ tel que $\Phi \in L_{\omega^+}$, et soit $\beta_0 < \omega^+$ majorant tous les ordinaux β mentionnés dans Φ. Nous obtenons un modèle de Φ en prenant un ω-modèle $\mathcal{M}_0$ de T (il en existe par hypothèse), tel que $ops(\mathcal{M}_0) = \omega^+$ (c'est possible par le lemme 1.3.bis). $\mathcal{M}_0$ contient ω^+, donc $\beta_0 \in \mathcal{M}_0$; et par (c) on trouve $b \in \mathcal{M}_0$ tel que

$Y(\beta_0,b) > ops(\mathcal{M})$. Alors si l'on pose $\underline{\nu}^{(\mathcal{M}_0)} = \beta_0$ et $\underline{b}^{(\mathcal{M}_0)} = b$, on obtient un modèle de ®.

Ainsi la théorie T_1 est consistante, par le Théorème de compacité de Barwise. Soit alors $\mathcal{M}$ un modèle de T_1 tel que $ops(\mathcal{M}) = \omega^+$ - $\mathcal{M}$ existe par le Lemme 1.3.bis. Les éléments $\nu = \underline{\nu}^{(\mathcal{M})}$ et $b = \underline{b}^{(\mathcal{M})}$ vérifient les conditions requises dans le Fait, en vertu de la théorie T_1 et de la circonstance $ops(\mathcal{M}) = \omega^+$.

La preuve de 0.5 est tout à fait semblable à celle de 0.3, et celle de 0.6 à celle que nous donnerons du Théorème 3.7. Nous omettons ces deux preuves.

§2. LA CONSTRUCTION D'INDICATRICES ANALYTIQUES.

(A) L'ANALYSE INDUCTIVE DES EXTENSIONS DE MODELES.

Soient M un modèle d'un langage quelconque $\mathcal{L}$, $\mathcal{T}$ une théorie dans $\mathcal{L}'_{\infty\omega}$, où $\mathcal{L}'$ est un langage plus riche que $\mathcal{L}$; cette analyse inductive que nous allons rappeler, fournit une condition nécessaire et suffisante pour que M s'enrichisse en un modèle de $\mathcal{T}$, c'est-à-dire : il existe M' tel que $M' \models \mathcal{T}$ et $M' \upharpoonright \mathcal{L} = M$. Dans (A), cette analyse est faite en se plaçant dans l'univers standard ; puis dans (B), nous remplaçons celui-ci par un modèle non standard $\mathcal{M}$, tel que $M \in \mathcal{M}$ et $\mathcal{T}$ est représentable dans $\mathcal{M}$. Et nous relativiserons à $\mathcal{M}$ l'analyse du (A) ; cette relativisation nous permettra de démontrer le Théorème 1.2, d'existence d'indicatrices dans $\mathcal{M}$.

Notre analyse inductive consiste à montrer d'abord une partie du théorème de forme normale de Svenonius-Vaught (cf. [S] et [V]), qui ramène notre problème d'enrichir $\mathcal{M}$ en modèle de $\mathcal{T}$ à un "jeu fermé" G^0. Puis à faire l'analyse ordinale bien connue de ce jeu fermé. Nous rappelons ces constructions pour en disposer sous une forme adéquate à leur relativisation à un modèle $\mathcal{M}$ d'une théorie des ensembles faible , relativisation qui sera faite en (B).

Pour enrichir M en modèle de $\mathcal{T}$, on peut se servir du classique Lemme de Henkin ; en voici la forme appropriée. Soit $S = S_{\mathcal{T}}$ l'ensemble des formules closes à paramètres dans $\mathcal{M}$, qui à substitutions près sont des sous-formules de formules de $\mathcal{T}$.

2.1 - <u>LEMME</u> - Soit Φ un ensemble de formules closes de $\mathcal{L}'_{\infty\omega}$, à paramètres dans M ; on suppose que les formules de Φ sont sous forme normale (c'est-à-dire les négations n'y portent que sur des formules atomiques, et les opérations logiques sont uniquement des conjonctions, disjonctions, négations et quantifications). De plus on suppose les conditions de Hnekin suivantes :

H_1 $\bigwedge\!\!\!\!\bigwedge \Psi \in \Phi \Rightarrow \Psi \subset \Phi$

$\forall x\ \psi(x) \in \Phi \Rightarrow \{\psi(a) : a \in M\} \subset \Phi$

$H_{II}.a \begin{cases} \bigvee\!\!\!\!\bigvee \Psi \in \Phi \Rightarrow \exists \psi \in \Psi : \psi \in \Phi \\ \exists x\ \psi(x) \in \Phi \Rightarrow \exists a \in M : \psi(a) \in \Phi \end{cases}$

$H_{II}.b$ Il n'existe pas de formule θ telle que $\{\theta, \neg\theta\} \subset \Phi$.
Il n'existe pas de formule atomique ou négation d'atomique $\theta \in \Phi$, telle que $M \models \neg\theta$.

Alors Φ possède un modèle M' tel que $M' \restriction \mathcal{L} = M$. Inversement, si M' est une extension de M à $\mathcal{L}'$, alors la théorie Φ de M' dans S vérifie H_I et H_{II}.

Preuve : On reprend l'argument classique de Henkin.

Si $\mathcal{C}$ est sous-forme normale, ce que nous supposons désormais, enrichir M en modèle de $\mathcal{C}$ revient donc à construire une théorie Φ dans S, contenant $\mathcal{C}$ et vérifiant H_I et H_{II} ; notre but dorénavant est d'étudier cette construction de Φ, dans le cas où M et $\mathcal{C}$ sont dénombrables, donc Φ peut être mise sous la forme d'une suite, $\Phi = \{\varphi_n ; n \in \omega\}$. En vue de construire Φ, nous définissons l'ensemble G^0 qui est en gros celui de toutes les suites $\varphi_0, \ldots, \varphi_n$ qu'on obtient en essayant de choisir dans S les n premières formules de Φ, tout en commençant à satisfaire les conditons de Henkin pour Φ (lorsque n est pair, φ_n est choisi en vue de satisfaire une partie de H_I, et φ_{n+1} de même pour $H_{II}.a$; ceci n'explique pas toutes les particularités de la définition de G^0, mais elles s'éclaireront plus loin) :

2.2 DEFINITION DE G^0 - Supposons la suite $\varphi_0, \ldots, \varphi_{n-1}$ déjà dans G_0, et n pair ; alors

(I) $\varphi_0, \ldots, \varphi_n$ est dans G^0 si et seulement si une des conditions suivantes est réalisée :

$\varphi_n \in \mathcal{C} \cup \{\varphi_0, \ldots, \varphi_{n-1}\}$

$\varphi_n \in \Psi$, où $\bigwedge\!\!\!\!\bigwedge \Psi \in \{\varphi_0, \ldots, \varphi_{n-1}\}$

$\varphi_n = \psi(a)$, où $\forall x\ \psi(x) \in \{\varphi_0, \ldots, \varphi_{n-1}\}$ et $a \in M$

(II) Moyennant quoi, $\varphi_0, \ldots, \varphi_{n+1}$ est dans G^0 si et seulement si toutes les conditions suivantes sont réalisées :

- si $\varphi_n = \mathbb{W}\Psi$, alors $\varphi_{n+1} \in \Psi$

- si $\varphi_n = \exists x\ \psi(x)$, alors $\varphi_{n+1} = \psi(a)$ pour un $a \in M$

- si φ_n est d'une autre forme, alors $\varphi_{n+1} = \varphi_n$

- enfin la suite $\varphi_0,\ldots,\varphi_{n+1}$ ne contient pas à la fois une formule et sa négation ; et ne contient pas de formule θ qui est une formule atomique ou négation d'atomique de $\mathcal{L}$, fausse dans M.

Ayant ainsi défini G^0, nous voudrions obtenir notre théorie Φ en choisissant successivement $\varphi_0,\ldots,\varphi_n,\ldots$ de manière que pour chaque n, $\varphi_0,\ldots,\varphi_n$ soit toujours dans G^0 ; la difficulté est que certaines suites de G^0 n'ont pas de prolongements. Ceci amène à répartir les suites de G^0 en des classes G^ν (ν ordinal standard), suivant la richesse en prolongements de ces suites :

2.3 <u>DEFINITION DE G^ν</u> - G^0 est défini et pour $\nu > 1$ les éléments de G^ν sont des suites $\varphi_0,\ldots,\varphi_{n-1} \in G^0$ mais dont la longueur n est toujours paire, et qui obéissent à la clause de récurrence :

$$\varphi_0,\ldots,\varphi_{n-1} \in G^\nu \iff \forall\nu'<\nu\ \ \forall\varphi_n \text{ tel que } \varphi_0,\ldots,\varphi_n \in G^0,$$

il existe φ_{n+1} tel que $\varphi_0,\ldots,\varphi_{n+1} \in G^{\nu'}$.
(En termes imprécis, les suites de G^ν sont donc celles que l'on peut toujours prolonger une fois en une suite de $G^{\nu'}$ pour n'importe quel $\nu' < \nu$).

Notre "analyse inductive" de l'extension de M en modèle de $\mathcal{C}$ consiste à obtenir une condition nécessaire et suffisante pour cela, en utilisant la famille inductive (G^ν). Nous énonçons cette condition ci-dessous, mais nous ne la démontrons pas car nous utiliserons à la place une variante non standard, le Théorème 2.4.bis, dans laquelle ν varie sur les ordinaux d'un modèle non standard $\mathcal{M}$, au lieu des ordinaux standards.

2.4. <u>THEOREME</u> - On suppose M et $\mathcal{C}$ dénombrables ; alors

a) il existe $\nu_c < \aleph_1$ tel que

$$G^{\nu_c} = G^{\nu_c+1} = \bigcap_\nu G^\nu$$

b) M s'enrichit en modèle de $\mathcal{C}$ si et seulement si G^{ν_c} est non vide.

(B) ANALYSE INDUCTIVE ET INDICATRICES.

Nous reprenons l'étude faite en (A), en supposant que $M \in \mathfrak{M}$ et $\mathcal{C}$ est représentable dans $\mathfrak{M}$ au sens de 1.1 ; où $\mathfrak{M}$ est un modèle non standard de la théorie T_0 définie dans l'introduction.

Nous voudrions faire dans $\mathfrak{M}$ la construction des ensembles G^ν, mais si $\mathcal{C}$ n'est pas un ensemble de $\mathfrak{M}$, G^0 déjà n'en sera pas un. Aussi nous utilisons la décomposition de $\mathcal{C}$ fournie par 1.1 :

$$\mathcal{C} = \bigcup_{\alpha < ops(\mathfrak{M})} \mathcal{C}_\alpha \text{ , où } (\mathcal{C}_\alpha)_{\alpha<\mu} \in \mathfrak{M} \text{ et } \mu > ops(\mathfrak{M}) \text{ ,}$$

pour décomposer de la même manière G^0 et les G^ν :

2.2 et 2.3.bis DEFINITIONS -

a) Pour tout $\alpha < \mu$, G^0_α est défini dans $\mathfrak{M}$ par la même définition 2.2 que G^0, mais en y remplaçant $\mathcal{C}$ par $\mathcal{C}_\alpha$ (alors de $\mathcal{C} = \bigcup_{\alpha < ops(\mathfrak{M})} \mathcal{C}_\alpha$ résulte immédiatement $G^0 = \bigcup_{\alpha<ops(\mathfrak{M})} G^0_\alpha$).

b) Ayant fixé $\alpha < \mu$, la famille $(G^\nu_\alpha)^{\nu<\mu}$ est définie dans $\mathfrak{M}$ par la même clause de récurrence 2.3 que (G^ν), mais en remplaçant G^ν, $G^{\nu'}$ dans la clause par $G^\nu_\alpha, G^{\nu'}_\alpha$.

Les axiomes T_0 vérifiés par $\mathfrak{M}$ permettent de montrer que pour tout α, la famille $(G^\nu_\alpha)^{\nu<\mu}$ est élément de $\mathfrak{M}$, et que quand $\mathcal{C}$ est fixé, α parcourt μ et M parcourt $\mathfrak{M}$, cet élément de $\mathfrak{M}$ est Δ définissable dans $\mathfrak{M}$, uniformément en α et en M. En effet, la formule qui définit G^0_α est Δ_0, et de même la clause de récurrence pour G^ν_α est Δ_0 ; on a alors essentiellement à appliquer la Δ_0-compréhension et la Δ_0-induction.

Nous posons alors $Y(M) = \sup \{\nu < \mu : G^\nu_\nu \neq \phi\}$; Y est donc une fonction Δ dans $\mathfrak{M}$.

2.4.bis THEOREME - $Y(M) > ops(\mathfrak{M}) \Longleftrightarrow M$ s'enrichit en modèle de $\mathcal{C}$.

Preuve : Nous supposons $Y(M) > ops(\mathfrak{M})$; il nous est donc possible de choisir (en se plaçant hors de $\mathfrak{M}$) une suite infinie décroissante d'ordinaux de $\mathfrak{M}$:

$$Y(M) > \nu_0 > \ldots > \nu_n > \ldots \quad \text{(n entier standard)}$$

Pour la suite nous la supposons indexée par les entiers pairs seulement. Soit alors $\varphi_0,\ldots,\varphi_n,\ldots$ une suite de formules telle que pour tout n pair, $\varphi_0,\ldots,\varphi_{n-1} \in G^{\nu_{n-1}}_{\nu_{n-1}}$, de plus φ_n est choisi en appliquant la "stratégie" S_I ci-dessous et φ_{n+1} est alors choisi en appliquant la "stratégie" S_{II}.

DEFINITION DE S_I - Dans V on fixe une énumération $(\theta_n)_{n\in\omega}$, avec infinité de répartitions de S ; et l'on choisit $\varphi_n = \theta_n$ si ce choix est acceptable, c'est-à-dire si $\varphi_0,\ldots,\varphi_{n-1}, \theta_n \in G^0_{\nu_{n-1}}$. Dans le cas contraire on choisit $\varphi_n = \varphi_{n-1}$.

DEFINITION DE S_{II} - S_{II} consiste à choisir φ_{n+1} tel que $\varphi_0,\ldots,\varphi_{n+1} \in G^{\nu_{n+1}}_{\nu_{n+1}}$. Noter que comme $\nu_{n+1} < \nu_{n-1}$, la clause de récurrence 2.2.bis, qui lie G^{ν}_{α} et $G^{\nu'}_{\alpha}$ pour $\nu' < \nu$, permet toujours de choisir φ_{n+1} ainsi.

FAIT - L'ensemble $\Phi = \{\varphi_n \; ; \; n \in \omega\}$ contient $\mathscr{C}$ et vérifie les conditions de Henkin H_I et H_{II}.

Preuve du Fait : Le fait que Φ contient $\mathscr{C}$ et vérifie (H_I) résulte aisément des conditions (I) dans la définition 2.2.bis de G^0_{α}, jointes à la stratégie S_I utilisée pour construire Φ. Et la condition (H_{II}) résulte aisément des conditions (II) dans les définitions 2.3.bis de G^{ν}_{α}, et de la stratégie S_{II} utilisée pour construire Φ.

En vertu du lemme de Henkin 2.1, M s'enrichit en modèle de Φ, donc de $\mathscr{C}$, ce qui montre une moitié du Théorème 2.4.bis. Pour voir la réciproque, supposons que M s'enrichit en un modèle M' de $\mathscr{C}$, et soit Φ la théorie de M' dans S. Alors Φ vérifie H_I et H_{II} par 2.1 ; par induction dans l'univers standard, il est facile d'en déduire que pour tout $\nu < \mathrm{ops}(\mathfrak{M})$, l'ensemble G^{ν}_{ν} est non vide (en effet il contient les suites $\varphi_0,\ldots,\varphi_n$ qui respectent les conditions (I) et (II) de la définition de G^0, et qui sont prises dans Φ). Autrement dit, $Y(M) \geq \mathrm{ops}(\mathfrak{M})$, ce qui entraîne $Y(M) > \mathrm{ops}(\mathfrak{M})$, achevant la preuve.

A partir du Théorème 2.4.bis, le Théorème 1.2 est facile à démontrer : il suffit de voir que la condition "il existe une coupure I telle que $a \in I \subset^e b$ et $I \models T$" se ramène à une condition du type "M s'enrichit en modèle de $\mathscr{C}$", pour M et $\mathscr{C}$ appropriés. Et en effet, soit M la structure : $M = (b, \in_{\mathfrak{M}} \restriction b, r_{\mathfrak{M}} \restriction b, a)$ (où $r_{\mathfrak{M}}$ est le rang d'un ensemble dans $\mathfrak{M}$) ; soit $\mathfrak{J}$ un symbole de relation à une place ajouté au langage $\mathscr{L}$ de M, et soit $\mathscr{C}$ la théorie qui comporte la relativisation $T^{(\mathfrak{J})}$ de toutes les formules de T à $\mathfrak{J}$; et les formules :

$\mathfrak{J}(a) \wedge \mathfrak{J}$ est transitif et clos par r ;

$\exists x \;\; \neg\mathfrak{J}(r(x)) \wedge \forall y \; \{\neg\mathfrak{J}(r(y)) \rightarrow \exists z \; [r(z) < r(y) \wedge \neg\mathfrak{J}(r(z))]\}$

La coupure I cherchée entre a et b existe si et seulement si M s'enrichit en modèle de $\mathcal{C}$; et si T est représentable dans $\mathfrak{M}$, alors $\mathcal{C}$ l'est aussi, donc l'existence de la coupure I équivaut à $Y(M) > ops(\mathfrak{M})$; condition qui se transforme en $Y(a,b) > ops(\mathfrak{M})$, en utilisant l'application qui à a,b fait correspondre le modèle M. Cette application est évidemment Δ dans $\mathfrak{M}$, donc puisque Y(M) était Δ, Y(a,b) l'est aussi ce qui achève la preuve du Théorème 1.2.

§3. INDICATRICES COMBINATOIRES EN THEORIE DES ENSEMBLES.

Ici nous donnons des "gigantisations" de certains des résultats combinatoires qui proviennent de l'étude des indicatrices par les modèles de l'Arithmétique de Péano : Il s'agit surtout du résultat de Paris qui est l'exemple 1 de [P] et, dans une moindre mesure, de ceux de [C-Mc] et de [P-H]. Citons donc le résultat de Paris :

LE THEOREME DE PARIS - Par récurrence sur n on définit la densité d'un ensemble X fini d'entiers : X est 0-dense si $|X| > \min X + 3$, où $|X|$ dénote la cardinalité de X, et X est n+1-dense si pour toute partition $P : [X]^3 \to 2$ il existe $Y \subseteq X$, Y n-dense et homogène pour P. Soit A(n) la formule $\forall a\ \exists b$ ([a,b] est n-dense) ; alors pour tout entier standard n, A(n) est conséquence de l'Arithmétique de Péano P, mais $\forall n\ A(n)$ ne l'est pas, en effet

$$P \vdash \forall n\ A(n) \leftrightarrow \text{1-Cons}\ (P)\ ,$$

où 1-Cons(P) est la formule exprimant la consistance de la théorie $P \cup \mathcal{T}_1$, et $\mathcal{T}_1$ est l'ensemble des formules Π_1^0 vraies dans les entiers.

Nous donnons une transcription presque littérale de ce résultat lorsque les entiers sont remplacés par les ordinaux, et les modèles de P par ceux de la théorie des ensembles. En effet par récurrence sur les ordinaux, nous définissons la densité d'un ensemble x d'ordinaux : x est 0-dense si Card $x \geq \beth_{\min x}$; x est γ-dense si pour toute partition $f : [x]^3 \to 2$ et tout $\gamma' < \gamma$, il existe $y \subset x$, γ'-dense et homogène pour f. Et nous désignons par $A(\gamma)$ la formule $\forall\alpha\ \exists\beta$ ($[\alpha,\beta)$ est γ-dense).

On remarque que si κ est un cardinal faiblement compact, alors toute partie non-bornée de κ est α-dense quelque soit $\alpha \in On$; ceci se vérifie aisément par induction sur α en utilisant le fait que $\kappa \to (\kappa)_2^3$.

Nous rappelons qu'un cardinal 0-Mahlo est un cardinal fortement inaccessible et qu'un cardinal fortement inaccessible K est <u>α-Mahlo</u> si, pour tout $\gamma < \alpha$, $\{\lambda < K : \lambda$ est γ-Mahlo$\}$ est une partie stationnaire de K.

Nous montrerons, entre autres, les résultats suivants :

<u>COROLLAIRE 3.13</u> - Nous avons :

$$ZFC \vdash \forall\gamma\ A(\gamma) \leftrightarrow \forall\alpha\ \exists K\ (K \text{ est un cardinal } \alpha\text{-Mahlo})$$

<u>THEOREME 3.8</u> - Soit GBK la Théorie des classes de Gödel-Bernays avec l'axiome E du choix global plus l'axiome : $On \to (On)^3_2$ qui s'énonce,

$$\forall F : [On]^3 \to 2\ \exists Y \subseteq On\ \ (Y \text{ non-borné et homogène pour } F).$$

Alors nous avons $ZFC \vdash [\forall n \in \omega\ \ A(n)] \to Cons(GBK)$.

En vue d'étendre ce résultat à la formule $\forall\gamma\ A(\gamma)$, nous considérons le langage $\mathcal{L}_{\infty\omega}$ et les règles de déduction usuelles pour ce langage, qui sont booléennement complètes : une formule de $\mathcal{L}_{\infty\omega}$ est vraie dans tous les modèles booléens si et seulement si elle est dénombrable à l'aide de ces règles, cf. [M], [D]. Nous disons qu'une théorie T dans $\mathcal{L}_{\infty\omega}$ est ∞-consistante si l'on ne peut en déduire de contradiction à l'aide de ces règles. (Nous notons $\Pi^{\mathcal{P}}_1$ l'ensemble des formules Π_1 de théorie des ensembles, quand le langage contient l'opération $\mathcal{P}$ de l'ensemble des parties, en plus de l'appartenance $\in$).

<u>THEOREME 3.9</u> - $ZFC \vdash \forall\gamma\ A(\gamma) \leftrightarrow\ 1 - Cons(GBK+RE)$; où 1-Cons(GBK+RE) est la formule finie qui, interprétée dans un modèle $\mathcal{N}$, exprime l'∞-consistance de

$$GBK + RE(\mathcal{N}) + \Pi^{\mathcal{P}}_1(\mathcal{N})\ ;$$

$RE(\mathcal{N})$ étant la théorie naturelle dans $\mathcal{L}_{\infty\omega}$ dont les modèles sont les extensions en rang de $\mathcal{N}$ (voir [K,Mc]), et $\Pi^{\mathcal{P}}_1(\mathcal{N})$ étant l'ensemble des formules $\Pi^{\mathcal{P}}_1$ à paramètres dans $\mathcal{N}$, qui sont vraies dans $\mathcal{N}$.

Donc le Corollaire 3.13 et le Théorème 3.8 relient l'hiérarchie de Mahlo et le Théorème d'Incomplétude de Gödel de façon peut-être inattendue.

Nous commençons les démonstrations de ces résultats, avec quelques remarques et quelques notations.

Pour démonstrer lors de la preuve du Théorème de Paris que $P \vdash A(n)$ quelque soit $n \in \mathbb{N}$, on peut faire intervenir le Théorème de Gaifman-Phillips : si $\mathcal{N} \models P$, alors $\mathcal{N}$ possède une extension élémentaire $\mathcal{N}_1$, qui est finale ($a \in \mathcal{N}_1$, $b \in \mathcal{N}$ et $a < b \Rightarrow a \in \mathcal{N}$) et <u>conservatrice</u> (c'est-à-dire, vérifie que pour tout ensemble X définissable dans $\mathcal{N}_1$, $X \cap \mathcal{N}$ est définissable dans $\mathcal{N}$). Pour une démonstration de ce résultat, nous renvoyons le lecteur à l'article de Pillay,[Pi] dans ce volume. La preuve qui y est donnée, utilise la propriété $\mathcal{N} \to (\mathcal{N})^3_2$, c'est-à-dire le Théorème de Ramsey relativisé à $\mathcal{N}$. En utilisant de la même façon l'axiome $On \to (On)^3_2$ de GBK, nous obtenons l'extension adéquate du Théorème de Gaifman-Phillips, qui est énoncée en 3.1; mais d'abord quelques notations.

a) Par la suite, $\mathcal{L}^*$ désignera le langage de la théorie des classes, et $\mathcal{M}^*$ un modèle de $\mathcal{L}^*$, dont la collection des ensembles sera notée V, celle des classes notée $\mathcal{P}(V)$, enfin dont l'appartenance sera notée ε : $\mathcal{M}^* = (V, \mathcal{P}(V), \varepsilon)$. $\mathcal{M}^*$ étant donné, soit $\mathcal{L}$ le langage de la théorie des ensembles auquel on adjoint un symbole de relation $\underline{X}(v)$ pour chaque classe $X \in \mathcal{P}(V)$. On note alors $\mathcal{M}$ le modèle $\mathcal{M}^*$ transformé de la manière évidente en modèle de $\mathcal{L}$: $\mathcal{M} = (V, \varepsilon \restriction V, (X)_{X \in \mathcal{P}(V)})$ (On sait qu'alors $\mathcal{M}^* \models GB \Longleftrightarrow \mathcal{M} \models ZF(\mathcal{L})$).

b) Inversement si on part d'un modèle $\mathcal{M}$, d'un langage $\mathcal{L}$ contenant celui de la théorie des ensembles, on notera $\mathcal{M}^*$ le modèle $\mathcal{M}$ transformé en modèle de $\mathcal{L}^*$, en prenant comme classes de $\mathcal{M}^*$ toutes les parties $\mathcal{L}$-définissables de $\mathcal{M}$ (on sait qu'alors $\mathcal{M}^* \models GB \Longleftrightarrow \mathcal{M} \models ZF(\mathcal{L})$).

3.1. <u>LEMME</u> - Soit $\mathcal{M}^* = (V, \mathcal{P}(V), \varepsilon)$ un modèle dénombrable de GBK, et soit $\mathcal{M} = (V, \varepsilon, (X)_{X \in \mathcal{P}(V)})$ le modèle de ZFC($\mathcal{L}$) associé ; il existe un modèle $\mathcal{M}_1 = (V_1, \varepsilon_1, (X_1)_{X \in \mathcal{P}(V)})$ tel que $\mathcal{M} \prec \mathcal{M}_1$, $\mathcal{M}_1$ est extension en rang de $\mathcal{M}$ (c'est-à-dire $\mathcal{M} \subset \mathcal{M}_1$ et de plus $\forall \alpha \in On^{\mathcal{M}}$ $V^{\mathcal{M}}_\alpha = V^{\mathcal{M}_1}_\alpha$), enfin $\mathcal{M}_1$ est extension conservatrice de $\mathcal{M}$ (c'est-à-dire : pour tout ensemble Y définissable dans $\mathcal{M}_1$, $Y \cap V$ l'est dans $\mathcal{M}$).

<u>Preuve</u> : Soit $(F_n)_{n \in \omega}$ une énumération de toutes les partitions $F : [V]^3 \to 2$ telles que $F \in \mathcal{P}(V)$; puisque $\mathcal{M}^*$ vérifie $On \to (On)^3_2$, on peut construire une suite décroissante de classes $X_n \in \mathcal{P}(V)$, non bornées dans $On^{\mathcal{M}}$ et homogènes pour F_n. Soit alors $t(v)$ le type sur $\mathcal{M}$ engendré par $\{\underline{X}_n(v) : n \in \omega\}$, et soit $\mathcal{M}\binom{t}{c}$ le modèle de $\mathcal{L}$ obtenu en construisant $\mathcal{N}$ et c tels que $\mathcal{M} \prec \mathcal{N}$ et $\mathcal{N} \models t(c)$, puis en posant $\mathcal{M}\binom{t}{c}$ = cloture de Skolem de $\mathcal{M} \cup \{c\}$ dans $\mathcal{N}$. Du fait que $\mathcal{M}^*$ vérifie le choix global, on a des fonctions de Skolem définissables, dans $\mathcal{M}$ donc aussi dans $\mathcal{N}$; il en résulte $\mathcal{M}\binom{t}{c} \prec \mathcal{N}$, donc $\mathcal{M} \prec \mathcal{M}\binom{t}{c}$ et $\mathcal{M}\binom{t}{c} \models t(c)$. On vérifie que la conclusion du lemme est satisfaite en posant $\mathcal{M}\binom{t}{c} = \mathcal{M}_1$: cette vérification basée sur les propriétés de $t(v)$ est parallèle à la vérification correspondante dans la preuve du théorème de

Gaifman-Philips, cf. [Pi]. C.Q.F.D.

3.2 THEOREME - Si $\mathfrak{M}^*$ est un modèle de GBK, alors pour tout $\gamma < \mathrm{ops}(\mathfrak{M}^*)$, $\mathfrak{M}^* \models \forall\alpha\ \exists\beta : [\alpha,\beta]$ est γ-dense.

Preuve : Nous supposons $\mathfrak{M}^*$ dénombrable, car le cas général s'en déduit par le Théorème de Loewenheim-Skolem. Nous notons $\mathfrak{M}_1$ une extension de $\mathfrak{M}^*$ vérifiant (3.1) ; à l'aide de $\mathfrak{M}_1$, nous allons montrer, par induction sur $\gamma \leq \mathrm{ops}(\mathfrak{M})$:

$$\mathfrak{M}^* \models \forall X \subset On, \text{ non borné } \exists y \subset X,\ y\ \gamma\text{-dense}.$$

Pour $\gamma = 0$ cela résulte de l'axiome de remplacement ; nous supposons cette hypothèse d'induction vraie pour tout $\gamma' < \gamma$; et nous considérons $X \subset On$, non borné. Alors X est une classe γ-dense au sens suivant : $\forall F : [X]^3 \to 2\ \ \forall\gamma' < \gamma$ il existe $y \subset X$, y homogène pour F et γ'-dense.

(En effet soit $F : [X]^3 \to 2$, et soit $Y \subset X$, non borné et homogène pour F ; par hypothèse d'induction, pour tout $\gamma' < \gamma$ Y contient y, γ'-dense. y est homogène pour F, inclus dans X et γ'-dense, comme requis).

Pour montrer l'hypothèse d'induction en γ, il nous faut trouver non une classe mais un ensemble γ-dense $x \subset X$. Pour cela considérons l'extension $X_1 = \underline{X}^{\mathfrak{M}_1}$ de X à $\mathfrak{M}_1$ et soit δ un ordinal de $\mathfrak{M}_1 \setminus \mathfrak{M}$. Du fait que X est γ-dense, et que $\mathfrak{M}_1$ est extension conservatrice en rang de $\mathfrak{M}$, on déduit facilement que l'ensemble $x_1 = X_1 \cap \delta$ de $\mathfrak{M}_1$ est γ-dense. Ainsi

$$\mathfrak{M}_1 \models \exists x_1 \subset X_1\ (x_1 \text{ est } \gamma\text{-dense}) ;$$

et comme $\mathfrak{M} \prec \mathfrak{M}_1$,

$$\mathfrak{M} \models \exists x \subset X\ \ (x \text{ est } \gamma\text{-dense}) ,$$

ce qui montre l'hypothèse d'induction pour γ, et achève la preuve.

Soit X un ensemble ou une classe propre d'ordinaux. Par un arbre T sur X nous entendons un ordre partiel $x \underset{T}{\leq} y$ tel que

(i) $\{x : x \underset{T}{\leq} x_0\}$ est linéairement ordonné par $\underset{T}{\leq}$ et (ii) $x \underset{T}{\leq} y \Rightarrow x < y$. On définit alors le rang de $y \in X$, noté ρy, en posant ρy égal à l'ordinal isomorphe à $\{x : x \underset{T}{<} y\}$; on pose $\rho T = \sup\{\rho x : x \in X\}$. Nous notons $T_\alpha = \{x : \rho x < \alpha\}$; nous disons que T est un arbre de Koenig sur X si pour tout $\alpha < \rho T$, $|T_\alpha| < |X|$, ce qui signifie dans le cas où X est une classe propre que chaque T_α est un ensemble. Les notions de niveau et de branche d'un arbre se définissent comme d'habitude.

Abrégeons par LK l'énoncé suivant :

$\forall T$ [T arbre de Koenig sur On $\to \exists B$ ($B \subseteq$ On, B non-borné et $\forall x,y \in B$ $(x < y \to x \leq_T y))$].

L'énoncé LK est une version du Lemme de Koenig qui affirme que On a la "propriété de l'arbre", voir [Dr].

3.3 THEOREME - Les systèmes suivants axiomatisent la même théorie :

(i) GB + E + LK

(ii) GB + E + On $\to (\mathrm{On})^m_n$, $m \geq 3$, $n \geq 2$.

(iii) GBK.

Démonstration : La preuve que la propriété de l'arbre pour un cardinal inaccessible κ entraine $\kappa \to (\kappa)^m_n$, voir [Dr], sert à démontrer que GB + E + LK $\vdash$ On $\to (\mathrm{On})^m_n$. Inversement, le lemme 3.1 permet de voir que (ii) $\Longrightarrow$ (i) ; en effet soit $\mathfrak{M}^*$ un modèle dénombrable de GBK et T tel que $\mathfrak{M}^* \models$ T est un arbre de Koenig sur On. Alors en passant à l'extension de rang conservatrice $\mathfrak{M}_1$ on trouve $\beta \in T_1$ de rang > $\mathrm{On}^{\mathfrak{M}^*}$; alors $\{x : x \leq_{T_1} \beta\} \cap \mathfrak{M}$ est une classe de $\mathfrak{M}^*$ qui est la branche cherchée.

Pour toute paire m,n d'entiers, nous pouvons définir la notion d'ensemble α-dense (m,n) en analogie stricte avec la définition que nous avons donnée d'ensemble α-dense qui est le cas m = 3, n = 2. De même, peut-on définir une notion analogue inspirée par le Lemme de Koenig : disons qu'un ensemble X d'ordinaux est 0-large si $|X| \geq \beth_{\min X}$ et que X est α-large si pour tout arbre sur X et pour tout $\beta < \alpha$ soit il existe un niveau de l'arbre qui est un ensemble β-large soit il existe une branche de l'arbre qui est β-large.

En reprenant la méthode de démonstration du théorème 3.2 et en utilisant les équivalences du théorème 3.3, nous trouvons :

3.4 THEOREME - Soit $\mathfrak{M}^*$ un modèle de GBK ; alors pour tout $\gamma < \mathrm{osp}(\mathfrak{M}^*)$; nous avons :

(i) $\mathfrak{M}^* \models \forall\alpha\ \exists\beta$ ($[\alpha,\beta]$ est γ-dense (m,n))

(ii) $\mathfrak{M}^* \models \forall\alpha\ \exists\beta$ ($[\alpha,\beta]$ est γ-large).

Dans la définition et les trois résultats qui vont suivre, nous supposerons que $\mathcal{M}$ est un modèle de ZFC (ou de ZFC($\mathcal{L}$) pour un langage dénombrable $\mathcal{L}$ donné). Mais le lecteur pourra s'assurer que les preuves des résultats en question restent valables quand $\mathcal{M}$ satisfait une partie finie suffisamment riche de ZFC -que nous notons ZFC_N, sans préciser laquelle.

Pour tout segment initial propre I de $On^{\mathcal{M}}$, nous notons V_I et V_{I+1} les collections $\bigcup_{\alpha\in I} V_\alpha^{\mathcal{M}}$ et $\{x \cap V_I^{\mathcal{M}} : x \in \mathcal{M}\}$, et désignons par $\mathcal{M}\restriction I+1$ le modèle $(V_I, V_{I+1}, \epsilon\restriction V_{I+1})$ de la théorie des classes. Nous disons que I est une coupure forte de $\mathcal{M}$ si $\mathcal{M}\restriction I+1 \models On \to (On)_2^3$ et si pour tout ensemble $x \in \mathcal{M}$,

$$x \text{ cofinal dans } I \Rightarrow \text{card } x > \beth_{\min x}\ .$$

3.5. LEMME - Soient $\mathcal{M}$ un modèle dénombrable de ZFC et I une coupure forte de $\mathcal{M}$; alors il existe un modèle $\mathcal{M}_1$ tel que $\mathcal{M} \prec \mathcal{M}_1$, $\mathcal{M}_1$ est extension en rang de V_I, l'extension $\mathcal{M}_1$ est conservatrice sur I (c'est-à-dire $\forall y \in \mathcal{M}_1$, $y \cap V_I \in \mathcal{M}\restriction I+1$), enfin $\mathcal{M}_1$ contient un point c tel que $I < c < On^{\mathcal{M}}\setminus I$.

Preuve : En utilisant la propriété $\mathcal{M}\restriction I+1 \models On \to (On)_2^3$, on construit une suite $(X_n)_{n\in\omega}$ comme dans la preuve du Lemme 3.1, mais telle que cette fois chaque X_n est cofinal dans I, au lieu d'être une classe non bornée dans $On^{\mathcal{M}}$. On définit comme avant t = type sur $\mathcal{M}$ engendré par $\{X_n\ ;\ n\in\omega\}$ et $\mathcal{M}_1 = \mathcal{M}(\substack{t\\c})$. Essentiellement la même preuve que celle omise en 3.1 montre que $\mathcal{M}_1$ a les propriétés voulues ici.

3.6 THEOREME - Si $\mathcal{M}$ est un modèle dénombrable de ZFC et I une coupure forte de $\mathcal{M}$, alors

a) pour toute partie X de V_I, définissable dans $\mathcal{M}\restriction I+1$, il existe $y \in \mathcal{M}$ tel que $X = y \cap V_I$.

b) $\mathcal{M}\restriction I+1$ est un modèle de GBK (réciproquement, si $\mathcal{M}\restriction I+1 \models$ GBK, il est trivial que I est une coupure forte).

La preuve de ce théorème, basée sur l'utilisation du Lemme 3.5 est toute semblable à la preuve correspondante dans le travail de Kirby et Paris, [K.P] et [K] et nous l'omettons.

3.7 THEOREME - Soit $\mathcal{M}$ un modèle dénombrable non standard de ZFC, et soit Y la fonction de $[On]^2 \to On$ définie dans $\mathcal{M}$ par : $Y(a,b) = \max(\gamma \le b : [a,b]$ est γ-dense), pour tous ordinaux $a < b$ de $\mathcal{M}$. Alors Y est une indicatrice pour les coupures fortes de $\mathfrak{M}$, au sens suivant : pour $ops(\mathfrak{M}) < a < b$, on a $Y(a,b) > ops(\mathfrak{M})$ si et seulement si il existe une coupure forte I telle que $a \in I$ et $I < b$.

Preuve : Supposons $ops(\mathfrak{M}) < a < I < b$, et I coupure forte. En appliquant le théorème 3.2 à $\mathfrak{M}\restriction I+1$ (ce qui est permis, puisque par 3.4 $\mathfrak{M}\restriction I+1$ est un modèle de GBK), on obtient, pour tout ordinal $\gamma < ops(\mathfrak{M})$, un ensemble $y \in V_I$, tel que $y \subset I\backslash a$ et y est γ-dense dans $\mathfrak{M}\restriction I+1$. Comme $y \subset [a,b]$ et $\mathfrak{M}$ est extension en rang de $\mathfrak{M}\restriction I+1$, $[a,b]$ est γ-dense dans $\mathfrak{M}$. Ceci montre que $Y(a,b) > ops(\mathfrak{M})$, c'est-à-dire une direction du théorème.

Dans l'autre direction, supposons $ops(\mathfrak{M}) < a < b$ et $Y(a,b) > ops(\mathfrak{M})$. Soit $(f_n)_{n\in\omega}$ une énumération des partitions $f : [a,b]^3 \to 2$ de $\mathfrak{M}$; et soit $\gamma_0 > \gamma_1 > \ldots$ une suite infinie décroissante d'ordinaux non standards de $\mathfrak{M}$, tels que $[a,b]$ est γ_0+1-dense. Par récurrence sur n, on construit une chaîne décroissante $(x_n)_{n\in\omega}$ d'ensembles tels que pour tout n, x_n est homogène pour f_n : l'existence de x_{n+1} est immédiate, par définition de la γ_n-densité. Soient alors $a_n = \min x_n$, et $b_n = \max x_n$. Pour tout $c \in]a_n,b_n[$, en considérant $p \in \omega$ tel que f_p est la partition $[a,c]$, $]c,b]$ de $[a,b]$, on voit qu'il existe p tel que $a_p > c$ ou $b_p < c$. Ce qui entraîne que $\bigcap_n [a_n,b_n]$ contient au plus un point et définit un segment initial de $\mathfrak{M}$:
$I = \bigcup_n a_n = \bigcap_n b_n$. Alors I est une coupure forte ; en effet supposons $x \in \mathfrak{M}$, x cofinal dans I. Par construction, il existe $p \in \omega$ tel que $x \cap [a,b] \subset x_p$, et puisque x_p est γ_p-dense, à fortiori 1-dense, card $x \geq$ card $x_p > \beth_{\min x_n} \geq \beth_{\min x}$. D'autre part si $F : [I]^3 \to 2$ est une classe de $\mathfrak{M}\restriction I+1$, il existe n tel que $F = f_n\restriction I$; donc $x_n \cap I$ (qui est une classe non bornée dans I) est homogène pour F. Ainsi $\mathfrak{M}\restriction I+1$ satisfait $On \to (On)^3_2$, ce qui achève la preuve.

3.8 THEOREME - Pour tout entier standard n, la formule $A(n) = \forall\alpha\, \exists\beta([\alpha,\beta]$ est n-dense) est conséquence de GBK ; cependant la formule $\forall n \in \omega\, \exists\beta\, ([0,\beta]$ est n-dense) ne l'est pas. En effet ZFC $\vdash \forall n \in \omega\, \exists\beta([0,\beta]$ est dense) $\to$ Cons(GBK), où Cons(GBK) est la formule exprimant la consistance de la théorie GBK.

Preuve : Le premier résultat suit du Théorème 3.2. Pour voir le second, considérons un modèle $\mathfrak{N}$ de ZFC + $\forall n\, \exists\beta([0,\beta]$ est n-dense). Par les théorèmes de Loewenheim-Skolem et de compacité, $\mathfrak{N}$ contient un modèle dénombrable non ω-standard $\mathfrak{M}$ de ZFC_N + ($\forall n\, \exists\beta, [0,\beta]$ est n-dense). Soient $\beta \in On^{\mathfrak{M}}$ et $\rho \in \omega^{\mathfrak{M}}$ tels que $\mathfrak{M} \models [0,\beta]$ est ρ-dense, et $\mathfrak{N} \models \rho$ est non standard. En appliquant le théorème 3.7 dans $\mathfrak{N}$, on obtient dans $\mathfrak{N}$ une coupure I de $\mathfrak{M}$, telle que $\mathfrak{M}\restriction I+1 \models$ GBK ; donc $\mathfrak{N} \models$ Cons(GBK).

C.Q.F.D.

3.9 THEOREME - $ZFC \vdash A \leftrightarrow$ 1-Cons(GBK + RE), où A est l'énoncé $\forall\gamma\ A(\gamma)$ avec $A(\gamma) \equiv \forall\alpha\ \exists\beta$ ($[\alpha,\beta]$ est γ-dense) et où 1-Cons(GBK + RE) est l'énoncé qui exprime la ∞-consistance de RE + GBK + $\Pi_1^{\mathcal{P}}(V)$.

Preuve : Soit $\mathcal{N}$ un modèle de ZFC et de l'énoncé $\forall\gamma\ A(\gamma)$. Nous plaçant dans $\mathcal{N}$, nous définissons pour tout ordinal λ la théorie $RE(V_\lambda)$, dont les modèles sont les extensions en rang de V_λ ; et nous notons $\Pi(V_\lambda)$ l'ensemble des formules $\Pi_1^{\mathcal{P}}$ à paramètres dans V_λ qui sont vraies dans notre univers. Nous devons montrer 1-Cons(GBK + RE), c'est-à-dire l'énoncé : pour tout λ, la théorie GBK + $RE(V_\lambda) + \Pi(V_\lambda)$ est ∞-consistante. Notre univers satisfaisant ZFC, toute formule finie φ vraie dans l'univers y possède un modèle. Nous appliquons ceci avec pour φ la formule $Sat_N(ZFC_N + A + RE(V_\lambda) + \Pi(V_\lambda))$, où Sat_N est une définition de satisfaction dans V pour les formules de $\mathcal{L}_{\infty,\omega}$ de complexité N ; nous obtenons ainsi un modèle $\mathcal{M}_0 \in \mathcal{N}$ de $ZFC_N + A + RE(V_\lambda) + \Pi(V_\lambda)$ (λ ordinal fixé de $\mathcal{N}$). Nous passons à une extension booléenne $\mathcal{N}'$ de $\mathcal{N}$, dans laquelle V_λ est dénombrable ; dans $\mathcal{N}'$, la théorie $ZFC_N + A + RE(V_\lambda) + \Pi(V_\lambda)$ est dénombrable et a un modèle $\mathcal{M}_0$. Elle a donc un modèle dénombrable non standard $\mathcal{M}$. Puisque $\mathcal{M} \models A$, $\mathcal{M}$ possède un intervalle $[\alpha,\beta]$ de densité non standard et tel que $\lambda < \alpha$; et par le théorème 3.7 appliqué dans $\mathcal{N}'$, cet univers contient une coupure I de $\mathcal{M}$, telle que $\alpha < I$ et $\mathcal{M}\restriction I+1 \models$ GBK. Puisque $\lambda < I$ et $\mathcal{M} \models RE(V_\lambda)$, on a aussi $\mathcal{M}\restriction I+1 \models RE(V_\lambda)$; enfin puisque $\mathcal{M} \models \Pi(V_\lambda)$, et cette théorie est constituée de formules $\Pi_1^{\mathcal{P}}$, préservées quand on passe de $\mathcal{M}$ à $\mathcal{M}\restriction I+1$, on a $\mathcal{M}\restriction I+1 \models \Pi(V_\lambda)$. Donc $\mathcal{M}\restriction I+1$ satisfait la théorie GBK + $RE(V_\lambda) + \Pi(V_\lambda)$; et $\mathcal{N}$ satisfait l'∞-consistance (formelle) de cette théorie puisqu'elle possède un modèle dans une extension booléenne $\mathcal{N}'$ de $\mathcal{N}$. Ceci montre une direction du théorème.

En sens inverse, soit $\mathcal{N}$ un modèle de ZFC + 1-Cons(GBK + RE) ; et supposons l'énoncé A faux cependant : il existe γ et α tels que $\mathcal{N} \models \forall\beta([\alpha,\beta]$ n'est pas γ-dense). Soit $\lambda > \max(\gamma,\alpha)$, et soit $\mathcal{M}^*$ un modèle de GBK + $RE(V_\lambda) + \Pi(V_\lambda)$ - $\mathcal{M}^*$ existe au moins dans une extension booléenne $\mathcal{N}'$ de $\mathcal{N}$, puisque la théorie ci-dessus est formellement consistante dans $\mathcal{N}$. L'énoncé $\forall\beta([\alpha,\beta]$ n'est pas γ-dense) est dans $\Pi(V_\lambda)$, donc est vrai dans $\mathcal{M}^*$. Mais d'un autre coté, par le théorème 3.2 appliqué dans $\mathcal{N}'$ en notant que $\gamma < ops(\mathcal{M})$, $\mathcal{M}^*$ satisfait $\forall\alpha\ \exists\beta([0,\beta]$ est γ-dense), qui contredit le précédent. énoncé. Cette absurdité montre que $\mathcal{N}$ doit satisfaire A contrairement à notre supposition, et ceci achève la preuve.

3.10 COROLLAIRE - Dans ZFC les énoncés suivants sont équivalents :

(i) $\forall\alpha\ \forall\gamma\ \exists\beta[\alpha,\beta]$ est γ-large (ce qui est l'énoncé noté A ci-dessus)

(ii) $\forall\alpha\ \forall\gamma\ \exists\beta[\alpha,\beta]$ est γ-dense (m,n), $m \geq 3$, $n \geq 2$.

Enfin, voici quelques résultats qui relient les ensembles α-dense et la hiérarchie de Mahlo.

3.11 THEOREME - Soit κ un cardinal $\alpha\cdot\alpha$-Mahlo ; alors toute partie non-bornée de κ est α-dense (3,2).

Démonstration : Soit $X \subseteq \kappa$, X non-borné. La preuve se fait par récurrence sur α. Pour $\alpha = 0$, c'est évident. Pour $\alpha > 0$ et ordinal limite, nous avons, sous l'hypothèse de récurrence, que pour $\beta < \alpha$, les cardinaux $\beta\cdot\beta$-Mahlo et inférieurs à κ forment une partie stationnaire de κ ; la cloture $\bar{X}$ de X est close, cofinale et il existe donc λ de type $\beta\cdot\beta$-Mahlo tel que $X \cap \lambda$ est non-borné, ce qui entraîne que $X \cap \lambda$ est β-dense. Pour $\alpha = \beta + 1$, soit $P : [X]^3 \to 2$. Suivons la démonstration du Théorème d'Erdös-Rado, voir [Dr] : on construit sur X un arbre T tel que

i) $x \underset{T}{\leq} y \Rightarrow x < y$

ii) $x \underset{T}{\leq} y \underset{T}{\leq} u \underset{T}{\leq} v \Rightarrow P(x,y,u) = P(x,y,v)$

iii) $|T_\gamma| < \kappa$ et $\gamma \cap X \subseteq T_\gamma$ pour $\gamma < \kappa$.

Il s'agit donc d'un arbre de Koenig sur X. Soit $\varphi : \kappa \to \kappa : \gamma \mapsto \mu\delta(T_\gamma \subseteq \delta)$. Alors φ'', l'image de φ, est close, cofinale dans κ. Soit alors κ' un cardinal de type $\beta\cdot\beta+1$-Mahlo qui est un point fixe de l'énumération de φ''. Alors $T_{\kappa'} = \kappa' \cap X$. Soit $\mathcal{U}_0$ un point de T de rang κ' et soit $X' = \{x : x \underset{T}{<} \mathcal{U}_0\}$; alors $X' \subseteq \kappa'$ et X' est non-borné. Posons $Q : [X']^2 \to 2 : (x,y) \mapsto P(x,y,u_0)$. Soit T' l'arbre sur X' qu'on associe à la façon d'Erdös-Rado à Q ; on trouve alors $\kappa'' < \kappa'$ qui est $\beta\cdot\beta$-Mahlo et tel que $T'_{\kappa''} = \kappa'' \cap X'$. Soit alors v_0 un point de T' de rang κ'' et soit $X'' = \{x : x \underset{T'}{<} v_0\}$; X'' est donc cofinal dans κ''. Finalement, on pose $R : X'' \to 2 : x \mapsto Q(x,v_0)$ et on trouve $X''' \subseteq X''$, X''' non-borné dans κ'' tel que R est constante sur X'''. La partie X''' est homogène pour P et β-dense par l'hypothèse de récurrence.

C.Q.F.D.

Soit X un ensemble α-dense (4,2) ; nous définissons $m_\alpha(X) = \mu\beta[X \cap \beta$ est α-dense (4,2)]. On voit que $m_\alpha(X)$ est un cardinal et que $X \cap m_\alpha(X)$ est cofinal dans $m_\alpha(X)$, voir [Mc,2]. S'il existe un cardinal faiblement compact κ tel que $X \cap \kappa$ soit non-borné alors X est α-dense pour tout $\alpha \in On$; si, de plus, κ est le plus petit tel cardinal, $m_\alpha(X) = \kappa$ pour tout $\alpha \geq \kappa$.

3.12 THEOREME - Pour tout ensemble X $\alpha+1$-dense (4,2), $m_{\alpha+1}(X)$ est soit faiblement compact, soit α-Mahlo.

Démonstration : La preuve est par récurrence sur α. Pour $\alpha = 0$, on retrouve le théorème 4 de [Mc,2]. Pour $\alpha > 0$, afin d'arriver à une contradiction, supposons que $m_{\alpha+1}(X)$ n'est ni faiblement compact, ni α-Mahlo. Nous pouvons supposer que $X \subseteq m_{\alpha+1}(X)$ et que $X \cap \kappa$ est borné quelque soit κ faiblement compact. Il est facile de voir que $m_{\alpha+1}(X)$ est un cardinal fortement inaccessible, en reprenant la preuve du Théorème 4 de [Mc,2]. Soit C une partie close cofinale de $m_{\alpha+1}(X)$ et $\delta < \alpha$ tels que C ne contient aucun cardinal δ-Mahlo. Soit $Q : [X]^4 \to 2$ la restriction à X d'une partition qui témoigne du fait que $m_{\alpha+1}(X)$ n'est pas faiblement compact. Soit c_β, $\beta < m_{\alpha+1}(X)$, l'énumération de C. Pour $\beta < m_{\alpha+1}(X)$, soit $P_\beta : [c_\beta \cap X]^4 \to 2$ une partition qui témoigne du fait que $c_\beta < m_{\alpha+1}(X)$. On définit $P : [X]^4 \to 2$ ainsi :

$$P(x,y,z,u) = \begin{cases} P_{\beta+1}(x,y,z,u) & \text{si } c_\beta \leq x,y,z,u < c_{\beta+1} \\ Q(x,y,z,u) & \text{si } c_\beta \leq x < c_{\beta'} \leq y < c_{\beta''} \leq z < c_{\beta'''} \leq u \\ 1 & \text{si } c_\beta \leq x,y < c_{\beta+1} \leq z,u \\ P_{\beta+1}(x,y,z,u) & \text{si } x < c_\beta \leq y,z,u < c_{\beta+1} \\ 0 & \text{si } c_\beta \leq x,y,z < c_{\beta'} \leq u \end{cases}$$

Soit H homogène pour P et α-dense. Puisque $H \subseteq X$, H n'est cofinal dans aucun cardinal faiblement compact. De plus, nous disons que H n'est cofinal dans aucun cardinal δ-Mahlo. En effet, pour $\beta < \beta'$ on ne peut avoir à la fois $|H \cap [c_\beta, c_{\beta+1})| \geq 3$ et $|H \cap [c_{\beta'}, c_{\beta'+1})| \geq 2$. Supposons donc que $|H \cap [c_\beta, c_{\beta+1})| \leq 2$ quel que soit $\beta < m_{\alpha+1}(X)$. Par le choix de Q, $|H \cap m_{\alpha+1}(X)| < m_{\alpha+1}(X)$, mais par la construction $\bar{H} \subseteq C$ ce qui entraîne la contradiction cherchée grâce au choix de C. C.Q.F.D.

3.13 COROLLAIRE - Nous avons

$$ZFC \vdash \forall\gamma\, A(\gamma) \leftrightarrow \forall\alpha\, \exists\kappa\, (\kappa \text{ est un cardinal } \alpha\text{-Mahlo})$$

Nous avons aussi un résultat sur le taux de croissance des fonctionnelles $F : On \to On$ qui sont $\Sigma_1^{\mathcal{P}}$ et prouvablement totales dans GBK. Soit

$$F_n(\alpha) = \beta \Longleftrightarrow \beta \text{ est le premier cardinal n-Mahlo strictement plus grand que } \alpha.$$

Alors $GBK \vdash \forall\alpha\, \exists\beta\, F_n(\alpha) = \beta$, quelque soit $n \in \omega$. Par contre nous avons

3.14 THEOREME - Soit $F(\alpha) = \beta$ une formule $\Sigma_1^{\mathcal{P}}$ telle que $GBK \vdash \forall\alpha\ \exists!\beta\, F(\alpha) = \beta$. Alors il existe $n \in \omega$ tel que $GBK \vdash \forall\alpha\, F(\alpha) \leq F_n(\alpha)$.

Démonstration : En supposant le contraire, on trouve par compacité un modèle $\mathfrak{M}$ de ZFC non-ω-standard et dénombrable tel que $\mathfrak{M} \models F(\alpha) > F_\rho(\alpha)$ pour ρ un entier non-standard. Il existe alors une coupure forte I telle que $\alpha \in I$ et $F(\alpha) \notin I$, cependant $\mathfrak{M}\restriction I+1 \models F(\alpha) = \gamma$ pour un certain $\gamma \in I$. Parce que F est définie par une formule $\Sigma_1^{\mathcal{P}}$, on doit avoir $\mathfrak{M} \models F(\alpha) = \gamma$ ce qui est absurde.

C.Q.F.D.

Soit $ZFCM_{<\omega}$ la théorie obtenue en adjoignant à ZFC le schéma $\forall\alpha\ \exists\beta\ (F_n(\alpha) = \beta)$. Un autre corollaire s'énonce donc.

3.15 THEOREME - Les théories $ZFCM_{<\omega}$ et GBK ont les mêmes conséquences $\Pi_2^{\mathcal{P}}$.

Dans ce chapitre nous n'avons "gigantisé" que deux des principes combinatoires liés aux indicatrices pour l'arithmétique. Dans [Mc,2] il est prouvé que le premier cardinal κ tel que $[0,\kappa]$ est 1-dense (3,2) est fortement inaccessible, mais nous n'avons aucun résultat à part des bornes supérieures évidentes sur la taille du premier cardinal λ tel que $[0,\lambda]$ est 1-dense (m,n) pour $m > 3$, $n \geq 2$ ou même $m = 3$ et $n > 2$ et nous ne savons pas si pour $n > 2$ dans ZFC on peut prouver l'existence de λ tel que $[0,\lambda]$ est 1-dense $(2,n)$. Ces questions sont évidemment liées à l'indicatrice de Paris-Harrington, [P], [P,H]. Or, si on essaie, au moins de la manière la plus naive, de "gigantiser" les principes combinatoires de l'Exemple 2 de [P] où du second exemple de [C,Mc] on trouve des énoncés qui sont prouvables en GB + E. En revanche, la notion d'arboricité de Mills, [Mi] et celle de la flippabilité de Kirby [K,3] doivent donner des résultats analogues à ceux de ce chapitre. Il serait aussi intéressant de s'avoir s'il y a une notion de grand cardinal qui est liée à une théorie telle que GB + E + $\forall m,n\ On \rightarrow (On)_n^m$ ou si des cardinaux de Mahlo de classe transfinie pourraient être liés à des principes combinatoires dans lesquels, par exemple, on pose : X est 0-super-dense $\Longleftrightarrow$ X est min X-dense (3,2), etc...

BIBLIOGRAPHIE.

[B] J. BARWISE - Admissible sets and structures, Springer 1975.

[C,Mc] P. CLOTE et K. MC ALOON - Two furthur combinatorial statements equivalent to the 1-consistency of Peano arithmetic, à paraître.

[D] M. DICKMANN - Large Infinitary Languages, N.H. 1974.

[Dr] F. DRAKE - Set Theory, An introduction to Large Cardinals, N.H. 1974.

[Fr.1] H. FRIEDMAN - Countable models of set theories, dans Cambridge Summer School in Mathematical Logic, ed. A. Mathias et H. Rogers, SLN.

[Fr.2] H. FRIEDMAN - Systems of second order Arithmetic with restricted induction (abstracts), JSL 41 (1976), pp. 557-559.

[K.1] L. KIRBY - Doctoral Dissertation Manchester 1977.

[K.2] L. KIRBY - La méthode des indicatrices et le théorème d'incomplétude, dans Modèles de l'Arithmétique, séminaire Paris 7, ed. K. Mc Aloon, Astérisque 1980.

[K.3] L. KIRBY - Flippability properties in arithmetic, à paraître.

[K,P] L. KIRBY et J. PARIS - Initial segments of models of Peano's axioms, dans Set Theory and Hierarchy Theory V, Springer Lecture Notes 619.

[Kr,Mc] J.L. KRIVINE et K. MC ALOON - Some true unprovable formulas of set theory, Bertand Russell Memorial Logic Conference, ed. Bell et al. , Uldum 1971.

[Mi] G. MILLS - A combinatorial tree statement independent of Peano's arithmetic, à paraître.

[Mc.1] K. MC ALOON - Formes combinatoires du théorème d'incomplétude, Séminaire Bourbaki SLN 710.

[Mc.2] K. MC ALOON - A combinatorial characterization of inaccessible cardinals, dans Higher Set Theory, ed. G. Müller et D. Scott, SLN 1978.

[Ma] M. MAKKAI - Contribution dans Handbook of Mathematical Logic, ed. J. Barwise, North-Holland 1977.

[P] J. PARIS - Some independence results for Peano arithmetic, JSL (1979).

[Pi] A. PILLAY - Partition properties and definable types in arithmetic, ce volume.

[Q] J. QUINSEY - Thèse, Oxford 1980.

[R] J.P. RESSAYRE - Models with compactness properties relative to an admissible language, Ann. of Math. Logic (1977).

[S] L. SVENONIUS - On the denumerable models of theories with extra predicates. The Theory of Models, ed. Henkin et al. North-Holland 1965.

[V] R. VAUGHT - Descriptive set theory of $\mathscr{L}_{\omega_1\omega}$, dans <u>Cambridge Summer School in Mathematical Logic</u>, SLN.

The Laws of Exponentiation

Angus Macintyre*

§0. Introduction. In this paper I investigate the following problem: What are the algebraic identities connecting $+$, $\cdot$, $-$, $^{-1}$, and exponentiation?

Before stating the main result, I recall the corresponding problems and solutions for $\{+,\cdot,-\}$ and for $\{+,\cdot,-,^{-1}\}$.

For $+$, $\cdot$, $-$ it is convenient to take $0,1$ also as primitives. Any word $W(x_1,\ldots,x_n)$ is canonically equivalent, using the equational axioms for commutative rings with 1, to a polynomial $p(x_1, \ldots, x_n)$. An identity $p(\vec{x}) = q(\vec{x})$ holds on $\mathbb{Z}$ if and only if it holds in all commutative rings with 1, and its validity on $\mathbb{Z}$ can be effectively tested just by equating coefficients. In consequence, the free commutative ring $\mathbb{Z}[x_1, \ldots, x_n]$ has solvable word problem.

The problem for $0, 1, +, \cdot, -, ^{-1}$ is trickier to formulate, for several reasons. $\mathbb{Z}$ is not closed under division by nonzero elements, so one passes to $\mathbb{Q}$. Secondly, words $W(x_1, \ldots, x_n)$ do not yield well-defined substitution instances $W(\alpha_1, \ldots, \alpha_n)$ in general. These are minor problems. A word $W(x_1, \ldots, x_n)$ can be canonically transformed, using the universal Horn axioms for fields, to a rational function $p(\vec{x})/q(\vec{x})$, so that in any field $W(\alpha_1, \ldots, \alpha_n)$ is defined if and only if $q(\alpha_1, \ldots, \alpha_n) \neq 0$. An identity $r(\vec{x}) = s(\vec{x})$ of rational functions can be effectively tested, and holds on $\mathbb{Q}$ if and only if it holds on all infinite fields of characteristic 0. Again, it follows that $\mathbb{Q}(\vec{x})$ has solvable word problem.

When one adds some form of exponential function to the list, one greatly complicates clear formulation of the problem. Suppose we adjoin $f(x,y) = x^y$. $\mathbb{R}$ is the simplest clearly understood field closed under f, and on it x^y is defined only for $x \geq 0$. If we pass to $\mathbb{C}$ we get $(-1)^{1/2}$, but do not get $x^y (= e^{y \log x})$ total. However, if we stay on $\mathbb{R}$ $g(x,y) = (x^2)^y$ is total.

So I settle for the following formulation:

Let $W(\vec{x})$, $V(\vec{x})$ be words built from $0,1,+,\cdot,-,^{-1},g$. How to decide if

$$W(\vec{x}) \equiv V(\vec{x}) \qquad \text{on } \mathbb{R},$$

in the sense that for all values $\vec{a}$ for which $W(\vec{a})$ and $V(\vec{a})$ are both defined, $W(\vec{a}) = V(\vec{a})$?

My main result gives the existence of a primitive recursive procedure for deciding if $W \equiv V$ (under some reasonable conditions on W,V). I show also that if W and V are totally defined then $W \equiv V$ if and only if there is no $\vec{a}$ in $\mathbb{Z}$ with $W(\vec{a}) \neq V(\vec{a})$. So the exponentiation laws for $\mathbb{R}$ and $\mathbb{Z}$ are the same.

I have not been able to show that all identities are formal consequences of the obvious ones. My proof uses calculus, and no "free field with exponentiation" is evident.

The key idea comes from a 1912 paper [H1] of G. H. Hardy. Richardson [R1] has an elegant paper on exponentiation, where he finds the laws in <u>one</u> variable. I did not know this paper in 1976 when I found my results, during a stay at the Institute for Advanced Study. I gave lectures on the subject at Princeton (1976), Louvain-La-Neuve (1977) and McMaster (1978). That the material is now written up is due to the urging of Harvey Friedman, whom I sincerely thank.

§1. 1.1. <u>Terms</u>. For technical reasons, I define two classes of terms, $\mathbb{Z}$-terms and $\mathbb{R}$-terms. The common alphabet has brackets (,), an infinite list of variables, constants 0 and 1, a 1-ary operation $^{-1}$, and 2-ary operation symbols +, -, $\cdot$.

$\mathbb{Z}$-terms. There is an additional 2-ary operation-symbol g. The class of $\mathbb{Z}$-terms is defined by the following primitive recursion:

i) 0, 1 are $\mathbb{Z}$-terms;

ii) variables are $\mathbb{Z}$-terms;

iii) if τ is a $\mathbb{Z}$-term, $(\tau)^{-1}$ is a $\mathbb{Z}$-term;

iv) if τ,μ are $\mathbb{Z}$-terms, so are $(\tau + \mu)$, $(\tau - \mu)$, $(\tau \cdot \mu)$, $(\tau \mathbin{g} \mu)$.

$\mathbb{R}$-terms. There are 1-ary function-symbols log and e. The class of $\mathbb{R}$-terms is defined by the following primitive recursion:

i) 0, 1 are $\mathbb{R}$-terms;

ii) variables are $\mathbb{R}$-terms;

iii) if τ is an $\mathbb{R}$-term, so are $(\tau)^{-1}$, $(\log \tau)$, $(e\ \tau)$;

iv) if τ,μ are $\mathbb{R}$-terms, so are $(\tau + \mu)$, $(\tau - \mu)$, and $(\tau \cdot \mu)$.

Notation. I shall often write τ^{μ} for $(\tau \mathbin{g} \mu)$, and e^{τ} for $(e\ \tau)$. A term will be a $\mathbb{Z}$-term or an $\mathbb{R}$-term, depending on the context.

Terms determine partially defined functions on $\mathbb{R}$. I will now define by recursion the following notions:

τ is defined at $\vec{\alpha}$, with value β ;

τ is undefined at $\vec{\alpha}$.

1.2. Evaluating terms. Let σ be a mapping from the set of variables into $\mathbb{R}$. I define, by simultaneous recursion:

τ^{σ} is defined to be τ ;

τ^{σ} is undefined.

<u>$\mathbb{Z}$-terms</u> i) 0^σ is defined to be 0,

1^σ is defined to be 1;

ii) v^σ is defined to be $\sigma(v)$, if v is a variable;

iii) if τ^σ is undefined, or τ^σ is defined to be 0, $(\tau)^{-1\,\sigma}$ is undefined;

if τ^σ is defined to be r, and $r \neq 0$, then $(\tau)^{-1\,\sigma}$ is defined to be r^{-1};

iv) if either τ^σ or μ^σ is undefined, so are $(\tau + \mu)^\sigma$, $(\tau - \mu)^\sigma$, $(\tau \cdot \mu)^\sigma$ and $(\tau \, g \, \mu)^\sigma$;

if τ^σ is defined to be r, and μ^σ is defined to be s, then

$(\tau + \mu)^\sigma$ is defined to be $r + s$,

$(\tau - \mu)^\sigma$ is defined to be $r - s$, and $(\tau \cdot \mu)^\sigma$ is defined to be $r \cdot s$;

if τ^σ is defined to be 0, then $(\tau \, g \, \mu)^\sigma$ is undefined;

if τ^σ is defined to be r, and $r \neq 0$, and

μ^σ is defined to be s, then $(\tau \, g \, \mu)^\sigma$ is defined to be

$e^{\mu^\sigma \log |\tau^\sigma|}$.

<u>Note</u>: Why do I not define 0^r (for $r \neq 0$) as 0 and $0^0 = 1$? There are two main reasons:

1. If one makes both of the above conventions, then the decision problem for identities on $\mathbb{N}$ is trivially unsolvable, whereas my Theorem 4 gives what seems to be a substantial decidability result. If we make the above convention, and $p(\vec{x})$ is a polynomial over $\mathbb{Z}$

$$0^{(p(\vec{x}))^2} \equiv 0$$

is a law iff p is unsolvable on $\mathbb{Z}$. Then use Matejasevic's Theorem.

2. Suppose I define 0^r to be 0 for $r \neq 0$, and leave 0^0 undefined? My analysis below, converting Z-terms to R-terms and using real (and even complex) analysis, would be seriously complicated. In any case I am not too much interested in laws that depend on such conventions.

R-terms. For $0, 1, {}^{-1}, +, -, \cdot$ as above;

v) if τ^σ is undefined, then $(\log \tau)^\sigma$ and $(e\tau)^\sigma$ are undefined;

if τ^σ is defined to be r, $(e\,\tau)^\sigma$ is defined to be e^r;

if τ^σ is defined to be r, and $r \neq 0$, then

$(\log \tau)^\sigma$ is defined to be $\log |r|$;

if τ^σ is defined to be 0, then $(\log \tau)^\sigma$ is undefined.

Now I can make a basic definition.

Definition. $\tau \equiv \mu$ iff for all σ either both τ^σ and μ^σ are undefined, or τ^σ is defined to be r, μ^σ is defined to be s, and $r = s$.

The basic decision problem considered here is:

Given τ,μ, decide if $\tau \equiv \mu$.

§2. Hardy's ranking. In [H1] Hardy defined a hierarchy of R-terms, to prove basic results about asymptotic behavior of so-called logarithmic-exponential functions. I use a minor variant of his method to get upper bounds for numbers of roots. Richardson [R1] did something similar, much earlier, for a more restricted situation, and by slightly different methods.

One first defines the order of τ as an integer.

a) The order of τ is ≤ 0 if neither e nor $\log$ occurs in τ ;

b) The order of τ is $\leq n+1$ if all occurrences of e or $\log$ in τ are attached to terms of order $\leq n$.

The order of τ is the least m so that the order of τ is $\leq m$.

It is clear that order is effectively computable. Note too that the class of terms of order n is closed under $+, -, \cdot, ^{-1}$.

Following Hardy, I use the subscript n to indicate that a term is of order $\le n$. So f_n, τ_n, ρ_n etc. are terms of order $\le n$.

Definition. f_n is integral if (after sensible insertion of brackets) it is of the form

$$\Sigma\, \rho_{n-1}\, e^{\sigma_{n-1}} (\log \tau_{n-1}^{[1]})^{k_1} \quad (\log \tau_{n-1}^{[h]})^{k_h}$$

where the $\rho_{n-1}, \sigma_{n-1}, \tau_{n-1}^{[i]}$ are of order $\le n-1$, and the k_i are integers ≥ 0.

$k_1 + \ldots + k_h$ is called the logdegree of the typical term, and the maximum of the logdegrees of the terms is called the logdegree of f_n. If λ is the logdegree of f_n, and it is contributed by μ terms, f_n is called of logtype (λ, μ). When $\lambda = 0$, f_n is called integral exponential. Then μ is called the type of f_n. If $\mu = 1$, f_n is called simply exponential.

Definition. If f_n is $g_n h_n^{-1}$, where g_n and h_n are integral, f_n is called rational. If g_n, h_n are exponential, f_n is called rational exponential.

Lemma. Any f_n is (primitively recursively) equivalent to a rational g_n.

Proof. Clear.

□

Lemma. (a) If $f_n = \rho_{n-1}\, e^{\sigma_{n-1}}$ is simply exponential, $\frac{\partial}{\partial x} f_n$ is simply exponential, with the same $e^{\sigma_{n-1}}$ factor.

(b) If f_n is integral exponential of type μ, so is $\frac{\partial}{\partial x} f_n$, except that if one of the summands in f_n is constant in x, $\frac{\partial}{\partial x} f_n$ may be of type $< \mu$.

(c) If f_n is integral of logtype (λ, μ) so is $\frac{\partial}{\partial x} f_n$, or else it is of logtype (λ, μ_1) with $\mu_1 < \mu$, or even of type $(\lambda - 1, 0)$ if $\mu = 1$.

(d) $\frac{\partial}{\partial x} f_n$ is of order $\leq n$.

Proof. Formal □

Hardy's method for proving results above ℝ-terms is basically transfinite recursion on ω^3. To prove $\Phi(f)$ for all f (assuming $f \equiv g \Rightarrow (\Phi(f) \longleftrightarrow \Phi(g))$ one proceeds thus:

I. Prove $\Phi(f)$ for f of order 0;

II. Assume $\Phi(f)$ for f of order $< n$;

III. Prove $\Phi(f_n)$ for f_n simply exponential;

IV. Prove $\Phi(f_n)$ for f_n integral exponential, by induction on the type of f_n;

V. Prove $\Phi(f_n)$ for f_n integral of logtype $(\lambda + 1, 1)$ assuming $\Phi(f_n)$ for all f_n of logdegree λ.

VI. Prove $\Phi(f_n)$ for f_n integral of logtype $(\lambda, \mu + 1)$ assuming $\Phi(f_n)$ for all f_n of logtype (λ, μ).

VII. Prove $\Phi(f_n)$ for all rational f_n.

§3. Formal Degree of Terms. My basic result is little more than an effective version of Hardy's.

Theorem. There is a primitive recursive function $d(x,\tau)$, for x a variable and τ a term, such that

(a) d takes values in ℕ;

(b) if τ is $\tau(x_1, \ldots, x_n)$ and x is x_i $(i \leq n)$ then for any $\alpha_1, \ldots, \alpha_{i-1}, \alpha_{i+1}, \ldots, \alpha_n$ in R, and any open interval I on which $\tau(\alpha_1, \ldots, \alpha_{i-1}, x, \alpha_{i+1}, \ldots, \alpha_n)$ is total, if there are more than $d(x,\tau)$ points α in I with $\tau(\alpha_1, \ldots, \alpha_{i-1}, \alpha, \alpha_{i+1}, \ldots, \alpha_n)$ defined as 0 then for any β in $\tau(\alpha_1, \ldots, \alpha_{i-1}, \alpha, \alpha_{i+1}, \ldots, \alpha_n)$ is defined as 0.

Remark. For example, if $\tau = \tau(x, \vec{y})$ and τ is total, the theorem says that for any $\vec{\alpha}$ if $\tau(x, \vec{\alpha})$ has more than $d(x,\tau)$ roots then $\tau(x, \vec{\alpha})$ is identically zero. The cumbersome formulation above is due to the fact that $\mathbb{R}$-terms are not in general totally defined.

The above theorem is best proved at the same time as the next one.

Theorem. There is a primitive recursive function $s(x,\tau)$, for x a variable and τ a term, such that

(a) s takes values in $\mathbb{N}$;

(b) if τ is $\tau(x_1, \ldots, x_n)$ and x is x_i $(i \leq n)$ then for any $\alpha_1, \ldots, \alpha_{i-1}, \alpha_{i+1}, \ldots, \alpha_n$ in $\mathbb{R}$, and interval I, if there are more than $s(x,\tau)$ maximal connected subsets of I on which $\tau(\alpha_1, \ldots, \alpha_{i-1}, x, \alpha_{i+1}, \ldots, \alpha_n)$ is totally undefined then $\tau(\alpha_1, \ldots, \alpha_{i-1}, \beta, \alpha_{i+1}, \ldots, \alpha_n)$ is undefined for all β in I.

(If the reader finds this implausible, let him recall that $\log x$ is defined (in this paper) for all $x \neq 0$ (as $\log |x|$)).

The functions d and s are constructed by simultaneous recursion on ω^3, and proved to work by a corresponding induction. I follow the scheme I $\to$ VII given earlier.

I. τ of order 0. Find effectively polynomials f and g with $\tau \equiv f \cdot g^{-1}$. Let $d(x,\tau)$ be the degree of f in x, and $s(x,\tau)$ the degree of g in x.

II. Assume done.

III. τ is f_n, where $f_n = \sigma_{n-1} \cdot e^{\beta_{n-1}}$, $d(x,\tau) = d(x,\sigma_{n-1})$
$s(x,\tau) = s(x, \sigma_{n-1}) + s(x, \beta_{n-1})$.

IV. τ is f_n, where

$$f_n = \sum_{k=1}^{m} \sigma_{n-1}^{[k]} \quad e^{\beta_{n-1}^{[k]}} \quad , \qquad m \geq 2,$$

$$s(x,\tau) = \sum_{k=1}^{m} (s(x, \sigma_{n-1}^{[k]}) + s(x, \beta_{n-1}^{[k]}))$$

The computation of d is trickier.

Let $\delta = d(x, \sigma_{n-1}^{[1]} e^{\beta_{n-1}^{[1]}})$. <u>Fix</u> some assignment $\vec{\alpha}$ to all variables except x and fix an interval I on which $\tau(\alpha_1, \ldots, \alpha_{i-1}, x, \alpha_{i+1}, \ldots, \alpha_n)$ is total. For that assignment, f_n has no more than δ roots in I in common with $\sigma_{n-1}^{[1]} e^{\beta_{n-1}^{[1]}}$, <u>unless</u> for the above assignment $\sigma_{n-1}^{[1]} e^{\beta_{n-1}^{[1]}}$ has value 0 for all x in I. In the latter situation, f_n has no more than $d(x, f_n - \sigma_{n-1}^{[1]} e^{\beta_{n-1}^{[1]}})$ roots or takes the value 0 everywhere on I. is

Let $\delta_1 = d(x, f_n - \sigma_{n-1}^{[1]} e^{\beta_{n-1}^{[1]}})$. Remember that $f_n - \sigma_{n-1}^{[1]} e^{\beta_{n-1}^{[1]}}$ has lower type than f_n.

We pass now to the other alternative, that $\sigma_{n-1}^{[1]} e^{\beta_{n-1}^{[1]}}$ has no more than δ roots in I for our fixed assignment. Consider

$h_n = f_n \cdot (\sigma_{n-1}^{[1]} e^{\beta_{n-1}^{[1]}})^{-1}$, which is effectively equivalent to $1 + g_n$, where g_n is simply exponential of lower type than f_n. We want to estimate the number of roots of h_n in I, by estimating the number of roots of $\frac{\partial}{\partial x} h_n$, which is effectively equivalent to $\frac{\partial}{\partial x} \cdot g_n$, which is simply exponential of lower type than f_n. We want to use the principle that between any two roots of h_n there is a root of $\frac{\partial}{\partial x} \cdot g_n$. There is a slight snag, in that we cannot quite exclude the possibility that between roots α and β of h_n, $\frac{\partial}{\partial x} g_n$ and h_n are undefined at a point that "ought to be a root of $\frac{\partial}{\partial x} g_n$".

The roots of $\sigma_{n-1}^{[1]} e^{\beta_{n-1}^{[1]}}$ on I induce a decomposition of I into $\leq \delta + 1$ intervals on each of which h_n is totally defined. On each of these intervals g_n and $\frac{\partial}{\partial x} g_n$ is totally defined. It follows that either

(A) h_n has $\leq (\delta + 1)\cdot(d(x, \frac{\partial}{\partial x} g_n) + 1)$ roots in I, or

(B) on a subinterval I_1 of I $\frac{\partial}{\partial x}\cdot g_n$ is identically 0.

Suppose (B). On I_1, $\frac{\partial}{\partial x}\cdot h_n$ is identically 0, so h_n is constant. So on I_1 $f_n(x) = \lambda \cdot \sigma_{n-1}^{[1]} e^{\beta_{n-1}^{[1]}}$ for some constant λ. But f_n is evidently analytic on a connected open (complex) neighborhood of I, so for all x in I $f_n(x) = \lambda \cdot \sigma_{n-1}^{[1]} e^{\beta_{n-1}^{[1]}}$. In this case, if $\lambda = 0$ f_n is identically zero on I, and otherwise f_n has no more than δ roots on I.

Now suppose (A). In that case f_n has no more than

$$(\delta + 1)\cdot(d(x, \frac{\partial}{\partial x} g_n)) + 1) + \delta$$

roots on I.

Pulling together the estimates for the various alternatives, one sees that one may define $d(x, \tau)$ as

$$\delta_1 + (\delta + 1)(d(x, \frac{\partial}{\partial x} g_n) + 2) .$$

V. Suppose τ is f_n, where f_n is integral of logtype $(\lambda + 1,1)$. So f_n is

$$g_n + \rho_{n-1} e^{\sigma_{n-1}} (\log \tau_{n-1}^{[1]})^{k_1} \quad (\log \tau_{n-1}^{[h]})^{k_h}$$

where g_n is of logdegree $\leq \lambda$, and $k_1 + \ldots + k_h = \lambda + 1$. The argument is very similar to that in IV, but with some extra complications. Fix I, $\vec{d}$ as before.

f_n is undefined at a point x iff one of g_n, ρ_{n-1}, β_{n-1}, $\tau_{n-1}^{[j]}$ is undefined, or some $\tau_{n-1}^{[j]}$ is defined as 0. So evidently we may define $s(x,f_n)$ as

$$s(x, g_n) + s(x, \rho_{n-1}) + s(x, \beta_{n-1})$$
$$+ \Sigma\, s(x, \tau_{n-1}^{[j]})$$
$$+ \Sigma\, d(x, \tau_{n-1}^{[j]})$$

Now we define $d(x,f_n)$. We assume now f_n is totally defined on I.

Let $\delta = d(x, \rho_{n-1} e^{\beta_{n-1}})$. If $\rho_{n-1} e^{\beta_{n-1}}$ is identically zero on I, f_n has no more than $d(x,g_n)$ roots on I. Suppose however that $\rho_{n-1}e^{\beta_{n-1}}$ is not identically zero on I, and consider $h_n = f_n \cdot (\rho_{n-1} e^{\beta_{n-1}})^{-1}$. The zeros of $\rho_{n-1} e^{\beta_{n-1}}$ (of which there are $\leq \delta$) decompose I into $\leq \delta$ subintervals on which h_n is total. Evidently h_n is effectively equivalent to

$$g_n \cdot (\rho_{n-1} e^{\beta_{n-1}})^{-1} + (\log \tau_{n-1}^{[1]})^{k_1} \ldots (\log \tau_{n-1}^{[h]})^{k_h}.$$

Let $j_n = g_n \cdot (\rho_{n-1} e^{\beta_{n-1}})^{-1}$. j_n and $\frac{\partial}{\partial x} \cdot j_n$ are of logtype $\leq \lambda$. $\frac{\partial}{\partial x} (\log \tau_{n-1}^{[1]})^{k_1} \ldots (\log \tau_{n-1}^{[h]})^{k_h})$ is of logtype $\leq \lambda$. So $\frac{\partial}{\partial x} h_n$ is of logtype $\leq \lambda$. And $\frac{\partial}{\partial x} h_n$ is total on each of the above mentioned subintervals. As in IV it follows that either

(A) h_n has $\leq (\delta + 1)(d(x, \frac{\partial}{\partial x} g_n) + 1)$ roots in I, or

(B) on a subinterval I_1 of I, h_n is constant.

One now proceeds exactly as in IV, to get the definition

$$d(x, \tau) = d(x,g_n) + (\delta + 1)(d(x, \frac{\partial}{\partial x} h_n) + 2).$$

VI. τ is f_n, where f_n is integral of logtype $(\lambda,\mu + 1)$.

The argument and ensuing definitions are not much different from those of V, and are left to the reader. The formal idea is in Hardy [H1].

VII. τ is f_n, where f_n is $g_n \cdot h_n^{-1}$, and g_n, h_n are integral. Obviously one puts:

$s(x,f_n) = s(x,g_n) + d(x,h_n)$, $d(x,f_n) = d(x,g_n)$.

This completes the proofs. □

§4. Laws of Exponentiation. The preceding theorems give a method for testing putative laws. The method is extremely brutal.

One consequence of Theorem 1 is

Theorem 3. Suppose $\tau(x_1, \ldots, x_n)$ is either a $\mathbb{Z}$-term or an $\mathbb{R}$-term, and τ is totally defined on $\mathbb{R}^n$. Then $\tau \equiv 0$ on $\mathbb{R}$ iff $\tau \equiv 0$ on $\mathbb{N}^n$.

Proof Case 1. τ is an $\mathbb{R}$-term. Let $k_1 = d(x, \tau)$. Suppose $\tau \equiv 0$ on $\mathbb{N}^n$. Then $\tau(j, x_2, \ldots, x_n) \equiv 0$ $(1 \le j \le k_1 + 1)$ on $\mathbb{N}^{n-1}$. So by an obvious induction $\tau(j, x_2, \ldots, x_n) \equiv 0$ $(1 \le j \le k_1 + 1)$ on $\mathbb{R}^{n-1}$. By Theorem 1, $\tau \equiv 0$ on $\mathbb{R}^n$. □

Case 2. τ is a $\mathbb{Z}$-term. Evidently there is an $\mathbb{R}$-term μ with $\tau \equiv \mu$. Then use Case 1. □

I conclude with an algorithm for testing laws on $\mathbb{N}$. I do not seek maximum generality, and my result certainly does not exhaust the resources of Theorem 1.

Let us say a $\mathbb{Z}$-term $\tau(\vec{x})$ is totally hereditarily computable on $\mathbb{N}$ if every subterm Υ of τ is totally defined on $\mathbb{N}$, takes values in $\mathbb{Z}$, and values in $\mathbb{N}$ whenever Υ occurs in an exponent.

Theorem 4. There is a primitive recursive algorithm which decides, given τ, μ totally hereditarily computable on $\mathbb{N}$, whether $\tau \equiv \mu$.

Proof. Our assumptions on τ, μ imply that $\tau(\vec{x})$ is primitively recursively computable from $\tau, \vec{x}$.

To test $\tau \equiv \mu$, effectively find R-terms τ^*, μ^* with $\tau \equiv \tau^*$, $\mu \equiv \mu^*$. Compute $d(x_1, \tau^* - \mu^*)$ for each x_i in $\vec{x}$. Using an obvious induction, test if $\tau(j, x_2, \ldots, x_k) \equiv \mu(j, x_2, \ldots, x_k)$ for $1 \le j \le d(x_1, \tau^* - \mu^*)$. If one answer is no, $\tau \not\equiv \mu$. If each answer is yes, $\tau \equiv \mu$. □

§5. Concluding Remarks. The most interesting problem provoked by the above is that of showing that there are no "exotic" laws, i.e. that every law is a consequence of the laws of $+, \cdot, -, ^{-1}, 0, 1$ together with

$$x^1 = x$$

$$x^{y+z} = x^y \cdot x^z$$

$$x^{yz} = (x^y)^z$$

$$(xy)^z = x^z \cdot y^z \;.$$

It seems difficult to prove such a theorem by the methods of real algebra used above.

REFERENCES

[H1] G. H. Hardy, Orders of Infinity, Cambridge 1910.

[R] D. Richardson, Solution of the identity problem for integral exponential functions, Zeitschrift für Mathematische Logik und Grundlagen der Mathematik, 15(1969), 333-340.

LE THÉORÈME DE MATIYASSÉVITCH
ET RÉSULTATS CONNEXES

(M. Margenstern)

L'exposé est consacré aux travaux développés depuis une quinzaine d'années dans la recherche de la solution du dixième problème de Hilbert, à savoir l'existence éventuelle d'une méthode générale permettant de décider si une équation diophantienne admet ou non des solutions.

Les travaux de PUTNAM, DAVIS et J. ROBINSON ont abouti à une approche de la solution que MATIYASSÉVITCH a conduit à son terme en 1970. La réponse négative au dixième problème se fonde sur un résultat très important et tout à fait surprenant puisqu'il établit l'identité de deux notions qui appartiennent à des domaines mathématiques a priori fort éloignés : la logique mathématique et la théorie des nombres.

Cet exposé est en principe "self-contained". Il comprend trois parties. Dans la première relativement technique, on donne une démonstration (dûe pour l'essentiel à MATIYASSÉVITCH) du théorème principal sur l'équivalence entre les ensembles diophantiens et les ensembles récursivement énumérables.

Dans la seconde partie, on cherche à donner au lecteur, en s'appuyant sur des exemples célèbres, une idée de l'étendue du champ des problèmes intéressants qui peuvent être réduits à la détermination de la solubilité ou de l'insolubilité d'une équation diophantienne. On indique également quelques unes des méthodes utilisées pour obtenir cette réduction.

Dans la troisième partie, on aborde l'étude du dixième problème de Hilbert sur d'autres ensembles de nombres que $\mathbb{N}$.

I. Le théorème principal.

Le but de cette première partie est de démontrer que tout ensemble récursivement énumérable est diophantien.

Le plan de la démonstration se décompose en deux étapes :

- tout d'abord on démontre que tout ensemble récursivement énumérable est exponentiellement diophantien,
- puis on démontre que tout ensemble exponentiellement diophantien est diophantien, en montrant que le graphe de l'exponentielle est diophantien.

Seule la seconde étape de la démonstration fait appel à des résultats assez fin d'arithmétique. Nous les indiquerons et les démontrerons à ce moment là.

Dans la suite de l'exposé, on appellera entiers positifs, les éléments de $\mathbb{N}^* = \mathbb{N}\setminus\{0\}$, les éléments de $\mathbb{N}$ étant appelés entiers naturels.

Donnons quelques définitions préliminaires :

Soit $\mathcal{S}$ une partie de $(\mathbb{N}^*)^k$. On dit que $\mathcal{S}$ est <u>diophantienne</u> si on peut trouver un entier n et un polynôme P dans $\mathbb{Z}[X_1,\ldots,X_k , Y_1,\ldots,Y_n]$ tels que :

$(a_1,\ldots,a_k) \in \mathcal{S} \Longleftrightarrow \exists y_1,\ldots,y_n \in \mathbb{N}^* \quad P(a_1,\ldots,a_k , y_1,\ldots,y_n) = 0$.

Les symboles $a_1 \ldots a_k$ sont appelés les <u>paramètres</u> de P et $y_1,\ldots,y_n$ les <u>inconnues</u>. Notons que la restriction des valeurs des inconnues aux entiers positifs est introduite pour la commodité des calculs et de l'exposé et n'altère en rien la généralité. En effet : $P(x) = 0$ a des solutions dans $\mathbb{N}$ ssi $P(x_1^2+x_2^2+x_3^2+x_4^2)=0$ a des solutions dans $\mathbb{Z}$ (tout entier naturel est somme de quatre carrés), $P(x) = 0$ a des solutions dans $\mathbb{N}^*$ ssi $P(x+1) = 0$ a des solutions dans $\mathbb{N}$ et $P(x) = 0$ a des solutions dans $\mathbb{Z}$ ssi $P(x)P(0)P(-x) = 0$ a des solutions dans $\mathbb{N}^*$.

Enfin nous dirons qu'une relation sur des entiers positifs est diophantienne ssi son graphe est un ensemble diophantien.

Définissons les ensembles exponentiellement diophantiens :

On définit les <u>monômes exponentiels en</u> $X_1,\ldots,X_k$ de la façon suivante :

ce sont les expressions de la forme

$$ab^{\Theta}X_1^{\Xi_1}\ldots X_k^{\Xi_k}$$

où a,b sont des entiers naturels, Θ l'entier naturel 0 ou la variable X_i, Ξ_i un entier naturel ou une des variables $X_1,\ldots,X_k$. On convient de poser $X_i^0 = 1$ et de considérer que le produit des $X_i^{\Xi_i}$ entre eux est commutatif.

On appelle <u>polynôme exponentiel en</u> $X_1,\ldots,X_k$ (ou à k <u>variables</u>) toute somme finie de monômes exponentiels en $X_1,\ldots,X_k$.

Un ensemble $\mathcal{E}$ de $(\mathbb{N}^*)^k$ est dit <u>exponentiellement diophantien</u> s'il existe un entier n et un polynôme exponentiel P en $X_1,\ldots,X_k,Y_1,\ldots,Y_n$ tel que :

$$(a_1,\ldots,a_k)\in\mathcal{E} \Longleftrightarrow \exists y_1,\ldots,y_n \in \mathbb{N}^* \quad P(a_1,\ldots,a_k,y_1,\ldots,y_n) = 0 .$$

De même on dit qu'une relation est exponentiellement diophantienne ssi son graphe l'est.

1. <u>Représentation exponentiellement diophantienne des ensembles récursivement énumérables</u>.

La démonstration que nous exposons ici reprend la démonstration récente de Matiyassévitch dans [3]. Elle ne fait pratiquement pas appel à l'arithmétique. En particulier, elle permet de court-circuiter les constructions complexes fondées sur le théorème chinois et sa représentation diophantienne.

Elle se fonde sur la simulation du fonctionnement d'une machine de Turing par un nombre fini de relations exponentiellement diophantiennes. Ce qui est suffisant puisqu'on sait que les fonctions récursives partielles sont exactement les fonctions définissables par une machine de Turing (cf. Par exemple [11]).

Diverses présentations équivalentes des machines de Turing existent dans la littérature. Pour des raisons techniques, nous prendrons la présentation suivante (cf. Matiyassévitch [3]), qui consiste en quelque sorte à décrire une machine de Turing par un semi-système de Thue.

1.1 Machines de Turing.

La machine est constituée d'une mémoire infinie représentée par une bande illimitée à droite divisée en cases. La case la plus à gauche dite première case est marquée par le signe * qui ne peut être effacé ni écrit dans une autre case. Chaque case en dehors de la première contient une des lettres de l'alphabet fini $A = \{a_o, \ldots, a_n\}$ (on suppose $a_i \neq *$). On conviendra d'appeler case vide tout case contenant a_o. Au départ, toutes les cases de la mémoire, sauf un nombre fini d'entre elles sont vides. La machine dispose d'un nombre fini d'états désignés par $E_o, \ldots, E_m$, E_1 étant l'état de départ et E_o l'état d'arrêt de la machine.

La machine transforme le mot écrit au départ sur la bande par étapes où elle n'effectue qu'une opération dans une seule case, appelée case vue, qui consiste à remplacer la lettre figurant dans la case vue par une autre. Puis la machine passe à une des cases adjacentes à la case vue. Elle effectue ces deux opérations selon des instructions en nombre fini que l'on peut représenter de la façon suivante :

$$E_i\ a \rightarrow b\ E_j\ U \qquad (1)$$

où a et b désignent un des symboles $a_o,\ldots,a_n,*$, et U désigne une des deux lettres G,D (à gauche, à droite) avec la condition : si $a = *$ alors $b = *$ et $U = D$. $E_i\ a$ est appelé <u>couple d'entrée</u> et $b\ E_j\ U$, <u>triplet de sortie</u>.

En vue d'arithmétiser le fonctionnement de la machine de Turing considérée, on ne s'intéressera qu'aux <u>configurations</u> de la machine qui, par définition, représentent l'état de la bande après chaque pas du travail de la machine. Afin de faire apparaître la case vue et l'état de la machine au pas considéré, on introduit de nouvelles lettres pour représenter les états : $\vec{E}_o,\ldots,\vec{E}_m$, $\overleftarrow{E}_o,\ldots,\overleftarrow{E}_m$ (cf. [3]). Les configurations seront des mots de la forme :

$$* \Delta \vec{E}_i\ \Xi \qquad (2a)$$

$$* \Delta \overleftarrow{E}_i\ \Xi \qquad (2b)$$

où Δ et Ξ sont des mots dans A (éventuellement vides), étant entendu que les cases à droite de Ξ sont vides. Dans la configuration (2a), la case vue est celle qui contient la première lettre du mot Ξ (ou la première case vue à droite du mot Δ si le mot Ξ est vide) et dans (2b) la case vue est celle qui contient la dernière lettre du mot Δ (ou la première case si le mot Δ est vide), la machine se trouvant dans l'état E_i .

Le passage d'une configuration à la configuration suivante se présente comme le passage d'un mot à un autre dans un calcul formel par l'application d'une des règles de la forme :

$$\vec{E}_i\ a \rightarrow \overleftarrow{E}_j\ b \qquad (3a)$$

$$a\ \overleftarrow{E}_i \rightarrow \overleftarrow{E}_j\ b \qquad (3b)$$

$$\vec{E}_i\ a \rightarrow b\ \vec{E}_j \qquad (3c)$$

$$a\ \overleftarrow{E}_i \rightarrow b\ \vec{E}_j \qquad (3d)$$

où $a,b \neq *$ dans (3a), (3b), (3c) et, dans (3d), si $a = *$, alors

$b = *$. Les règles (3a) à (3d) découlent des instructions (1). Par exemple, l'instruction

$$E_i\ a \rightarrow b\ E_j\ D$$

donne naissance à deux règles :

$$\vec{E}_i\ a \rightarrow b\ \vec{E}_j$$
$$a\ \overleftarrow{E}_i \rightarrow b\ \vec{E}_j$$

suivant le sens du mouvement de la machine au pas précédent la case vue.

Le programme de la machine, constitué par la liste des instructions, peut être représenté par une liste de ℓ règles :

$$L_i M_i \rightarrow S_i T_i \qquad (4)$$

où $L_i , M_i , S_i , T_i \in \{a_o,\ldots,a_n , \vec{E}_o,\ldots,\vec{E}_m , \overleftarrow{E}_o,\ldots,\overleftarrow{E}_m , *\}$.

Considérons maintenant une machine de Turing $\mathbb{K}$ et un mot M . On dit que la machine converge en M s'il existe un entier s tel que l'état E_o apparaisse au $s^{\text{ième}}$ pas du travail de la machine pour la configuration initiale $* \overleftarrow{E}_1 M$. Il est clair que le travail de la machine $\mathbb{K}$ s'arrête au bout de s pas si et seulement si il existe des mots Z et W et une suite $K_o,\ldots,K_s$ de configurations telles que :

(i) Z ne contient que la lettre a_o ;

(ii) $K_o = * \overleftarrow{E}_1 M\ Z$, K_i s'obtient à partir de K_{i-1} par une des règles (4) pour $i = 1,\ldots,s$ et $K_s = W$;

(iii) W contient $\vec{E}_o$ ou $\overleftarrow{E}_o$.

Il est malcommode de représenter, arithmétiquement, une liste de mots de longueur arbitraire. Aussi peut-on remplacer la suite des configurations $K_1,\ldots,K_{s-1}$ par un seul mot : $L = K_1,\ldots,K_{s-1}$. On remarque que chacun des K_i commence par le signe $*$ qui n'est présenté qu'une fois dans une configuration, et les K_i ont la même longueur. Ceci permet de remplacer la condition (ii) par :

(ii*) LW s'obtient à partir de K_oL par la substitution simultanée de toutes les occurrences des mots de la forme L_iM_i par ceux de la forme S_iT_i . Cela se vérifie sans difficulté par le fait que cette opération transforme K_o en K_1 , K_1 en K_2 , etc... K_{s-1} en $K_s = W$.

Cela permet aussi de ne plus faire figurer l'entier s .

Il nous reste encore une étape avant de passer à l'arithmétisation : ramener la transformation des mots L_iM_i en S_iT_i à une transformation portant seulement sur des lettres. Pour cela, on remarque qu'il y a ℓ règles (4). Construisons 2ℓ lettres $B_1,\dots,B_\ell$, $C_1,\dots,C_\ell$. Soit P le mot obtenu à partir de K_oL par les règles :

$$L_iM_i \to B_iC_i \qquad (5a)$$

Alors LW s'obtient à partir de P par les règles

$$B_iC_i \to S_iT_i \qquad (5b)$$

Mais on peut considérer également que K_oL s'obtient à partir de P par les règles

$$B_iC_i \to L_iM_i \qquad (5c)$$

Remarquons qu'on peut décomposer les règles (5b) et (5c) en :

$$B_i \to S_i \qquad C_i \to T_i \qquad (6a)$$

$$B_i \to L_i \qquad C_i \to M_i \qquad (6b)$$

Car chaque occurence de B_i est suivie de C_i et chaque occurence de C_i précédée de B_i . Précisons cette relation : on dit que dans le mot N , la lettre d est <u>l'ombre</u> de la lettre c si chaque occurence de c est suivie de d et si chaque occurence de d est précédée de c . On note cette relation $Sh(N,c,d)$. Et donc P se déduit de K_oL par les règles (5a) ssi M_i est l'ombre de L_i dans P et K_oL se déduit alors de P par les règles (6b). On note le résultat de la substitution de c par d dans N par $Sub(N,c,d)$.

Alors (cf. [3]) la machine $\mathbb{K}$ converge en M si et seulement si il existe des mots Z, L, W et P dans l'alphabet $A_1 = A \cup \{\vec{E}_o,\dots,\vec{E}_m, \overleftarrow{E}_o,\dots,\overleftarrow{E}_m\} \cup \{B_1,\dots,B_\ell, C_1,\dots,C_\ell\} \cup \{*\}$ tels que

$$(\mathrm{I}) \begin{cases} (\mathrm{i}) & Z \text{ ne contient que la lettre } a_o \\ (\mathrm{ii}) & P \text{ ne contient aucune des lettres } \vec{E}_o,\dots,\vec{E}_m, \overleftarrow{E}_o,\dots,\overleftarrow{E}_m \\ (\mathrm{iii}) & Sh(P,B_i,C_i) \quad i = 1,\dots,\ell \\ (\mathrm{iv}) & *\overleftarrow{E}_1 M Z L = Sub(..Sub(P,B_1,L_1),C_1,M_1),..B_\ell,L_\ell)C_\ell M_\ell) \\ (\mathrm{v}) & LW = Sub(..Sub(Sub(P,B_1,S_1),C_1,T_1),..B_\ell,S_\ell)C_\ell T_\ell) \\ (\mathrm{vi}) & W \text{ contient } \vec{E}_o \text{ ou } \overleftarrow{E}_o . \end{cases}$$

1.2 Arithmétisation.

Nous allons maintenant coder les mots dans l'alphabet A_1 par des entiers naturels et exprimer les relations I (i) à (vi) par des relations entre les codes des entiers correspondants. Il nous restera alors à établir que les relations entre les codes sont exponentiellement diophantiennes ainsi que la relation unaire "n est le code d'un mot dans A_1 ".

Considérons donc l'alphabet $A_1 = \{F_1,\dots,F_k\}$. Suivant [3] on définit le code d'un mot R dans A_1 comme un k+1-uplet d'entiers naturels $<r_o,\dots r_k>$ où r_o est la longueur du mot R ($r_o = 0$ si R est le mot vide) et les r_j $(j = 1,\dots,k)$ sont définis de la façon suivante : si le mot R est vide, $r_j = 0$, sinon, R s'écrit $Q_{r_o}\dots Q_1$ et on pose :

$$\chi_{ij} = \begin{cases} 1 & \text{si } Q_i = F_j \\ 0 & \text{si } Q_i \neq F_j \end{cases}$$

et $r_j = \sum_{i=1}^{r_o} \chi_{ij}\, 2^{i-1}$, de sorte que si on écrit r_j en base 2 , on obtient "la fonction caractéristique" des occurences de F_j dans le mot R .

Il est clair que l'on peut reconstruire le mot R à partir de son code de façon univoque.

On établit sans difficulté que si R et S sont des mots dans A_1 de codes respectifs $<r_o, r_1, \ldots r_k>$, $<s_o, s_1, \ldots, s_k>$, alors $R = S$ ssi $r_i = s_i$ pour $i = 0, \ldots, k$ et RS a pour code $<r_o + s_o, r_1 2^{s_o} + s_1, \ldots, r_k 2^{s_o} + s_k>$. Si $<r_o, r_1, \ldots r_k>$ est le code du mot R, le code de $Sub(R, F_i, F_j)$, où $i \neq j$, est le k+1-uplet $<r'_o, r'_1, \ldots, r'_k>$ où $r'_0 = r_0$, $r'_i = 0$, $r'_j = r_j + r_i$, $r'_h = r_h$ pour $h \neq i, j$ et on a $Sh(R, F_i, F_j)$ si et seulement si $r_j = 2r_i$. R ne contient que la lettre F_i si et seulement si $r_i = 2^{r_0} - 1$ et R contient F_i ou F_j si et seulement si $r_i + r_j > 0$ et R ne contient pas les lettres $F_{i_1}, \ldots, F_{i_h}$ ssi $r_{i_1}^2 + \ldots + r_{i_h}^2 = 0$. Il reste à exprimer que "le k+1-uplet $<r_o, r_1, \ldots, r_k>$ est le code d'un mot R dans A_1". Soient x et y deux entiers naturels, $\alpha_1, \ldots, \alpha_q$ et $\beta_1, \ldots, \beta_r$ respectivement les chiffres de la représentation binaire de ces entiers. On a donc : $x = \sum_{i=1}^{q} \alpha_i 2^{i-1}$ et $g = \sum_{i=1}^{r} \beta_i 2^{i-1}$. Il est clair qu'on a $\alpha_i, \beta_j \in \{0,1\}$ et qu'on peut supposer $r = q$ en ajoutant éventuellement un nombre convenable d'α_i ou de β_i nuls. On dira que x et y sont <u>compatibles</u> et on le notera $x C y$ si et seulement si $\alpha_i + \beta_i \in \{0,1\}$ pour $i = 1, \ldots, r$. C'est-à-dire les 1 dans l'écriture binaire de x et de y ne doivent pas se trouver aux mêmes places. Il est alors clair que $<r_o, r_1, \ldots r_k>$ est le code d'un mot R dans A_1 si et seulement si

$$[\mathop{\&}_{1 \leq i < j \leq k} r_i C r_j] \ \& \ [r_1 + \ldots + r_k = 2^{r_0} - 1] \tag{7}$$

Il est clair, d'après le codage utilisé que les relations associées aux relations I(i) (ii) sont exponentiellement diophantiennes. Il nous reste à démontrer que la relation (7) est également exponentiellement diophantienne.

Remarquons tout d'abord que si R_1 et R_2 sont des relations (exponentiellement) diophantiennes, exprimées par les polynômes (exponentiels) P_1 et P_2 respectivement, alors $R_1 \& R_2$ est exprimée par le polynôme (exponentiel) $P_1^2 + P_2^2$. Donc il suffit de montrer que la relation $x\,C\,y$ est exponentiellement diophantienne. Pour cela, on va établir que :

$$x\,C\,y \Longleftrightarrow \binom{x+y}{x} \equiv 1 \pmod 2 \quad \text{(avec la convention } \binom{0}{0} = 1) \qquad (8)$$

et que $c = \binom{n}{k}$ est une relation exponentiellement diophantienne.

Le résultat s'en suivra, car : $n \equiv q \pmod m$ $m > 0$ et $n \geqslant q$ si il existe un entier positif u tel que $n-q = (u-1)m$.

Pour établir (8), nous procéderons comme suit :

soit $x = \sum_{i=1}^{s} \alpha_i 2^{i-1}$ $y = \sum_{i=1}^{s} \beta_i 2^{i-1}$ et $x+y = \sum_{i=1}^{s} \gamma_i 2^{i-1}$ où $\alpha_i, \beta_i, \gamma_i \in \{0,1\}$ et s choisi de telle sorte que $\gamma_s \neq 0$. Suivant [10], nous désignerons par $E(n)$ l'exposant de la plus grande puissance de 2 qui divise l'entier naturel n (avec $E(0) = +\infty$). On remarque que E est additive, c'est-à-dire que pour tous entiers naturels n et m , $E(nm) = E(n) + E(m)$. Alors, comme

$$(2^m)! = 2^m.(2^m-1).(2^m-2)\ldots 2^k.(2^k-1)(2^k-2)\ldots 4.3.2 \ .$$

Donc
$$\begin{aligned} E((2^m)!) &= E(2^m.(2^m-2)\ldots 2^k.(2^k-2)\ldots 4.2) = \\ &= E(2.2^{m-1}.2.(2^{m-1}-1)\ldots 2.2^{k-1}.2.(2^{k-1}-1)\ldots 2.2.2.1) = \\ &= E((2^{m-1})!) + 2^{m-1} \end{aligned}$$

et donc, par sommation $E((2^m)!) = 2^m-1$.

Par ailleurs, si $n = 2^m+n_1$ avec $n_1 < 2^m$, on a $E(n) = E(n_1)$ et donc, comme $n! = (2^m+n_1)(2^m+n_1-1)\ldots(2^m+n_1-n_1+1)(2^m)!$ on a :

$$E(n!) = E((2^m)!) + E(n_1.(n_1-1)\ldots 1) = E((2^m!) + E(n_1!) \ .$$

Il en résulte que (cf. [10]) : $E(x!) = \sum_{i=1}^{s} \alpha_i(2^i-1) = x - \sum_{i=1}^{s} \alpha_i$ et par conséquent, comme

$$E(\binom{x+y}{x}) = E((x+y)!) - E(x!) - E(y!)$$

on a (cf. [10]) : $E(\binom{x+y}{x}) = \sum_{i=1}^{s} (\alpha_i + \beta_i - \gamma_i)$.

En outre $\binom{x+y}{x} \equiv 1 \pmod 2$ équivaut à $E(\binom{x+y}{x}) = 0$. On démontre par récurrence sur s que $\sum_{i=1}^{s} (\alpha_i+\beta_i-\gamma_i) = 0$ si et seulement si $\alpha_i+\beta_i=\gamma_i$ pour $i=1,\ldots,s$. Pour cela, on établit qu'il existe un plus petit indice i_o pour lequel $\alpha_{i_o}+\beta_{i_o}-\gamma_{i_o} = -1$ si et seulement si on trouve un plus petit indice j_o avec $j_o < i_o$ pour lequel $\alpha_{j_o}+\beta_{j_o}-\gamma_{j_o} = 2$ et qu'alors $\sum_{i=1}^{i_o} (\alpha_i+\beta_i-\gamma_i) \geqslant 1$. Or $\alpha_i+\beta_i=\gamma_i$ si et seulement si $\alpha_i+\beta_i \in \{0,1\}$ pour $i=1,\ldots,s$, c'est-à-dire $x\,C\,y$, ce qui établit (8).

Il reste à montrer que $c = \binom{n}{k}$ est une relation exponentiellement diophantienne. Pour cela, on remarque (cf. [3], [7]), que

$$\text{si } u > 2^n \text{ , alors } \binom{n}{k} = \text{Rés}([\frac{(u+1)^n}{u^k}],u) \tag{9}$$

où $[\frac{p}{q}]$ est la partie entière du rationnel $\frac{p}{q}$ et Rés(a,b) désigne le reste de la division de a par b . En effet, comme $u > 2^n$ et que $2^n = \sum_{j=o}^{n} \binom{n}{j} > \binom{n}{k}$, on a que $[\frac{(u+1)^n}{u^k}] = \binom{n}{k} + u \sum_{j=k+1}^{n} \binom{n}{j} u^{j-1}$ puisque $\frac{1}{u^k} \sum_{j=o}^{k-1} \binom{n}{j} u^j \leqslant \frac{1}{u} \sum_{j=o}^{k-1} \binom{n}{j} \leqslant \frac{2^n}{u} < 1$. Mais alors, comme $\binom{n}{k} \leqslant 2^n < u$, on a bien (9). Or, $c = \text{Rés}(a,b)$ si et seulement si il existe des entiers positifs v et w tels que $a = bv+c$ et $b = c+w$.

Nous avons donc démontré que la relation (7) est exponentiellement diophantienne. C'est-à-dire qu'il existe un entier r et un polynôme exponentiel Π en $X_o,X_1,\ldots,X_k$, $Y_1,\ldots,Y_r$ tel que :

$$\text{" } < r_o,r_1,\ldots,r_k > \text{ est le code d'un mot dans } A_1 \text{ "}$$
$$\Longleftrightarrow \exists y_1\ldots y_r \;\; \Pi(r_o,r_1,\ldots,r_k,y_1,\ldots,y_r) = 0 \text{ .}$$

Par conséquent, "la machine $\mathbb{K}$ converge en M" est une relation exponentiellement diophantienne.

Or on sait que tout ensemble récursivement énumérable est le domaine de convergence d'une machine de Turing. La démonstration indiquée ci-dessus est effective en ce sens qu'elle construit les relations exponentiellement diophantiennes exprimant la convergence de la machine $\mathbb{K}$ en M d'une façon uniforme (par rapport à la machine $\mathbb{K}$ et au mot M). On peut donc énoncer le

Théorème 1 : La classe des ensembles récursivement énumérables est identique à celle des ensembles exponentiellement diophantiens. De plus il existe un algorithme transformant tout code d'un ensemble récursivement énumérable $\mathcal{E}$ en un polynôme exponentiel définissant un ensemble exponentiellement diophantien égal à $\mathcal{E}$.

2. Représentation diophantienne du graphe de l'exponentielle.

L'objet de ce paragraphe est de démontrer le

Théorème 2 [Matiyassévitch] : La relation $c = a^b$ est diophantienne.

Il résulte aussitôt de ce théorème et du théorème 2 qu'on a le

Théorème principal : La classe des ensembles récursivement énumérables est identique à celle des ensembles diophantiens. De plus il existe un algorithme transformant tout code d'un ensemble récursivement énumérable $\mathcal{E}$ en un polynôme définissant un ensemble diophantien égal à $\mathcal{E}$.

Démonstration : Il suffit de remarquer que l'algorithme de recherche des solutions de $P(a_1,\ldots,a_k, y_1,\ldots,y_n) = 0$ est descriptible par une machine de Turing : la procédure consistant à calculer les valeurs de $P(a_1,\ldots,a_k, y_1,\ldots,y_n)$ par récurrence sur $|y_1|+\ldots+|y_n|$ est parfaitement effective et montre que l'ensemble $\mathcal{E}$ défini par : $\langle a_1,\ldots,a_k\rangle \in \mathcal{E} \iff \exists y_1\ldots y_n\ P(a_1,\ldots,a_k, y_1,\ldots,y_n) = 0$ est récursivement énumérable, puisqu'il est le domaine de convergence d'une machine de Turing. ■

Passons à la démonstration du théorème 2. Nous suivrons à cet effet la démonstration exposée par Matiyassévitch et J. Robinson dans [6] qui se décompose en deux étapes : tout d'abord on établit le caractère diophantien d'une certaine suite de "taille exponentielle" c'est-à-dire qui croît aussi vite que l'exponentielle, puis on ramène le cas de l'exponentielle elle-même à celui de cette suite.

La suite utilisée dans [6] est la suite de Lucas, c'est-à-dire, la suite constituée par les solutions en y de l'équation de Pell $x^2-dy^2=1$ pour des valeurs de d positives et différentes d'un carré. Aussi commencerons nous par introduire quelques notations et à énoncer les résultats concernant les solutions en y de l'équation de Pell et leur relation avec l'exponentielle que nous utiliserons par la suite.

2.1 Résultats préliminaires.

Notons tout d'abord qu'une relation $\mathcal{R}$ sur $(N^*)^k$ est diophantienne si et seulement si on peut trouver des entiers n et m et m polynômes $P_1,\ldots,P_m$ avec $P_i \in \mathbb{Z}(X_1,\ldots,X_k, Y_1,\ldots,Y_n)$ tels que

$$\mathcal{R}(a_1,\ldots,a_k) \Longleftrightarrow \text{le système } \begin{cases} P_1(a_1,\ldots,a_k, y_1,\ldots,y_n) = 0 \\ \ldots\ldots \\ P_m(a_1,\ldots,a_k, y_1,\ldots,y_n) = 0 \end{cases} \text{admet une solution}$$

Les équations de ce système sont dites diophantiennes.

En effet, $P_1 = 0 \,\&\ldots\&\, P_m = 0 \Longleftrightarrow P_1^2+\ldots+P_m^2 = 0$.

Ainsi nous représenterons l'exponentielle à l'aide d'un système d'équations diophantiennes pour établir le théorème 2.

Rappelons que $(n,m) = 1$ signifie que les entiers n et m sont premiers entre eux. Nous noterons $x=\square$ au lieu de $x=k^2$ avec $k>0$ (on dira : x est un carré).

2.1.1 Résultats sur les solutions de l'équation de Pell.

Considérons l'équation de Pell $x^2-dy^2 = 1$. Si d est un carré, la seule solution est $x=1$ et $y=0$. Si $d=0$ les solutions sont $x=1$ et $y=0,1,\ldots,n,\ldots$. Dans la suite, on considérera les équations de la forme

$$x^2-(a^2-1)y^2 = 1 \qquad \text{où } a>1 . \tag{1}$$

Nous allons montrer que l'ensemble des solutions (x,y) de (1) avec $x,y > 0$ peut être ordonné en une suite strictement croissante suivant y .

Comme il est d'usage de le faire, on utilisera le langage de la théorie algébrique des nombres pour faciliter l'exposé.

On dira qu'une solution (x,y) de l'équation (1) est <u>positive</u> si et seulement si $x>0$ et $y>0$. A toute solution (α,β) de (1) on associe le nombre $\alpha+\beta\sqrt{a^2-1}$ qui est une unité de l'anneau $\mathbb{Z}[\sqrt{a^2-1}]$. Si $\xi=u+v\sqrt{a^2-1}\in\mathbb{Z}[\sqrt{a^2-1}]$, on lui associe son conjugué $\bar\xi=u-v\sqrt{a^2-1}$ et sa norme $N(\xi)=\xi\bar\xi=u^2-v^2(a^2-1)$. Les unités de $\mathbb{Z}[\sqrt{a^2-1}]$ sont les éléments de norme $+1$ ou -1. Les solutions de l'équation (1) sont exactement les unités de norme 1. La norme étant multiplicative et comme pour $\xi\neq 0$ $\xi^{-1}=\frac{\bar\xi}{N(\xi)}$, les unités de norme 1 constituent un sous-groupe du groupe U des unités de l'anneau.

Soit U_p l'ensemble des solutions positives de (1). On peut l'identifier à l'ensemble des unités de $\mathbb{Z}[\sqrt{a^2-1}]$ plus grandes strictement que 1 car :

pour $\alpha,\beta\in\mathbb{Z}$ $\quad\alpha+\beta\sqrt{a^2-1}\in U\Longrightarrow(\alpha+\beta\sqrt{a^2-1}>1\Longleftrightarrow\alpha$ et $\beta>0)$.

En effet : $\alpha^2=1+\beta^2(a^2-1)\Longrightarrow|\alpha|>|\beta|\sqrt{a^2-1}$. Comme $\alpha^2-\beta^2(a^2-1)=1$, un seul des quatre nombres $|\alpha|+|\beta|\sqrt{a^2-1}$, $|\alpha|-|\beta|\sqrt{a^2-1}$, $-|\alpha|+|\beta|\sqrt{a^2-1}$, $-|\alpha|-|\beta|\sqrt{a^2-1}$ est strictement plus grand que 1. C'est donc $|\alpha|+|\beta|\sqrt{a^2-1}$.

Montrons que U_p a un plus petit élément.

On remarque que $u-u^{-1}$ est une fonction strictement croissante de u pour $u>1$ et pour $u\in U_p$, avec $u=x+y\sqrt{a^2-1}$, $u^{-1}=x-y\sqrt{a^2-1}$ on a : $u-u^{-1}=2y\sqrt{a^2-1}$. Donc pour $x,y,x',y'\in\mathbb{N}^*$ on a : $x+y\sqrt{a^2-1}\leqslant x'+y'\sqrt{a^2-1}\Longleftrightarrow y\leqslant y'$. Or $(a,1)$ est visiblement une solution positive de (1) et c'est la plus petite puisque $(x,y)\in U_p\Longrightarrow y\geqslant 1$. D'où :

<u>Proposition</u> 1 : L'ensemble des solutions positives de (1) a un plus petit élément $(a,1)$ (ou $a+\sqrt{a^2-1}$).

Cet élément est appelé unité fondamentale de l'anneau $\mathbb{Z}[\sqrt{a^2-1}]$ lorsqu'il n'y a pas d'unité de norme négative.

De la proposition 1 on tire la

Proposition 2. L'ensemble des solutions positives de (1) est constitué par les nombres $(x_a(n), y_a(n))$ définis par la relation

$$(a+\sqrt{a^2-1})^n = x_a(n) + y_a(n)\sqrt{a^2-1} \qquad n \geq 1 . \qquad (2)$$

On remarque que pour $n=0$ on trouve $x_a(0) = 1$ $y_a(0) = 0$ qui est évidemment solution de (1).

Démonstration de la proposition 2 : Soit $u \in U_p$, et soit $\omega = a+\sqrt{a^2-1}$. Il existe un entier n unique, $n \geq 0$ tel que $\omega^n < u \leq \omega^{n+1}$. Alors $1 < u\omega^{-n} \leq \omega$. Donc $u\omega^{-n} \in U_p$ (première inégalité) et $u\omega^{-n} = \omega$ car ω est le plus petit élément de U_p . Donc $u = \omega^{n+1}$. ▲

On utilisera dans la suite les résultats suivants (cf. [6]).

Proposition 3. Soit $a > 0$. Pour tout entier positif m il existe une infinité de n tels que $m | y_a(n)$.

Démonstration : D'après (2) il vient que $y_a(2n) = 2x_a(n).y_a(n)$. Donc il suffit de trouver un n tel que $m | y_a(n)$.

Pour cela on utilisera, en l'appliquant à $d = (a^2-1)m^2$, le

Lemme : L'équation de Pell $x^2-dy^2 = 1$ où $d \in \mathbb{Z}$, d non carré, admet au moins une solution (x,y) positive.

Démonstration du lemme : On montre tout d'abord qu'il existe une infinité de $(x,y) \in \mathbb{N}^2$ avec $y \neq 0$ t.q. $|x^2-dy^2| < 1+2\sqrt{d}$.

Pour cela, N étant fixé, on pose $y = 0,1,2,\ldots,N$ successivement.

Pour chaque valeur de y , on définit un x unique tel que $y\sqrt{d} \leq x < 1+y\sqrt{d}$; comme d n'est pas un carré, $y\sqrt{d} = x$ n'est possible que pour $y = x = 0$. On a ainsi $N+1$ nombres dans $[0,1[$. La distance mutuelle de deux quelconques d'entre eux ne peut être supérieure ou égale à $\frac{1}{N}$, sinon les points extrêmes auraient une distance au moins égale à 1. Donc, par soustraction, on trouve x,y avec

$y > 0$, tel que

(*) $\quad |x-y\sqrt{d}| < \frac{1}{N}$.

On a donc $|x-y\sqrt{d}| < \frac{1}{y}$ a fortiori, car $y \leqslant N$. Soit $x-y\sqrt{d} = \frac{\delta}{y}$. On a $|\delta| < 1$ et $\delta \neq 0$ car d n'est pas un carré. Donc $x+y\sqrt{d} = \frac{\delta}{y} + 2y\sqrt{d}$ et donc $x^2-dy^2 = \frac{\delta^2}{y^2} + 2\delta\sqrt{d}$. Comme $|\delta| < 1$ et $y > 0$, on a donc :

(**) $\quad |x^2-dy^2| < 1+2\sqrt{d}$, $y > 0$.

Si on a déjà construit n nombres (x_i, y_i) vérifiant (**), soit N tel que $\frac{1}{N} < |x_i - y_i\sqrt{d}|$, la construction indiquée au début nous donne un $n+1$-ème nombre en vertu de (*).

Soient donc les solutions de (**). D'après le lemme des tiroirs, il existe un entier k avec $|k| < 1+2\sqrt{d}$, telle que l'équation $x^2-dy^2 = k$ ait une infinité de solutions vérifiant $y > 0$. Donc, d'après le lemme des tiroirs, il existe p et q tels que

(***) $\quad x^2-dy^2 = k \quad x \equiv q \pmod{k} \quad y \equiv p \pmod{k} \quad y \neq 0$

ait une infinité de solutions. Soient (x,y) et (x',y') des solutions de (***).

Alors : $x'y - xy' \equiv 0 \pmod{k}$ et $xx' - dyy' \equiv x'^2 - dy'^2 \equiv 0 \pmod{k}$.

Donc $(x'-y'\sqrt{d})(x+y\sqrt{d}) = k(\xi+\eta\sqrt{d})$ avec $\xi, \eta \in \mathbb{Z}$.

D'où il vient $\xi^2-d\eta^2 = 1$.

Si $\eta = 0$, $\xi = \pm 1$ d'où $(x'-y'\sqrt{d})(x+y\sqrt{d}) = \pm k$ et donc, en vertu de (***), $x'-y'\sqrt{d} = \pm(x-y\sqrt{d})$ ce qui peut être exclus, puisqu'on a une infinité de solutions à (***). Ce qui donne la solution cherchée. ▲

<u>Proposition</u> 4 : Pour $a > 0$ on a $y_a(n) \geqslant n$ pour tout n .
C'est évident en vertu de (2).

<u>Proposition</u> 5 (règle de congruence 1) : Pour $a, b > 0$, si $a \equiv b \pmod{m}$, alors, pour tout n , $x_a(n) \equiv x_b(n) \pmod{m}$ et $y_a(n) \equiv y_b(n) \pmod{m}$. En particulier (règle de congruence 2) pour tout n ,

$y_a(n) \equiv n \pmod{a-1}$.

<u>Démonstration</u> : Pour la première règle, on remarque que d'après (2), $x_a(n)$ et $y_a(n)$ sont des polynômes en a à coefficients entiers.

Pour la seconde règle, puisque $(a+\sqrt{a^2-1})^n = \sum_{k=0}^{n} \binom{n}{k} a^{n-k}(\sqrt{a^2-1})^k$, $y_a(n)\sqrt{a^2-1}$ réunit toutes les puissances impaires de $\sqrt{a^2-1}$. Donc, modulo a-1, $y_a(n)$ est congru à la première puissance impaire, c'est-à-dire $y_a(n) \equiv \binom{n}{1} a^{n-1} \pmod{a-1}$. Comme $\binom{n}{1} = n$ et $a \equiv 1 \pmod{a-1}$ on en tire $+\, y_a(n) \equiv n \pmod{a-1}$.

<u>Proposition</u> 6 (première réduction) : Pour $a > 0$, si $y_a(m)^2 | y_a(n)$, alors $y_a(m) | n$.

<u>Démonstration</u> : Si $y_a(m)^2 | y_a(n)$ on a donc, d'après (2) que $m \leqslant n$. On remarque en outre, que $y_a(m+k) = y_a(m)x_a(k) + y_a(k)x_a(m)$ donc $y_a(m+k) \equiv x_a(m)\, y_a(k)\ [\bmod\ y_a(m)]$ d'où, si $n = mq+r$ avec $0 \leqslant r < m$, on a, par récurrence,

$$y_a(n) \equiv x_a(m)^q y_a(r)\ [\bmod\ y_a(m)]\ .$$

Donc, comme pour tout k $(x_a(k), y_a(k)) = 1$ $(x_a(k)^2 - (a^2-1)y_a^2(k) = 1$ et Bezout), on a $y_a(m)^2 | y_a(n)$ implique $y_a(m) | y_a(n)$. Or y_a est une fonction strictement croissante de n, donc $0 \leqslant r < m \Longrightarrow 0 \leqslant y_a(r) < y_a(m)$ d'où $y_a(r) = 0$ et donc $r = 0$. Donc $y_a(m)^2 | y_a(n) \Longrightarrow m | n$.

Par ailleurs,

$$y_a(km) = \frac{1}{2\sqrt{a^2-1}} [(x_a(m) + y_a(m)\sqrt{a^2-1})^k - (x_a(m) - y_a(m)\sqrt{a^2-1})^k] = \sum_{\substack{0 \leqslant j \leqslant k \\ j \text{ impair}}} \binom{k}{j} x_a(m)^{k-j}\, y_a(m)^j (a^2-1)^{\frac{j-1}{2}}\ .$$

D'où

$$y_a(km) \equiv k x_a(m)^{k-1} y_a(m) \pmod{y_a(m)^3}.$$

Comme $(y_a(m), x_a(m)) = 1$, $y_a(m)^2 | y_a(km) \Longrightarrow y_a(m) | k$ d'où le résultat.

▲

Proposition 7 (seconde réduction) : Pour $a>1$ et $n>0$, si $y_a(i)\equiv y_a(k) \pmod{x_a(n)}$, alors $k\equiv \pm i \pmod{2n}$.

Démonstration : A l'aide de (2), on démontre que les résidus modulo $x_a(n)$ de $y_a(m)$ ont une période égale à $4n$; on a en effet :

$$y_a(4n+\varepsilon m)\equiv -y_a(2n+\varepsilon m)\equiv \varepsilon y_a(m) \pmod{x_a(n)} \qquad \varepsilon=+1 \text{ ou } -1$$

Il reste à montrer que $y_a(m)\not\equiv \pm y_a(m')$ pour $m<m'\leqslant n$. Or si $a>2$, $4y_a(n)^2<(a^2-1)y_a(n)^2+1 = x_a(n)^2$ c-à-d. $y_a(n)<\frac{1}{2}x_a(n)$ donc les résidus modulo $x_a(n)$ des $y_a(m)$ sont égaux à $y_a(m)$ pour $m\leqslant n$ et ils sont donc deux à deux distincts. Ces restes sont alors entièrement déterminés (par "symétrie" par rapport au point n) car pour $n\leqslant m\leqslant 2n$ on a :

$$y_a(m)=y_a(2n-(2n-m))\equiv y_a(2n-m) \pmod{x_a(n)} \quad \text{et} \quad 0\leqslant 2n-m\leqslant n .$$

Il reste à examiner le cas $a=2$ pour achever la démonstration. Dans ce cas, en écrivant que $(2+\sqrt{3})^{n-1} = (2+\sqrt{3})^n(2+\sqrt{3})^{-1} = (2+\sqrt{3})^n(2-\sqrt{3})$ on a : $y_2(n-1) = 2y_2(n)-x_2(n)\geqslant 0$ et $x_2(n-1) = 2x_2(n)-3y_2(n) = x_2(n)-y_2(n)-y_2(n-1)>0$ on tire que $\frac{1}{2}x_2(n)\geqslant x_2(n)-y_2(n)>y_2(n-1)$ pour $n>0$. D'où la même conclusion. ■

2.1.2 Comparaison des solutions de l'équation de Pell et de l'exponentielle.

On va maintenant exprimer l'exponentielle en fonction des solutions de l'équation (1). Tout d'abord on établit la

Proposition 8 (majoration des solutions de (1)) : Pour $a>1$ on a, pour tout $n\geqslant 1$

$$(2a-1)^n\leqslant y_a(n+1)\leqslant (2a)^n \tag{3}$$

Démonstration : On a que $y_a(n+1) = ay_a(n)+x_a(n)$.
Pour $n\geqslant 1$, on a que (*) $x_a(n)^2 = 1+y_a^2(n)(a^2-1)<1+a^2\, y_a^2(n)$ donc $x_a(n)\leqslant ay_a(n)$. D'où, pour $n\geqslant 1$: $y_a(n+1)\leqslant 2a\, y_a(n)$.

D'où l'inégalité de droite, par récurrence. Pour l'inégalité de gauche on remarque que pour $a>1$, $x_a(n) \geqslant (a-1)y_a(n)$ (utiliser dans (*) que $a^2-1 \geqslant (a-1)^2$). D'où $y_a(n+1) \geqslant (2a-1)y_a(n)$ d'après (2) et par récurrence, l'inégalité de gauche. ∎

Soit λ un nombre réel. On désigne par $<\lambda>$ l'unique entier tel que $|<\lambda> - \lambda| < \frac{1}{2}$, $<\lambda>$ n'étant pas défini pour les nombres de la forme $n+\frac{1}{2}$, $n \in \mathbb{Z}$. On a alors :

<u>Proposition</u> 9 : Soient y, x, n entiers naturels, $y, x > 0$ tels que $y = x^n$. Alors si $\ell > 4n(y+1)$, $x^n = < \frac{y_{\ell x}(n+1)}{y_\ell(n+1)} >$.

<u>Démonstration</u> : Soit $\lambda_\ell = \frac{y_{\ell x}(n+1)}{y_\ell(n+1)}$. On remarque sans difficulté, grâce à (3) que $\lambda_\ell \to x^n$ si $\ell \to +\infty$. Soit maintenant $\ell > 4n(y+1)$.

On a : $\lambda \leqslant \frac{(2\ell x)^n}{(2\ell-1)^n} = x^n(1-\frac{1}{2\ell})^{-n} \leqslant x^n(1-\frac{n}{2\ell})^{-1} \leqslant x^n(1+\frac{n}{\ell})$ en utilisant (3),

et de même, $\lambda \geqslant \frac{(2\ell x-1)^n}{(2\ell)^n} = x^n(1-\frac{1}{2\ell x})^n \geqslant x^n(1-\frac{n}{2\ell x})$,

c'est-à-dire

$$-\frac{nx^{n-1}}{2\ell} \leqslant \lambda - x^n \leqslant \frac{nx^n}{\ell} .$$

Or $nx^n = ny < 2\ell$. Donc $\frac{nx^n}{\ell} < \frac{1}{2}$ d'où $|\lambda - x^n| < \frac{1}{2}$ et donc $<\lambda> = x^n$. ∎

2.2 <u>Représentation diophantienne des</u> $y_a(b)$.

Dire qu'il existe a tel que $c = y_a(b)$ est diophantien. Nous allons montrer comment, sachant que $c = y_a(b)$ pour un certain a , calculer cet entier a en résolvant des équations diophantiennes.

<u>Théorème</u> 3 (Matiyassévitch - J. Robinson [6]) : Soient $a>1$, $b>0$, $c>0$. Alors $c = y_a(b)$ si et seulement si il existe des entiers naturels d,e,f,g,h,i,u,v tels que :

A1 $\quad dfi = \square$, $f \mid h-c$, $b \leqslant c$

A2 $\quad d = (a^2-1)c^2+1$

A3 $\quad e = 2(u+1)dc^2$

A4 $\quad f = (a^2-1)e^2+1$

A5 $g = a + f\ (f-a)$

A6 $h = b + 2vc$

A7 $i = (g^2-1)h^2+1$.

Démonstration (cf. [6]) : a,b,c étant donnés, avec $a>1$, $b,c>0$, supposons qu'il existe des entiers naturels d,e,f,g,h,i,u,v tels que l'on ait A1 - A7 .

1. $d,e,f,g,h,i \geqslant 1$.

En effet : $d \geqslant 1$ par A2 et, par A3, $e > 1$ (car $c > 0$) et $f \geqslant 1$ par A4. Comme $f \geqslant a$ d'après A4 ($e > 0$ d'où $f \geqslant a^2-1+1 \geqslant a$) et $a > 1$, donc $g \geqslant 1$ par A5. Comme $b > 0$, $h \geqslant 1$ par A6. Comme $g \geqslant 1$ et $h \geqslant 1$, $i \geqslant 1$ par A7.

2. d,f,i sont premiers deux à deux.

En effet, par A4 et Bezout, $(e,f) = 1$. Mais par A3, $d|e$, donc $(d,f) = 1$. Par A4, $f \equiv 1 \pmod d$ $(d|e)$. Donc $g \equiv 1 \pmod d$ donc, par A7, $i \equiv 1 \pmod d$ et donc, par Bezout, $(d,i) = 1$. Par A1, $h \equiv c \pmod f$ et $g \equiv a \pmod f$, donc $i \equiv d \pmod f$ par A7 donc $\delta | i,f \Longrightarrow \delta | i,d$ et donc $\delta | 1$ puisque $(d,i) = 1$. D'où $(i,f) = 1$.

3. Il existe p,q,r entiers positifs tels que $c = y_a(p)$, $e = y_a(q)$, $h = y_g(r)$.

En effet, de d,f,i premiers deux à deux et $dfi = \square$, on tire $d = \square$, $f = \square$, $i = \square$ c'est-à-dire, que $(\sqrt{d},c)$, $(\sqrt{f},e)$ et $(\sqrt{i},h)$ sont des solutions de l'équation (1) avec a pour les deux premiers et g pour le troisième couple. Comme, $c,f,h > 0$ ce sont des solutions positives, d'où l'existence de p, q et r . On a d'ailleurs également $d = x_a(p)^2$, $f = x_a(q)^2$ et $i = x_g(r)^2$.

4. $b \equiv r \pmod{2c}$.

D'après la seconde règle de congruence, $h \equiv r \pmod{g-1}$. Or $2c|e$ par A3, donc $f \equiv 1 \pmod{2c}$ d'où $g \equiv 1 \pmod{2c}$. Donc $h \equiv r \pmod{2c}$. Par A6, $h \equiv b \pmod{2c}$. Donc $b \equiv r \pmod{2c}$.

5. $r \equiv \pm p \pmod{2c}$.

En effet, $g \equiv a \pmod f$ et donc, par la règle de congruence 1 , $h = y_g(r) \equiv y_a(r) \pmod f$. Or $c \equiv h \pmod f$ par A1, donc $y_a(r) \equiv y_a(p) \pmod f$. Or $f = x_a(q)^2$ donc, $y_a(r) \equiv y_a(p) \pmod{x_a(q)}$ et donc, par la seconde réduction $(*)$ $r \equiv \pm p \pmod{2q}$. Or par A3, $c^2 | e$, c-à-d. $y_a(p)^2 | y_a(q)$ et donc, par la première réduction $y_a(p) | q$, c-à-d. $c | q$ et donc, en vertu de $(*)$, $r \equiv \pm p \pmod{2c}$.

6. $b = p$ <u>et donc</u> $c = y_a(b)$.

En effet, par 4 et 5, $b \equiv \pm p \pmod{2c}$. Par A1, $b \leqslant c$ et $c = y_a(p) \Longrightarrow p \leqslant c$ (proposition 4). Donc $b = p$.

<u>Réciproquement</u>, supposons que $c = y_a(b)$ avec $a > 1$ et $b > 0$. Alors $c > 0$ (on a une solution positive) et $c \geqslant b$ par la proposition 4. Posons $d = x_a(b)^2$. On a alors A2. D'après la proposition 3, on peut trouver un entier positif q tel que $2dc^2 | y_a(q)$. Soit q un tel entier. Posons $e = y_a(q)$ et $f = x_a(q)^2$. Alors $2dc^2 | q \Longrightarrow$ il existe u entier naturel tel que $e = 2(u+1)dc^2$, d'où A3 et on a A4. Soit g défini par A5. On pose $h = y_g(b)$ et $i = x_g(b)^2$. Donc A7 est vérifié. Or $g \equiv a \pmod f$ par A5 $\Longrightarrow h = y_g(b) \equiv y_a(b) = c \pmod f$ (première règle de congruence). Donc $f | h-c$. Mais $h = y_g(b) \equiv b \pmod{g-1}$. Or, par A3, $e \equiv 0 \pmod{2c}$ d'où $f \equiv 1 \pmod{2c}$ d'où $g \equiv 1 \pmod{2c}$ par A4 et A5. Donc il existe $v \in \mathbb{N}$ tel que $h = b+2vc$ puisque $h = y_g(b) \Longrightarrow h \geqslant b$ (proposition 4). D'où le théorème. ∎

2.3 <u>Représentation diophantienne de l'exponentielle</u>.

Le théorème 3 et la proposition 9 permettent déjà de démontrer le théorème 2. En effet, $y = x^n$ si et seulement si il existe des entiers positifs p, q, ℓ, r tels que

B1 $p = y_r(n+1)$

B2 $q = y_\ell(n+1)$

B3 $\ell > 4n(y+1)$

B4 $q^2 - 4(p-yq)^2 > 0$ (c-à-d. $(\frac{p}{q} - y)^2 < \frac{1}{4}$)

B5 $r = \ell x$.

Ce système d'équations utilise deux fois le système A1-A7. Nous allons indiquer un système d'équations n'utilisant qu'une fois les suites de Lucas, ce qui permettra de réduire le nombre de variables dans le polynôme universel.

<u>Théorème</u> 4 (Matiyassévitch - J. Robinson (cf. [6]) : Soient $x,n > 0$. Alors $y = x^n$ si et seulement si il existe des entiers naturels a,b,c,j,k,u , tels que :

C1 $c = y_a(b)$

C2 $(k^2-1)j^2+1 = \square$

C3 $j^2-4(c-yj)^2 > 0$, $y > 0$ et $c \geq b$

C4 $k = 4n(y+1)+x+1$

C5 $j = b+u(k-1)$

C6 $a = kx$

C7 $b = n+1$.

<u>Démonstration</u> : Supposons qu'il existe des entiers a,b,c,j,k,u tels que C1-C7 soient vérifiés.

1. $j = y_k(b+v(k-1))$ <u>pour un</u> $v \in \mathbb{N}$.

On remarque tout d'abord que $x,y > 0$ et $b > 1$ d'après C3 et C7. D'après C2, $j = y_k(p)$ pour un entier naturel p , et $j \geq p$ (proposition 4). Par la seconde règle de congruence, $y_k(p) \equiv p \pmod{k-1}$ c-à-d. $j \equiv p \pmod{k-1}$. Mais, par C5, $j \equiv b \pmod{k-1}$, donc $b \equiv p \pmod{k-1}$, c-à-d. $p = b+v(k-1)$ pour un $v \in \mathbb{Z}$. Par C4, $k > b+1$ $(b > 1)$ et comme $p \in \mathbb{N}$, $v \in \mathbb{N}$.

2. $v = 0$, c-à-d. $j = y_k(b)$.

En effet, supposons $v > 0$. Comme la fonction y_k est strictement croissante, $y_k(b+v(k-1)) \geq y_k(b+k-1)$ puisque $v \geq 1$. Donc :

$$\frac{y_{kx}(n+1)}{y_k(n+1+v(k-1))} \leqslant \frac{y_{kx}(n+1)}{y_k(n+1+k-1)} \leqslant \frac{(2kx)^n}{(2k-1)^{n+k-1}} \qquad \text{d'après (3)}$$

$$= \frac{(2k)^n}{(4k(k-1)+1)^n} \; \frac{x^n}{(2k-1)^{k-2n-1}} = a_{x,n,k} .$$

D'après C4, $2k-1 > x$ et $k-2n > n-1$, d'où $\frac{x^n}{(2k-1)^{k-2n-1}} < 1$. Comme $k > 2$ puisque $b > 1$ par C4, on a $4k < 4k(k-1)+1$ d'où $\frac{(2k)^n}{(4k(k-1)+1)^n} \leqslant \frac{2k}{4k(k-1)+1} < \frac{1}{2}$. Donc $a_{x,n,k} < \frac{1}{2}$. Donc par C4, comme $(\frac{c}{j} - y)^2 < \frac{1}{4}$ on a $y = 0$. Mais, par C4, $y > 0$. Il y a donc contradiction et $v = 0$, c-à-d. $j = y_k(b)$. Comme $k > 4n(y+1)$, on a, par C3 et la proposition 9 que $y = x^n$.

<u>Réciproquement</u>, soit $y = x^n$ avec $x,n > 0$. Alors $y > 1$. On définit k et a par C4 et C6, b par C7, c par C1. On pose $j = y_k(b)$. Alors C2 est vérifiée. Par la règle de congruence 2, $j = y_k(b) \equiv b \pmod{k-1}$ et $j \geqslant b$ par la proposition 4. Comme $k-1 > b$ d'après C4, il existe $u \in \mathbb{N}$ tel que $j = b+u(k-1)$ d'où C5. Enfin, comme $k > 4n(y+1)$, $(\frac{c}{j} - y)^2 < \frac{1}{4}$ d'après la proposition 9 et donc C3 est vérifiée. ■

Il est clair maintenant que le théorème 2 découle immédiatement des théorèmes 3 et 4.

II. Applications.

Tout d'abord, montrons que du théorème principal résulte la réponse négative au dixième problème de Hilbert :

Théorème 5 (Matiyassévitch) : Il n'existe pas d'algorithmes permettant de décider si une équation diophantienne a ou n'a pas de solutions.

Preuve (cf. [1] : Soit K un ensemble d'entiers récursivement énumérable et non récursif. Il existe donc, d'après le théorème principal, un entier n et un polynôme $P \in \mathbb{Z}[X, Y_1, \ldots, Y_n]$ tel que $a \in K \Longleftrightarrow \exists y_1, \ldots, y_n \; P(a, y_1, \ldots, y_n) = 0$. Si la réponse au dixième problème de Hilbert était positive, on aurait donc que K est récursif, ce qui n'est pas. Donc la réponse au dixième problème est négative. ∎

Naturellement, il existe des problèmes qui ne se réduisent pas à la résolution d'une équation diophantienne. Cependant, le champ des problèmes qui peuvent se réduire à un problème diophantien est bien plus large que ce qu'on imagine. Et, suivant [1], nous reprendrons ici quelques exemples illustrant la complexité de ce problème, en même temps que nous indiquerons quelques directions de recherches partant des méthodes utilisées pour établir le théorème principal.

1. Universalité et réduction.

On sait qu'il existe des machines de Turing universelles c'-à-d. A étant un alphabet donné, ν un codage fixé dans A des machines de Turing, il existe une machine de Turing $\mathbb{K}$ telle que pour toute machine de Turing $\mathbb{M}$ dans A et tout mot P dans A on ait :

$$\mathbb{K}(\nu(\mathbb{M})P) \simeq \mathbb{M}(P)$$

(le signe $\simeq$ signifie que si $\mathbb{M}$ converge en P, $\mathbb{K}$ converge en

$\nu(\mathbb{M})P$ et réciproquement et qu'alors les résultats sont les mêmes).

On déduit du théorème principal le :

<u>Théorème</u> 6 (théorème de l'équation universelle (cf. [1]) : Il existe un polynôme diophantien $U(a,n,x_1,\ldots,x_\nu) = 0$ tel que pour toute partie diophantienne D de $\mathbb{N}$ il existe un entier n tel que $a \in D \Longleftrightarrow \exists x_1,\ldots,x_\nu(U(a,n,x_1,\ldots,x_\nu) = 0)$.

Posons $D_k = \{a \in \mathbb{N} ; \exists x_1,\ldots,x_\nu(U(a,k,x_1,\ldots,x_\nu) = 0)\}$. On dira que D_k est l'ensemble diophantien de numéro k, et le codage ainsi réalisé est diophantien. On a ainsi une énumération diophantienne de toutes les parties diophantiennes de $\mathbb{N}$.

On passe aux ensembles diophantiens de $\mathbb{N}^k$ de la façon suivante : Soit $J(x,y) = \frac{1}{2}[(x+y)^2 + 3x + y]$, $J_1(x) = x$ et $J_{n+1}(x_1,\ldots,x_{n+1}) = J(J_n(x_1,\ldots,x_n),x_{n+1})$. Il en résulte que

$$U(J_m(a_1,\ldots,a_m),k,x_1,\ldots,x_\nu)$$

est un polynôme universel pour les parties diophantiennes de $\mathbb{N}^m$. On peut étendre ceci aux suites finies d'entiers en utilisant le code : $H(a_1,\ldots,a_m) = J_{m+1}(m,a_1,\ldots,a_m)$.

Si on considère maintenant D un ensemble diophantien de $\mathbb{N}^k$. Il est donné par un polynôme diophantien $P(a_1,\ldots,a_k, y_1,\ldots,y_n)$ à n inconnues. D'après les considérations précédentes, il existe un entier m tel que

$$\exists y_1,\ldots,y_n \ P(a_1,\ldots,a_k, y_1,\ldots,y_n) = 0 \Longleftrightarrow \exists x_1,\ldots,x_\nu$$
$$U(J_k(a_1,\ldots,a_k),m,x_1,\ldots,x_\nu) = 0$$

c'est-à-dire que D peut être défini par un polynôme diophantien à ν <u>inconnues</u>. Donc le nombre d'inconnues d'une équation diophantienne, a priori, arbitraire, <u>peut-être ramené à une borne uniforme</u>. On ne connaît pas actuellement la valeur exacte de cette borne. Le meilleur résultat publié actuellement est donné dans [6] par Matiyassévitch et J. Robinson :

Théorème 7 (Matiyassévitch - J. Robinson) : A toute équation diophantienne de ν inconnues et μ paramètres $P(a_1,\ldots,a_\mu, z_1,\ldots,z_\nu) = 0$ correspond une équation diophantienne à μ paramètres et 13 inconnues $Q(a_1,\ldots,a_\mu, x_1,\ldots,x_{13}) = 0$ ayant une solution pour les mêmes valeurs des paramètres.

En particulier, il existe un polynôme universel à 2 paramètres et 13 inconnues.

L'idée de la démonstration consiste en un codage particulier à deux paramètres des $z_1,\ldots,z_\nu$, qui peut-être réduit à la condition $\forall t\ R(t) > 0$ pour un certain polynôme R dépendant des a_i et des deux paramètres du codage. La condition $\forall t\ R(t) > 0$ peut s'exprimer à l'aide de coefficients binomiaux reliés de façon adéquate au polynôme R. On passe donc par la représentation "courte" de l'exponentielle exposée en I.2. Le lecteur intéressé trouvera la démonstration détaillée dans [6]. Depuis, le nombre d'inconnues a été réduit à 9 (cf. [4]).

Il est à noter que par une telle réduction du nombre des variables, le degré du polynôme Q est augmenté. Il est clair qu'inversement, on peut réduire le degré du polynôme à 4, en augmentant celui des variables par des équations du genre (suivant SKOLEM)

$$(*) \quad \begin{aligned} u &= x+y \\ v &= xy \end{aligned}$$

L'équation initiale $P=0$ peut se décomposer en $A=B$ où les coefficients de A et B sont positifs, puis, par applications successives de (*), on aura un système de k équations (**) $A_i = B_i$ équivalent à $P=0$ où chacun des A_i, B_i est de degré au plus 2. Le système (**) est équivalent à $\sum_{i=1}^{k} (A_i - B_i)^2 = 0$, d'où un polynôme de degré au plus 4. J.P. Jones (cf. [2]) a étudié les couples (δ,ν) pour lesquels il existe un polynôme universel de degré δ à ν inconnues. Ainsi les couples suivant (4,153), (6,129), (8,108), (10,107),

(20,86), (44,83), (1952,80) (cités dans [1]) répondent-ils à la question. En outre, il est clair que si $U(a,k,x_1,\dots,x_{13})$ est universel, alors $U(J_m(a_1,\dots,a_m),k,x_1,\dots,x_{13})$, qui est universel pour les parties diophantiennes de $\mathbb{N}^m$, a un degré par rapport aux paramètres qui tend vers $+\infty$ si $m \to +\infty$. La question de savoir s'il existe (δ,ν) tel que pour tout m, il y a un polynôme universel pour les parties diophantiennes de $\mathbb{N}^m$ de ν inconnues et de degré total (paramètres et inconnues) δ, est ouverte.

On conviendra de désigner par $[\delta,\infty]$ l'ensemble des polynômes diophantiens de degré au plus δ à un nombre quelconque d'inconnues et par $[\infty,\nu]$ l'ensemble des polynômes diophantiens à ν inconnues et de degré quelconque. La réduction de Skolem, montre que pour la classe $[4,\infty]$, et les classes supérieures, le dixième problème de Hilbert est indécidable. SIEGEL a construit dans [9] un algorithme de décision du dixième problème pour la classe $[2,\infty]$. La décidabilité ou l'indécidabilité du problème pour la classe $[3,\infty]$ reste entièrement ouverte. Pour les classes $[\infty,\nu]$, la situation est moins précise. Le théorème de réduction à 9 inconnues établit l'indécidabilité du dixième problème pour la classe $[\infty,9]$. Par contre, on ne sait rien pour les classes $[\infty,\nu]$ avec $\nu \leqslant 8$ (sauf pour $\nu = 1$ qui est évidemment trivial). Même pour $\nu = 2$ le problème reste ouvert, le meilleur résultat connu, dû à BAKER and COATES (cité dans [1]) donnant une procédure de décision pour une sous-classe (assez large) d'équations à deux inconnues.

Par contre, si l'on considère les polynômes exponentiels diophantiens, on a l'indécidabilité pour la classe $[\infty,3]$, cf. [5].

2. <u>Représentation de parties récursives</u> ; <u>les nombres premiers</u>.

Il est clair que tout ensemble récursif est diophantien. En fait, D est récursif si et seulement si D et $\mathbb{N}\setminus D$ sont récursivement énumérables, donc diophantiens d'après le théorème principal.

Ainsi, soit $\mathcal{P}$ l'ensemble des nombres premiers. $\mathcal{P}$ est évidemment récursif et donc diophantien. Il est intéressant de voir comment on peut représenter $\mathcal{P}$ et $\mathbb{N}\setminus\mathcal{P}$ par des équations diophantiennes.

Il est clair que

$$a \in \mathbb{N}\setminus\mathcal{P} \iff \exists y_1, y_2 \ ([a=(y_1+1)(y_2+1)]_v[a=0]_v[a=1])$$

(on rappelle que $y_1, y_2 \in \mathbb{N}^*$) c-à-d.

$$a \in \mathbb{N}\setminus\mathcal{P} \iff \exists y_1, y_2 \ (a(a-1)[a-(y_1+1)(y_2+1)]=0) .$$

Par ailleurs, on a :

$$\alpha \in \mathcal{P} \iff \exists y_1, y_2 \ (\alpha = y_1+1 \ \& \ y_1!+1 = y_2\alpha)$$

($y_1, y_2 \in \mathbb{N}^*$), en vertu du théorème de Wilson. Nous allons nous contenter d'une représentation exponentiellement diophantienne de $\mathcal{P}$: à cet effet, on établit que

$$n! = \left[\frac{t^n}{\binom{t}{n}}\right] \qquad \text{pour} \quad t \geqslant 4n^{n+2} .$$

On a, en effet, $\dfrac{t^n}{\binom{t}{n}} = n!t^n \dfrac{(t-n)!}{t!} = n!t^{n-1} \dfrac{1}{(t-1)\dots(t-n+1)}$

$$= n! \frac{t}{t-1} \cdots \frac{t}{t-n+1} = n!(1+\frac{1}{t-1})\dots(1+\frac{n-1}{t-n+1}) .$$

Donc :

$$n! \leqslant \frac{t^n}{\binom{t}{n}} = n!(1+\frac{1}{t-1})\dots(1+\frac{n-1}{t-n+1}) ,$$

d'où $\dfrac{t^n}{\binom{t}{n}} \to n!$ si $t \to +\infty$. Or $(1+\frac{1}{t-1})\dots(1+\frac{n-1}{t-n+1}) \leqslant (1+\frac{n}{t-n})^n$.

Or $\log(1+\frac{n}{t-n})^n \leqslant \frac{n^2}{t-n} \Longrightarrow (1+\frac{n}{t-n})^n \leqslant e^{\frac{n^2}{t-n}}$. Pour $0 \leqslant \lambda \leqslant 1$ on a $e^\lambda \leqslant 1+e\lambda$ d'où pour $t > n^2+n$, on a :

$$n! \leqslant \frac{t^n}{\binom{t}{n}} \leqslant n!(1+\frac{en^2}{t-n}). \text{ Or, pour } t \geqslant 4n^{n+2} , \ \frac{n!en^2}{t-n} \leqslant \frac{3}{4n} .$$

Donc, comme on a déjà vu une représentation exponentiellement diophantienne de $\binom{t}{n}$, on peut en déduire une telle représentation de $n!$.

Si P est un polynôme définissant les nombres premiers c-à-d.

$$a \in \mathcal{P} \iff \exists y_1, \dots, y_\nu \ P(a, y_1, \dots, y_\nu) = 0$$

(il existe de tels polynômes avec $\nu = 9$), on peut à partir de là représenter $\mathcal{P}$ comme l'ensemble des valeurs positives d'un polynôme :

Soit $Q(a,y_1,\ldots,y_\nu) = (a+1)(1 - P^2(a,y_1,\ldots,y_\nu)) - 1$.

Soit p un nombre premier. Il existe $y_1,\ldots,y_\nu$ t.q. $P^2(p,y_1,\ldots,y_\nu) = 0$ et donc $Q(p,y_1,\ldots,y_\nu) = p > 0$. Soit maintenant $k = Q(a,y_1,\ldots,y_\nu)$ avec $y_1,\ldots,y_\nu \in D^*$ et $a \in \mathbb{N}$, et $k > 0$. Alors, nécessairement $P^2(a,y_1,\ldots,y_\nu) = 0$, et donc $k = a$ d'où a est premier. Donc $\mathcal{P} = \operatorname{Im} Q \cap \mathbb{N}$.

Cette propriété, comme on le constate par cette démonstration (due à Putnam) est plus générale et donc :

<u>Proposition</u> 10 : D est un ensemble diophantien si et seulement si D est l'ensemble des valeurs positives ou nulles d'un polynôme diophantien.

En effet : si D est diophantien, c'est ce que nous venons de voir et si $D = \operatorname{Im} Q \cap \mathbb{N}$, c-à-d. $n \in D \Longleftrightarrow \exists x_1,\ldots,x_\nu (n = Q(x_1,\ldots,x_\nu)]$, alors si $P(n,x_1,\ldots,x_\nu) = (n - Q(x_1,\ldots,x_\nu))^2$, on a bien $n \in D \Longleftrightarrow \exists x_1,\ldots,x_\nu [P(n,x_1,\ldots,x_\nu) = 0]$.

3. <u>Le quantificateur universel</u> ; <u>problèmes célèbres</u>.

Naturellement, tous les ensembles diophantiens ne sont pas récursifs. Cela se déduit du théorème principal, mais aussi, directement, en traduisant la preuve classique en termes diophantiens. Soit, en effet $U(a,n,x_1,\ldots,x_\nu)$ un polynôme universel pour les parties diophantiennes de $\mathbb{N}$. Posons : D_k l'ensemble des a tels que $U(a,k,x_1,\ldots,x_\nu) = 0$ admet une solution au moins en $x_1,\ldots,x_\nu$. Posons

$$K = \{n \in \mathbb{N} ; n \in D_n\} .$$

K est évidemment diophantien. Par contre :

<u>Proposition</u> 11 : K n'est pas récursif.

En effet : supposons $\mathbb{N}\setminus K$ diophantien. On a donc $\mathbb{N}\setminus K = D_k$ pour un certain k. Si $k \notin K$, alors $k \in D_k$, par définition de K, et donc $k \in K$. Donc $k \in K$. Mais alors $k \in D_k$ par définition de K. D'où $k \notin K$ par définition de D_k. De cette contradiction, il résulte que $\mathbb{N}\setminus K$ n'est pas diophantien. ■

Nous avons vu précédemment que certaines propriétés peuvent être énoncées comme liées à l'existence de solutions d'une équation diophantienne. Nous allons voir comment certaines propriétés sont liées à la non existence de telles solutions.

Le plus évident de ces problèmes, est celui de Fermat :

$$x^n + y^n = z^n \text{ n'a pas de solutions pour } n \geqslant 3 \qquad (4)$$

est évidemment, pour chaque n fixé, équivalent à la non existence de solutions d'une équation diophantienne. En fait, la conjecture entière de Fermat est équivalente à la non existence de solutions d'une équation diophantienne.

En effet, suivant [1], il existe un polynôme $E(a,b,c,x_1,\dots,x_\nu)$ tel que $c = a^b \Longleftrightarrow \exists x_1,\dots,x_\nu (E(a,b,c,x_1,\dots,x_\nu) = 0)$.
Donc, (4) admet une solution pour n fixé peut s'écrire :

$$\exists a,b,x,y,z,x_1,\dots,x_\nu,y_1,\dots,y_\nu,z_1,\dots,z_\nu (E^2(x,n,a,x_1,\dots,x_\nu) + E^2(y,n,b,y_1,\dots,y_\nu) + E^2(z,n,a+b,z_1,\dots,z_\nu) = 0)$$

et donc la conjecture de Fermat est vraie ssi l'équation

$$(n-2m-p)^2 + E^2(x,n,a,x_1,\dots,x_\nu) + E^2(y,n,b,y_1,\dots,y_\nu) + E^2(z,n,a+b,z_1,\dots,z_\nu) = 0$$

n'a pas de solution en $a,b,m,n,p,x,y,z,x_1,\dots,x_\nu,y_1,\dots,y_\nu,z_1,\dots,z_\nu$.

Ainsi, une réponse positive au 10è problème de Hilbert aurait fourni un moyen de lever la conjecture de Fermat.

En fait ce résultat est plus général. On a (cf. [1]) :

Théorème 8 : Soit P un prédicat récursif à une place. Alors il existe une équation diophantienne $Q(n,x_1,\dots,x_k) = 0$ telle que

$\forall n\ P(n)$ si et seulement si l'équation $Q(n,x_1,\ldots,x_k) = 0$ n'admet pas de solution.

<u>Preuve</u> : Comme P est récursif il existe deux polynômes diophantiens $P(n,x_1,\ldots,x_k)$ et $Q(n,x_1,\ldots,x_k)$ tels que

$$P(n) \Longleftrightarrow \exists x_1,\ldots,x_k\ P(n,x_1,\ldots,x_k) = 0 \quad \text{et}$$
$$\neg P(n) \Longleftrightarrow \exists x_1,\ldots,x_k\ Q(n,x_1,\ldots,x_k) = 0\ .$$

Il est clair que $Q(n,x_1,\ldots,x_k) = 0$ admet une solution au moins si et seulement si $\exists n\ \neg P(n)$. ■

<u>Remarque</u> : La démonstration montre que le théorème 8 reste vrai en supposant seulement que P est le complémentaire d'un récursivement énumérable.

De nombreuses conjectures de théorie des nombres tombent dans le champ de ce théorème. Nous citerons simplement la conjecture de Goldbach. En effet, si $P(n)$ désigne $\exists p_1 p_2\ (p_1 \in \mathcal{P}\ \&\ p_2 \in \mathcal{P}\ \&$ $p_1 + p_2 = 2(n+2))$. $P(n)$ est récursif, car on a nécessairement $p_1, p_2 \leqslant 2(n+1)$. Donc toute la conjecture de Goldbach se réduit à l'insolubilité d'une équation diophantienne.

Une autre conjecture fameuse, à l'intersection de la théorie des nombres et de l'analyse est l'hypothèse de Riemann.

On sait que la fonction ζ de Riemann est définie par

$$\zeta(s) = \sum_{n=1}^{+\infty} n^{-s}\ ,$$

série qui converge pour $\mathrm{Re}(s) > 1$. La fonction obtenue peut-être prolongée analytiquement au plan complexe privé du point 1. Les points $-2k$ $(k \in \mathbb{N})$, sont des zéros de ζ . Les autres zéros de ζ sont appelés <u>non triviaux</u>. On sait qu'ils se trouvent dans la bande $0 < \mathrm{Re}(s) < 1$, symétriquement par rapport à la droite $\mathrm{Re}\, s = \frac{1}{2}$. L'hypothèse de Riemann affirme que les zéros non triviaux de cette fonction sont sur la droite $\mathrm{Re}\, s = \frac{1}{2}$. Par symétrie, l'hypothèse revient à affirmer que ζ n'a pas de zéros dans la bande $\frac{1}{2} < \mathrm{Re}(s) < 1$. Or cette bande est une réunion dénombrable de rectangles $\mathcal{R}_n$ de sommets, $(\frac{1}{2}+\frac{1}{n},n)$, $(1-\frac{1}{n},n)$, $(\frac{1}{2}+\frac{1}{n},-n)$, $(1-\frac{1}{n},-n)$. Si l'hypothèse de Riemann est vraie, alors $\int_{\mathcal{R}_n} \frac{\zeta'(s)}{\zeta(s)}\,ds = 0$ pour tout n, et réciproquement, car si $\int_{\mathcal{R}_n} \frac{\zeta'(s)}{\zeta(s)}\,ds = 0$ l'intégrale existe (donc il n'y a pas de zéro sur le bord du rectangle) et l'intégrale étant zéro, les résidus (positifs ou nuls) sont donc nuls (l'indice des points intérieurs au rectangle est toujours 1), ce qui signifie qu'il n'y a pas de zéros. En outre, en toute généralité, pour $\mathcal{R}$, un rectangle contenu dans le domaine de définition de ζ (et homotope à zéro dans ce domaine), on a $\frac{1}{2i\pi}\int_{\mathcal{R}} \frac{\zeta'(s)}{\zeta(s)}\,ds = 0,1,\dots,n,\dots,+\infty$. Donc $\int_{\mathcal{R}_n} \frac{\zeta'(s)}{\zeta(s)}\,ds = 0 \Longleftrightarrow \left|\int_{\mathcal{R}_n} \frac{\zeta'(s)}{\zeta(s)}\,ds\right| < \frac{1}{2}$. Posons $P(n) \Longleftrightarrow \left|\int_{\mathcal{R}_n} \frac{\zeta'(s)}{\zeta(s)}\,ds\right| < \frac{1}{2}$. L'hypothèse de Riemann s'énonce donc $\forall n\ P(n)$. Or $P(n)$ est décidable : il suffit de prendre une approximation convenable de $\frac{\zeta'(s)}{\zeta(s)}$ par une fonction rationnelle et prendre un rationnel assez proche de l'intégrale de la nouvelle fonction.

Donc, l'hypothèse de Riemann équivaut à l'insolubilité d'une équation diophantienne. (On trouvera une autre présentation de ce résultat dans [1]).

Enfin, signalons une application du théorème 8, concernant plus spécialement la logique.

Considérons une théorie formelle donnée par un certain alphabet et des règles de formations de certains mots (les formules), par un ensemble récursivement énumérable d'axiomes et un nombre fini de règles de déduction. Alors l'ensemble des théorèmes d'une théorie formelle est récursivement énumérable. En effet, on peut obtenir un algorithme énumérant les théorèmes et eux seuls en considérant une première étape où on ajoute un axiome à la liste des théorèmes, grâce à l'algorithme énumérant les axiomes, puis une seconde, où, dans la liste des théorèmes déjà énumérés (y compris après la première étape) on prend toutes les occurences possibles des règles de déduction et on adjoint les résultats obtenus à la liste. On obtient ainsi des théorèmes et tous les théorèmes.

Considérons maintenant le problème de la cohérence d'une théorie formelle, c-à-d., la théorie est <u>cohérente</u> si et seulement si il n'y a pas de formule R telle que R et ¬R soient déductibles dans la théorie. Il résulte de ce qui suit la

<u>Proposition informelle</u> : Le problème de la cohérence d'une théorie formelle est équivalent à celui de l'insolubilité d'une certaine équation diophantienne.

<u>Preuve</u> (informelle) : Considérons l'algorithme d'énumération des théorèmes indiqué ci-dessus. Appelons pas l'exécution consécutive de l'étape 1 et de l'étape 2. La propriété P(n) définie par : "il n'y a pas de contradiction au pas n" est évidemment récursive. Or la cohérence de la théorie s'exprime par la formule $\forall n\ P(n)$. D'où la correspondance avec une équation diophantienne, en vertu du théorème 8.▲

Ainsi, comme un problème d'indépendance d'axiome se ramène à deux problèmes de cohérence (la théorie + A est cohérente et la théorie + ¬A est cohérente), on a, par exemple qu'à l'hypothèse du continu correspondent deux équations diophantiennes insolubles.

La propriété que l'existence d'un cardinal inaccessible implique la cohérence de ZF se traduit par l'existence d'une équation diophantienne dont l'insolubilité résulte de l'axiome du cardinal inaccessible alors qu'elle ne peut être démontrée dans ZF seul. De même, la cohérence de Peano se traduit par une équation diophantienne dont l'insolubilité ne peut se démontrer dans Peano, mais se déduit dans ZF.

Un autre corollaire de la proposition informelle, est qu'on peut donner une "teinture diophantienne" au théorème d'incomplétude de

Gödel, à savoir qu'à toute théorie formelle τ assez forte, on peut associer une équation diophantienne insoluble dont l'insolubilité n'est pas déductible dans τ. Voici une formulation plus précise, tirée de [1].

<u>Théorème</u> 9 : <u>théorème d'incomplétude de Gödel</u>. Soit $\mathfrak{G}$ un système d'axiomes d'un langage contenant les symboles mathématiques $0, S, +, ., <$ et tel que :

(i) $\mathfrak{G}$ est cohérent

(ii) $\mathfrak{G}$ est énumérable

(iii) $\mathfrak{G}$ est assez fort pour démontrer tout énoncé vrai de la forme

$$p+q = r$$

$$pq = r$$

$$p < q$$

où $p.q.r$ figurent parmi $0, S0, SS0, \ldots$ et S est la fonction successeur.

Alors on peut construire une équation diophantienne $F(x_1, \ldots, x_\nu) = 0$ correspondant à $\mathfrak{G}$ telle que $F(x_1, \ldots, x_\nu) = 0$ n'ait pas de solutions dans $\mathbb{N}^\nu$ mais telle qu'on ne puisse déduire $\neg \exists x_1, \ldots, x_\nu (F(x_1, \ldots, x_\nu) = 0)$ de $\mathfrak{G}$.

<u>Preuve</u> : Soit $U(a, k, x_1, \ldots, x_\nu)$ énumérant les parties diophantiennes de $\mathbb{N}$. Soit alors $A = \{a ; [\neg \exists x_1, \ldots, x_\nu (U(a, a, x_1, \ldots, x_\nu) = 0)]$ est déductible de $\mathfrak{G}\}$.

Alors A est évidemment récursivement énumérable (A est l'"ombre" de K dans la théorie associée à $\mathfrak{G}$) (cf. p. 29), donc diophantien, par le théorème principal. Donc $A = D_k$ pour un certain k. Soit alors $F(x_1, \ldots, x_\nu) = U(k, k, x_1, \ldots, x_\nu)$ (k est une constante). Si l'insolubilité de F est déductible de $\mathfrak{G}$, d'après la définition de A, $k \in D_k$ et, par définition de D_k, on a donc

$\exists x_1,\ldots,x_k(U(k,k,x_1,\ldots,x_\nu) = 0)$, ce qui est impossible puisque $\mathfrak{G}$ est cohérent. Donc l'insolubilité de F n'est pas déductible de $\mathfrak{G}$ et donc $k \notin D_k$. Mais, par définition de D_k, $k \notin D_k$ signifie l'insolubilité de F. ■

Toutes les conjectures, ne relèvent pas directement de cette traduction : par exemple la conjecture de l'infinité des nombres premiers jumeaux. Cette conjecture est de la forme $\forall n\, P(n)$ mais avec $P(n)$ non décidable car $P(n)$ s'écrit $\exists p_1, p_2\, [p_1, p_2 \in \mathcal{P}\ \&\ p_2 = p_1+2\ \&\ p_1 > n$ La non décidabilité (a priori) résulte de ce que le quantificateur existentiel n'est pas borné. En fait si on considère $P'(n) = \exists p_1, p_2\, [p_1, p_2 \in \mathcal{P}\ \&\ p_2 = p_1+2\ \&\ n+4 < p_1 \leqslant 2^{n+4}]$ alors $\forall n\, P'(n)$ équivaut à l'insolubilité d'une certaine équation diophantienne. Les arithméticiens qui sont prêts à admettre $\forall n\, P(n)$ sont également prêts à accepter $\forall n\, P'(n)$ qui est cependant plus forte.

On peut se demander quel intérêt présente une telle traduction des conjectures. Selon Matiyassévitch, J. Robinson et Davis [1] il réside dans l'étude des classes décidables d'équations diophantiennes. Ces auteurs pensent qu'il faut développer les recherches dans la construction de nouvelles classes décidables et vérifier ensuite, éventuellement à l'aide d'ordinateurs, que la "traduction" de telle ou telle conjecture, figure dans une des classes découvertes. On remarquera que pour l'instant, le problème des quatre couleurs, relevable d'une traduction diophantienne, a été résolu par des techniques de théorie des graphes. Cependant, comme les auteurs cités l'observent à juste titre dans [1] "la classe des ensembles diophantiens n'est étudiée que depuis 25 ans. Sa richesse a étonné les spécialistes et, peut être, son utilité le fera également".

III. Autres problèmes connexes.

Comme il a été précisé dans l'introduction, on considère ici le dixième problème de Hilbert en se plaçant sur un autre ensemble d'entiers que $\mathbb{N}$. On sait déjà (cf. début du I p. 1) que la recherche de solutions d'une équation diophantienne dans $\mathbb{Z}$ équivaut à la recherche des solutions dans $\mathbb{Z}$.

Considérons maintenant un anneau commutatif unitaire intègre $\mathcal{R}$ contenant $\mathbb{Z}$. Pour poser le dixième problème sur $\mathcal{R}$, il faut redéfinir le terme "diophantien". Or, ici, il y a deux notions possibles selon le sens qu'on donne au mot "entier" dans la définition des coefficients des polynômes figurant dans la caractérisation des ensembles diophantiens.

On dit que $\mathcal{S} \subset \mathcal{R}^k$ est un ensemble diophantien sur $\mathcal{R}$ (resp. diophantien pur sur $\mathcal{R}$) s'il existe un entier $n > 0$ et un polynôme $P \in \mathcal{R}[X_1,\dots,X_k,Y_1,\dots,Y_n]$ (resp. $P \in \mathbb{Z}[X_1,\dots,X_k,Y_1,\dots,Y_n]$) tel que :

$$(a_1,\dots,a_k) \in \mathcal{S} \Longleftrightarrow \exists y_1,\dots,y_n \in \mathcal{R}\ P(a_1,\dots,a_k,y_1,\dots,y_n) = 0 .$$

On définit de la même façon les relations diophantiennes (pures), les polynômes diophantiens (purs) et les équations diophantiennes (pures).

Le dixième problème de Hilbert relatif à $\mathcal{R}$ (on dira "dixième problème sur $\mathcal{R}$") se scinde en deux, selon le sens donné au terme "diophantien" et s'énonce ainsi :

"Existe-t-il un algorithme permettant de décider si une équation diophantienne (pure) sur $\mathcal{R}$ a ou n'a pas de solutions ?"

Actuellement, le problème a été et est étudié dans les cas suivants :

(i) $\mathcal{R}$ est l'anneau des entiers d'une extension quadratique de $\mathbb{Q}$.

(ii) $\mathcal{R}$ est l'anneau des entiers d'une extension de $\mathbb{Q}$ de degré fini au moins égal à 3.

(iii) $\mathfrak{R}$ est l'anneau des entiers algébriques sur $\mathbb{Q}$.

(iv) $\mathfrak{R} = \mathbb{Q}$.

Seul le cas (i) a reçu récemment une solution, dans les deux sens du dixième problème, qui est négative (travaux de DENEF, cités dans [1]).

La démonstration de DENEF repose sur un analogue du Théorème Principal. Il faut naturellement préciser ce qu'est une relation sur $\mathfrak{R}$ récursivement énumérable. Dans les 4 cas considérés ci-dessus, $\mathfrak{R}$ est lui-même récursivement énumérable. Nous supposerons $\mathfrak{R}$ récursivement énumérable. Nous dirons donc qu'une relation k-aire $\mathfrak{M}$ sur $\mathfrak{R}$ est récursivement énumérable si et seulement si, la relation définie par $\mathfrak{M}$ sur les numéros des éléments de $\mathfrak{R}$ est récursivement énumérable. Dans le cas (i) DENEF démontre alors qu'une partie de $\mathfrak{R}^k$ est diophantienne sur $\mathfrak{R}$ si et seulement si elle est récursivement énumérable. En fait, il suffit de démontrer que $\mathbb{Z}$ est diophantien sur $\mathfrak{R}$ comme le prouve la

<u>Proposition</u> 12 : Soit F une extension de $\mathbb{Q}$ de degré fini et $\mathfrak{R}$ l'anneau des entiers de F (entiers algébriques de F sur $\mathbb{Q}$). Toute relation sur $\mathfrak{R}$ récursivement énumérable est diophantienne sur $\mathfrak{R}$ si et seulement si l'ensemble $\mathbb{Z}$ est diophantien sur $\mathfrak{R}$.

<u>Démonstration</u> : Soit $A \subset \mathfrak{R}^k$ une relation sur $\mathfrak{R}$ récursivement énumérable. Soit $\{\eta_1, \ldots, \eta_n\}$ une base de $\mathfrak{R}$ sur $\mathbb{Z}$, où n est le degré de F sur $\mathbb{Q}$ (on sait qu'une telle base existe toujours). Définissons la relation B sur $\mathbb{Z}$ où $B \subset \mathbb{Z}^{nk}$ par :

$B(a_1^{(1)}, \ldots, a_n^{(1)}, \ldots, a_1^{(k)}, \ldots, a_n^{(k)})$ si et seulement si

$A(\sum_{i=1}^{n} a_i^{(1)}\eta_i, \ldots, \sum_{i=1}^{n} a_i^{(k)}\eta_i)$. Il est clair que B est une relation sur $\mathbb{Z}$ récursivement énumérable. Il existe donc un polynôme P à coefficients entiers (dans $\mathbb{Z}$) tel que :

$B(a_1^{(1)}, \ldots, a_n^{(1)}, \ldots, a_1^{(k)}, \ldots, a_n^{(k)}) \Longleftrightarrow \exists y_1, \ldots, y_m \in \mathbb{Z}$

$P(a_1^{(1)}, \ldots, a_n^{(1)}, \ldots, a_1^{(k)}, \ldots, a_n^{(k)}, y_1, \ldots, y_m) = 0$. On a donc :

$$A(x_1,\ldots,x_k) \Longleftrightarrow \exists a_1^{(1)},\ldots,a_n^{(1)},\ldots,a_1^{(k)},\ldots,a_n^{(k)},y_1,\ldots,y_m$$
$$[a_1^{(1)} \in \mathbb{Z} \,\&\ldots\&\, a_n^{(1)} \in \mathbb{Z} \,\&\, a_1^{(k)} \in \mathbb{Z} \,\&\ldots\&\, a_n^{(k)} \in \mathbb{Z} \,\&\, y_1 \in \mathbb{Z} \,\&\ldots\&\, y_m \in \mathbb{Z} \,\&$$
$$\&\, x_1 = \sum_{i=1}^{n} a_i^{(1)}\eta_i \,\&\ldots\&\, x_k = \sum_{i=1}^{n} a_i^{(k)}\eta_i \,\&$$
$$\&\, P(a_1^{(1)},\ldots,a_n^{(1)},\ldots,a_1^{(k)},\ldots,a_n^{(k)},y_1,\ldots,y_m)] .$$

Par hypothèse, les relations de la forme $\alpha \in \mathbb{Z}$ sont diophantiennes sur $\mathfrak{R}$ et une conjonction de relations diophantiennes sur $\mathfrak{R}$ est diophantienne sur $\mathfrak{R}$.

En effet : F étant une extension de $\mathbb{Q}$ de degré fini, il existe un N tel que la racine primitive Nème de l'unité ne soit pas dans F (et donc pas dans $\mathfrak{R}$, car une telle racine est un entier algébrique sur $\mathbb{Z}$). Soit alors $\Phi_N(X,Y) \in \mathbb{Z}[X,Y]$ le polynôme homogène tel que $\Phi_N(X,1)$ soit le polynôme cyclotomique d'ordre N . On dira que $\Phi_N(X,Y)$ est le polynôme cyclotomique homogène d'ordre N . Alors il est clair que dans $\mathfrak{R}$ on a $\forall xy(\Phi_N(x,y) = 0 \Longleftrightarrow x=y=0)$.

Il reste à montrer qu'une relation de la forme $\beta = 0$ où $\beta \in \mathfrak{R}$ est diophantienne sur $\mathfrak{R}$. Or il est clair que :

$$\beta = 0 \Longleftrightarrow \beta \in \mathbb{Z} \,\&\, \exists u_1,\ldots,u_4,v_1,\ldots,v_4 \in \mathbb{Z}\, [\beta = u_1^2+\ldots+u_4^2 \,\&\, -\beta = v_1^2+\ldots+v_4^2]$$

donc $\beta = 0$ est bien une relation diophantienne sur $\mathfrak{R}$. ■

Pour le résultat concernant les parties diophantiennes pures, il nous faut une caractérisation des relations diophantiennes pures. On suppose que $\mathfrak{R}$ est l'anneau des entiers d'une extension algébrique F de $\mathbb{Q}$. Soit G le groupe de Galois de F sur $\mathbb{Q}$ (c-à-d. le groupe des automorphismes de F sur $\mathbb{Q}$ ou, ce qui est la même chose, celui des automorphismes de $\mathfrak{R}$). On dit qu'une relation T sur $\mathfrak{R}$ est <u>invariante</u> si, pour tout $\sigma \in G$ on a : $T(x_1,\ldots,x_k) \Longrightarrow T(x_1^\sigma,\ldots,x_k^\sigma)$ où α^σ désigne $\sigma(\alpha)$. De même un élément α est invariant ssi $\alpha^\sigma = \alpha$ pour tout $\sigma \in G$. On a :

<u>Proposition</u> 13 : Soit $\mathfrak{R}$ l'anneau des entiers d'une extension de $\mathbb{Q}$ de degré fini. Une relation A sur $\mathfrak{R}$ est diophantienne pure

sur $\mathcal{R}$ si et seulement si elle est diophantienne sur $\mathcal{R}$ et invariante.

<u>Démonstration</u> : Si A est diophantienne pure, elle est a fortiori diophantienne (puisque $\mathbb{Z} \subset \mathcal{R}$) et il est trivial qu'elle est invariante.

Soit donc A une relation diophantienne sur $\mathcal{R}$ qui soit invariante. Soit P le polynôme diophantien (sur $\mathcal{R}$) définissant A :

$$A(a_1,\ldots,a_k) \Longleftrightarrow \exists y_1,\ldots,y_n \in \mathcal{R}\ P(a_1,\ldots,a_k,y_1,\ldots,y_n) = 0 .$$

Pour $\sigma \in G$, désignons par P^σ le polynôme obtenu à partir de P en y remplaçant les coefficients par leurs images selon σ. Le nombre des polynômes obtenus est en fait fini, car chaque coefficient α est algébrique sur $\mathbb{Q}$ et donc α^σ est racine du même polynôme minimal que α. Soient $\sigma_1,\ldots,\sigma_r$ une suite d'automorphismes donnant tous les P^σ (on peut supposer que $\sigma_1 = \mathrm{id}$). Soit

$$Q(x_1,\ldots,x_k,y_1,\ldots,y_n) = \prod_{i=1}^{r} P^{\sigma_i}(x_1,\ldots,x_k,y_1,\ldots,y_n). \qquad (*)$$

Alors $A(a_1,\ldots,a_k) \Longleftrightarrow \exists y_1,\ldots,y_n \in \mathcal{R}\ Q(a_1,\ldots,a_k,y_1,\ldots,y_n) = 0$.

En effet, si $A(a_1,\ldots,a_k)$, comme $P|Q$ on a $\exists y_1,\ldots,y_n \in \mathcal{R}$ $P(a_1,\ldots,a_k,y_1,\ldots,y_n)$ puisque A est diophantienne. Supposons $\exists y_1,\ldots,y_n \in \mathcal{R}\ Q(a_1,\ldots,a_k,y_1,\ldots,y_n) = 0$. Alors pour un certain j, $P^{\sigma_j}(a_1,\ldots,a_k,y_1,\ldots,y_n) = 0$ et donc si $\tau = \sigma_j^{-1}$, $P(a_1^\tau,\ldots,a_k^\tau,y_1^\tau,\ldots,y_n^\tau) = 0$. D'où $A(a_1^\tau,\ldots,a_k^\tau)$, avec $\tau \in G$. Comme A est invariante, on a $A(a_1,\ldots,a_k)$ puisque $a_i = (a_i^\tau)^{\sigma_i}$.

Il reste à montrer qu'on peut avoir une définition diophantienne pure de Q . Pour cela, il suffit d'avoir une telle définition pour les coefficients de Q . La démonstration donnée ici suit, à quelques détails près, celle d'un résultat voisin due à R.M. Robinson (cf. [8]). Soit α un coefficient de Q . On remarque, d'après (*) que $\alpha \in \mathcal{R}$ puisque les coefficients des P^{σ_i} sont dans $\mathcal{R}$ et que α est invariant car α est une fonction symétrique des coefficients des P^{σ_i} .

Comme F est une extension de $\mathbb{Q}$ de degré fini, il existe $\theta \in F$ tel que $F = \mathbb{Q}(\theta)$. On peut même supposer que $\theta \in \mathfrak{R}$ (en multipliant θ par un entier naturel convenable). Soit U le polynôme irréductible de θ sur $\mathbb{Q}$. On peut prendre U unitaire et à coefficients dans $\mathbb{Z}$. On sait qu'il existe un entier naturel $k \neq 0$ tel que tout élément ε de $\mathfrak{R}$ s'écrive : $\varepsilon = \sum_{m=0}^{\nu-1} k^{-1} \lambda_m \theta^m$ où $\lambda_m \in \mathbb{Z}$ et ν est le degré de F sur $\mathbb{Q}$ (cf. un cours d'algèbre). Donc, α étant fixé, il existe un polynôme V à coefficients dans $\mathbb{Z}$ tel que $\alpha = k^{-1} V(\theta)$, ou encore : $k\alpha = V(\theta)$. Soient $\theta_1, \ldots, \theta_q$ les racines de U dans F (elles sont alors dans $\mathfrak{R}$ car U est unitaire et à coefficients dans $\mathbb{Z}$). Alors les automorphismes de F sont au nombre de q et entièrement déterminés par $\sigma_j(\theta) = \theta_j$ $(\theta_1 = \theta)$. Donc $k\alpha^\sigma = V(\theta^\sigma)$ où σ est un des σ_j. Comme α est invariant, on a donc $k\alpha = V(\theta_j)$ pour $j = 1, \ldots, q$. Et donc :

$$x = \alpha \Longleftrightarrow \exists y\ [U(y) = 0\ \&\ kx = V(y)]$$

(avec, naturellement, $y \in \mathfrak{R}$).

Comme nous l'avons vu dans la démonstration de la proposition 12, comme F est de degré fini sur $\mathbb{Q}$, $\exists y\ [U(y) = 0\ \&\ kx = V(y)]$ s'écrit :

$$\exists y\ [\Phi_N(U(y), kx - V(y)) = 0]$$

où Φ_N est le polynôme cyclotomique homogène d'un certain ordre N. Et donc $x = \alpha$ est bien une condition diophantienne pure sur $\mathfrak{R}$. ■

La démonstration de la proposition 12 montre qu'une relation sur $\mathfrak{R}$ récursivement énumérable est diophantienne pure sur $\mathfrak{R}$, si et seulement si $\mathbb{Z}$ est diophantien pur sur $\mathfrak{R}$ (sous l'hypothèse que F est de degré fini sur $\mathbb{Q}$). Mais alors, d'après la proposition 13, comme $\mathbb{Z}$ est évidemment invariant, s'il est diophantien sur $\mathfrak{R}$, il est diophantien pur sur $\mathfrak{R}$.

Dans le cas (ii), aucune solution n'est apportée à l'heure actuelle, pas même pour des extensions cubiques. Comme on le voit d'après les propositions 12 et 13, tout se résume à montrer que Z est diophantien (pur) sur $\mathcal{R}$. Les auteurs de [1] conjecturent qu'il en est bien ainsi.

Dans le cas de (iii), on ne peut plus utiliser les propositions 12 et 13 dont les démonstrations que nous connaissons font intervenir l'hypothèse de dimension finie d'une façon essentielle. En outre, on peut trouver dans ce cas un ensemble récursivement énumérable et qui n'est pas diophantien sur $\mathcal{R}$. Soit en effet E l'ensemble des entiers algébriques réels. On peut toujours calculer la partie imaginaire d'un entier algébrique et déterminer si elle est nulle ou non, car on peut se ramener en dimension finie où l'on se trouve alors dans un $\mathbb{Z}$-module (en fonction d'un élément primitif). Or dans ce cas, il est aisé de voir si un nombre est réel ou non (récursivement). Par contre, E n'est pas diophantien sur $\mathcal{R}$. Supposons le contraire. Il existe un polynôme P tel que $a \in E \Longleftrightarrow \exists y_1,\dots,y_n \; P(a,y_1,\dots,y_n) = 0$. Les coefficients de P , $\alpha_1,\dots,\alpha_k$ sont dans un sous-anneau $\mathcal{R}' = \mathbb{Z}[\alpha_1,\dots,\alpha_k]$ de $\mathcal{R}$, qui est dans une extension de $\mathbb{Q}$ de degré fini. Donc il existe un automorphisme σ de $\mathcal{R}$ qui laisse cette extension fixe, mais qui transforme un certain élément a de E en un entier algébrique non réel. Or $a \in E \Longrightarrow \exists y_1,\dots,y_n \; P(a,y_1,\dots,y_n) = 0$. D'où $P^\sigma(a^\sigma, y_1^\sigma \dots y_n^\sigma) = 0$. Mais $P^\sigma = P$ par construction de σ . Et donc $a^\sigma \in E$. Or a^σ n'est pas réel. Donc E n'est pas diophantien sur $\mathcal{R}$. A fortiori, il n'est pas diophantien pur sur $\mathcal{R}$.

Ceci conduit les auteurs de [1] à penser que dans le cas (iii), la réponse au dixième problème de Hilbert pourrait être positive.

Dans le cas (iv) où $\mathcal{R} = \mathbb{Q}$, on remarque d'abord que toute partie diophantienne sur $\mathbb{Q}$ est diophantienne pure sur $\mathbb{Q}$, puisque $\mathbb{Q}$ est le corps des fractions de $\mathbb{Z}$. C'est pourquoi, pour simplifier le vocabulaire, nous parlerons de parties diophantiennes sur $\mathbb{Q}$.

Nous allons montrer que dans le cas $\mathcal{R} = \mathbb{Q}$, le dixième problème de Hilbert équivaut au problème de la décision de la résolubilité des équations diophantiennes <u>homogènes</u>. C'est-à-dire, que le problème se pose pour une sous-classe de la classe des équations diophantiennes. Nous montrerons ensuite, que, comme dans le cas (iii), on obtient une réponse négative du dixième problème relatif à $\mathbb{Q}$ si on établit le caractère diophantien sur $\mathbb{Q}$ de $\mathbb{Z}$.

<u>Proposition</u> 14 : Soit A une relation k-aire sur $\mathbb{Q}$. A est diophantienne sur $\mathbb{Q}$ si et seulement si il existe un entier n et un polynôme homogène $P \in \mathbb{Z}[X_1,\dots,X_k,Y_1,\dots,Y_k,Z_1,\dots,Z_n]$ tel que

$$A(a_1,\dots,a_k) \Longleftrightarrow \exists z_1 \in \mathbb{Z},\dots,z_n \in \mathbb{Z}\,[P(p_1,\dots,p_k,q_1,\dots,q_k,z_1,\dots,z_n) = 0]$$

où $a_i = \frac{p_i}{q_i}$, $p_i \in \mathbb{Z}$, $q_i \in \mathbb{N}^*$.

<u>Démonstration</u> : Il suffit de la faire pour $k = 1$. La propriété est évidemment suffisante. Montrons qu'elle est nécessaire :

A étant diophantienne sur $\mathbb{Q}$, il existe un entier m et un polynôme $P_1 \in \mathbb{Z}\,[X,Y_1,\dots,Y_m]$ tel que :

$$a \in A \Longleftrightarrow \exists y_1 \in \mathbb{Q},\dots,y_m \in \mathbb{Q}\,[P_1(a,y_1,\dots,y_m) = 0] .$$

On observe que si $a = \frac{p}{q}$ avec $p \in \mathbb{Z}$, $q \in \mathbb{N}^*$ et $y_i = \frac{\alpha_i}{\beta_i}$, $\alpha_i \in \mathbb{Z}$ et $\beta_i \in \mathbb{N}^*$, on a : $P_1(a,y_1,\dots,y_m) = 0 \Longleftrightarrow q^d\beta_1^d,\dots,\beta_m^d\, P_1(a,y_1,\dots,y_m) = 0$, quelque soit l'entier naturel d . Prenons pour d le maximum du degré de a et de y_i dans P_1 . On a alors que $q^d\beta_1^d,\dots,\beta_m^d\, P_1(\frac{p}{q},\frac{\alpha_1}{\beta_1},\dots,\frac{\alpha_m}{\beta_m})$ est une expression polynomiale homogène en $p,q,\alpha_1,\dots,\alpha_m,\beta_1,\dots,\beta_m$. C-à-d. il existe un polynôme homogène $P \in \mathbb{Z}\,[X,Y,Z_1,\dots,Z_m,T_1,\dots,T_m]$ tel que $\forall p\,q\,\alpha_1,\dots,\alpha_m\,\beta_1,\dots,\beta_m$ $(\beta_i \neq 0)$

$$q^d\beta_1^d,\dots,\beta_m^d P_1(\frac{p}{q},\frac{\alpha_1}{\beta_1},\dots,\frac{\alpha_m}{\beta_m}) = P(p,q,\alpha_1,\dots,\alpha_m,\beta_1,\dots,\beta_m).$$ Donc

$$a \in A \Longleftrightarrow \exists \alpha_1,\dots,\alpha_m \in \mathbb{Z}\ \beta_1,\dots,\beta_m \in \mathbb{N}^*[P(p,q,\alpha_1,\dots,\alpha_m,\beta_1,\dots,\beta_m) = 0] .$$

Comme un entier naturel est somme de quatre carrés de $\mathbb{Z}$, la démonstration est achevée (puisqu'une somme de carré est homogène par rapport à ses termes). ■

Proposition 15 : Les parties récursivement énumérables de $\mathbb{Q}$ sont les parties de $\mathbb{Q}$ diophantiennes sur $\mathbb{Q}$ ssi $\mathbb{Z}$ est diophantien sur $\mathbb{Q}$.

Démonstration : Elle est calquée sur la preuve de la proposition 12. En effet, si $A \subset \mathbb{Q}$ est récursivement énumérable, on peut construire une partie B de $\mathbb{Z}^2$ telle que :

$$B(p,q) \Longleftrightarrow q \in \mathbb{N}^* \ \& \ \frac{p}{q} \in A .$$

Il est clair que B est récursivement énumérable. Donc B est diophantienne au sens ordinaire. Il existe donc un entier n et un polynôme $P \in \mathbb{Z}[X_1,X_2,Y_1,\ldots,Y_n]$ tel que

$$B(p,q) \Longleftrightarrow \exists y_1,\ldots,y_n \in \mathbb{Z}\ [P(p,q,y_1,\ldots,y_n) = 0] .$$

Donc :

$$a \in A \Longleftrightarrow \exists p,q,y_1,\ldots,y_n \in \mathbb{Z}\ [q \in \mathbb{N}^* \ \& \ qa = p \ \& \ P(p,q,y_1,\ldots,y_n) = 0] .$$

Les relations $p \in \mathbb{Z}$, $q \in \mathbb{Z}$, $y_1 \in \mathbb{Z}, \ldots, y_n \in \mathbb{Z}$ sont diophantiennes sur $\mathbb{Q}$ par hypothèses. L'expression $qa = p$ est diophantienne sur $\mathbb{Q}$ puisque $ax - y$ est un polynôme en a,x,y à coefficients dans $\mathbb{Z}$ et que $p \in \mathbb{Z}$, $q \in \mathbb{Z}$ sont diophantiennes sur $\mathbb{Q}$. La condition $q \in \mathbb{N}^*$ l'est aussi car $q \in \mathbb{N}^* \Longleftrightarrow \exists t\,u\,v\,w \in \mathbb{Z}[q = t^2+u^2+v^2+w^2+1]$. On utilise implicitement qu'une conjonction de relations diophantiennes sur $\mathbb{Q}$ est diophantienne sur $\mathbb{Q}$. Cela est clair, car sur $\mathbb{Q}$, $\alpha^2+\beta^2 = 0 \Longleftrightarrow \alpha = \beta = 0$. Ce qui achève la démonstration. ■

Il résulte donc des propositions 14 et 15 qu'on peut apporter une réponse négative au dixième problème de Hilbert sur $\mathbb{Q}$ si on trouve un entier n et un polynôme homogène $P \in \mathbb{Z}[X,Y,Z_1,\ldots,Z_n]$ tel que:

$$a|b \Longleftrightarrow \exists y_1,\ldots,y_n \in \mathbb{Z}\ [P(a,b,y_1,\ldots,y_n) = 0] .$$

Ce qui est un problème ouvert.

Bibliographie

[1] DAVIS, MATIYASSÉVITCH, J. ROBINSON. Proceedings of Symposia in Pure Mathematics. Vol. 28 (1976), pp. 323-378.

[2] J.P. JONES. Universal Diophantine Equation. The University of Calgary, Dept. Math. Research Paper, n° 274 (avril 75).

[3] MATIYASSÉVITCH. Une nouvelle démonstration du théorème de représentation exponentiellement diophantienne des prédicats récursivement énumérables. Zapiski naoutchnykh seminarov LOMI, t. 60 (1976), pp. 75-89 (en russe).

[4] MATIYASSÉVITCH. Les nombres premiers sont énumérés par un polynôme de 10 variables. Zapisky naoutchnykh seminarov LOMI, t. 68 (1977), pp. 62-82 (en russe).

[5] MATIYASSÉVITCH."Indécidabilité algorithmique des équations exponentiellement diophantiennes à trois inconnues" in Recherches en théorie des algorithmes et en logique mathématique. Ed. Naouka. Moscou 1979, pp. 69-77 (en russe).

[6] MATIYASSÉVITCH, J. ROBINSON. Reduction of an arbitrary Diophantine equation to one in 13 unknowns. Acta Arithmetica 27, (1974) 521-553.

[7] J. ROBINSON. Existential representability in arithmetic. Trans. Amer. Math. Society, (1952) v. 72, pp. 437-449.

[8] R.M. ROBINSON. Arithmetical definability of field elements. J. Symbolic Logic 16, (1951) pp. 125-126.

[9] C.L. SIEGEL. Zur Theorie der quadratischen Formen. Nachr. Akad. Wiss. Göttingen Math. Phys. KI. II (1972) pp. 21-46.

[10] D. SINGMASTER. Notes on binomial coefficient. I. J. London Math. Soc. (1974) v. 8, n° 3, pp. 545-548.

[11] V.A. USPENSKY. Leçons sur les fonctions calculables. Hermann, Paris (1966) (trad.).

3, rue Mozart
l'Ermitage
91940 LES ULIS

BORNE SUPERIEURE DE LA COMPLEXITE DE LA THEORIE DE $\mathbb{N}$ MUNI DE LA RELATION DE DIVISIBILITE

Pascal MICHEL
Université Paris VII

On va montrer qu'il existe un algorithme qui reconnaît si une formule ϕ de longueur n du langage $\{|\}$, où $|$ est la relation de divisibilité, est vraie ou fausse dans $\mathbb{N}$, en utilisant, sur une machine de Turing déterministe, un espace 2^{cn^3} .

C'est-à-dire si $Th(\mathbb{N}, |)$ désigne la théorie de $\mathbb{N}$ muni de la relation de divisibilité, et si DSPACE (f(n)) désigne l'ensemble des langages reconnaissables par une machine de Turing déterministe utilisant, sur une entrée de longueur n, un espace f(n), qu'on va montrer le théorème suivant :

<u>Théorème</u>.-

$$\exists\, c > 0 \qquad Th(\mathbb{N}, |) \in DSPACE(2^{cn^3})$$

La démonstration est basée sur le fait que si on note $\mathcal{A} = (\mathbb{N}, \leq)$, et $\mathcal{A}^*$ le produit faible de $\mathcal{A}$: $\mathcal{A}^* = (\mathbb{N}^*, \leq^*)$ où

$$\mathbb{N}^* = \{\alpha \in \mathbb{N}^{\mathbb{N}} : \alpha_i \neq 0 \text{ pour un nombre fini seulement de } i \in \mathbb{N}\},$$

et $\alpha \leq^* \beta$ si et seulement si $\alpha_i \leq \beta_i$ pour tout $i \in \mathbb{N}$

alors $\mathcal{A}^*$ est isomorphe à $(\mathbb{N} \setminus \{0\}, |)$ par l'isomorphisme:

$$\alpha \mapsto \prod_{i \in \mathbb{N}} p_i^{\alpha_i} \quad \text{où } p_i \text{ désigne le } (i+1)\text{-ième nombre premier.}$$

J. Ferrante et C.W. Rackoff ([FR]) ont montré que $Th(\mathbb{N}, \leq) \in DSPACE(n^2)$ et ont donné un procédé canonique pour déduire d'une démonstration fournissant une borne supérieure de la complexité de $Th(\mathcal{A})$, une démonstration fournissant une borne supérieure de la complexité de $Th(\mathcal{A}^*)$.

On trouvera ici une démonstration de $Th(\mathcal{A}) \in DSPACE(n^2)$, démonstration qui n'est qu'esquissée dans [FR] et dont les détails sont nécessaires pour le calcul de la complexité de $Th(\mathcal{A}^*)$.

<u>Principe de la démonstration</u>

(I) Trouver une relation d'équivalence $E_{n,k}$ entre k-uples d'entiers naturels, vérifiant:

$$\forall n,k \in \mathbb{N} \ , \ \forall \overline{a_k} \ , \ \overline{b_k} \in \mathbb{N}^k \ :$$

1) $\overline{a_k} \; E_{o,k} \; \overline{b_k} \Longrightarrow \overline{a_k} \equiv_{o,k} \overline{b_k}$

2) $\overline{a_k} \; E_{n+1,k} \; \overline{b_k} \Longrightarrow \forall a_{k+1} \in \mathbb{N} \; \exists b_{k+1} \in \mathbb{N} \; \overline{a_{k+1}} \; E_{n,k+1} \; \overline{b_{k+1}}$

où $\overline{a_k} \equiv_{n,k} \overline{b_k}$ si $\overline{a_k}$ et $\overline{b_k}$ satisfont dans $\mathbb{N}$ les mêmes formules $F(\overline{x_k})$ de profondeur en quantificateurs $\leq n$ [FR, p.33].

Pour montrer $\overline{a_k} \equiv_{o,k} \overline{b_k}$, il suffit [FR, p.37] de montrer que $\overline{a_k}$ et $\overline{b_k}$ satisfont dans $\mathbb{N}$ les mêmes formules atomiques.

(II) Trouver une norme $\| \cdot \|$ sur les éléments de $\mathbb{N}$, c'est-à-dire une application de $\mathbb{N}$ dans $\mathbb{N}$, et une application $H(n,k,m)$ de $\mathbb{N}^3$ dans $\mathbb{N}$ vérifiant :

$\forall n,k,m \in \mathbb{N}$, $\forall \overline{a_k}, \overline{b_k} \in \mathbb{N}^k$, si $\overline{a_k} \; E_{n+1,k} \; \overline{b_k}$ et $\forall i \; (1 \leq i \leq k)$

$\| b_i \| \leq m$, alors : $\forall a_{k+1} \in \mathbb{N} \; \exists b_{k+1} \in \mathbb{N}$ tel que :

$$\| b_{k+1} \| \leq H(n,k,m) \text{ et } \overline{a_{k+1}} \; E_{n,k+1} \; \overline{b_{k+1}} \; .$$

(III) On sait alors [FR, p.34-35] que $E_{n,k} \subseteq \equiv_{n,k}$ et que $\mathcal{A}$ est H-bornée, c'est-à-dire que [FR, p.30] si on note $a_i \precsim m$ pour $\|a_i\| \leq m$:

$$\forall n,k,m \in \mathbb{N},\ \forall \overline{a_k} \in \mathbb{N}^k,\ \text{si } a_i \precsim m \text{ et si}$$

$$\mathcal{A} \models \exists x_{k+1}\ F(\overline{a_k}, x_{k+1}),\ \text{où } F(\overline{x_{k+1}}) \text{ est de profondeur en}$$

quantificateurs $\leq n$, alors $\mathcal{A} \models \exists x_{k+1} \precsim H(n,k,m)\ F(\overline{a_k}, x_{k+1})$.

En fait, on n'utilisera pas cette définition, mais deux de ses conséquences : [FR, pp. 30-31, et 41-42].

(A) Si $n \in \mathbb{N}$, si $Q_1x_1 \ldots Q_nx_n\ F(\overline{x_n})$ est une formule en forme prénexe, si $m_o, m_1 \ldots m_n \in \mathbb{N}$ avec $m_o \leq m_1 \leq \ldots \leq m_n$ et $H(n-i, i-1, m_{i-1}) \leq m_i \quad \forall i \quad (1 \leq i \leq n)$, alors $\mathcal{A} \models Q_1x_1 \ldots Q_nx_n\ F(\overline{x_n})$ si et seulement si :

$$\mathcal{A} \models (Q_1x_1 \precsim m_1) \ldots (Q_nx_n \precsim m_n)\ F(\overline{x_n})$$

(B) Si $n,k \in \mathbb{N}$, si $m_o, m_1, \ldots, m_k \in \mathbb{N}$ avec $m_o \leq m_1 \leq \ldots \leq m_k$ et $H(n+k-i, i-1, m_{i-1}) \leq m_i \quad \forall i\ (1 \leq i \leq k)$, alors :

$$\forall \overline{a_k} \in \mathbb{N}^k\ \exists \overline{b_k} \in \mathbb{N}^k \text{ tq } \overline{a_k} \equiv_{n,k} \overline{b_k} \text{ et } \|b_i\| \leq m_i \qquad \forall i\ (1 \leq i \leq k)$$

(IV) On cherche des $m_o, m_1, \ldots, m_n \in \mathbb{N}$ vérifiant les conditions de (A). On déduit alors de (A) une procédure de décision : étant donné une formule de longueur n, et contenant donc moins de n quantificateurs, on la met sous forme prénexe : $Q_1x_1 \ldots Q_nx_n\ G(\overline{x_n})$, de longueur $Cn \log n$. Puis on engendre tous les n-uples $(x_1, \ldots, x_n)$ avec $\|x_i\| \leq m_i$ $(1 \leq i \leq n)$, et on regarde si la formule est satisfaite. Cette procédure utilise un espace égal au plus à n fois celui nécessaire pour écrire le plus grand mot dans $\{x_i : \|x_i\| \leq m_i\}$ [FR p. 79-80]. On verra que l'on peut prendre comme norme l'identité : cet espace est donc au plus n fois la longueur de m_n, soit $\leq n(\log m_n + 1)$.

(V) On cherche des $m_o, m_1, \ldots, m_k \in \mathbb{N}$ vérifiant $m_o \le m_1 \le \ldots \le m_k$ et $H(n + k - i, i - 1, m_{i-1}) \le m_i \quad (1 \le i \le k)$.

Par le (B), l'ensemble $\{(x_1, \ldots, x_k) \in \mathbb{N}^k : \|x_i\| \le m_i \quad 1 \le i \le k\}$ contient un système de représentants pour la relation ${}_{n,k}^{\equiv}$, donc si on note $M(n,k)$ le nombre de classes d'équivalences pour la relation ${}_{n,k}^{\equiv}$, on a :

$$M(n,k) \le \text{card}(\{(x_1, \ldots, x_k) \in \mathbb{N}^k : \|x_i\| \le m_i \quad 1 \le i \le k\})$$

$$\le [\text{card}(\{x \in \mathbb{N} : \|x\| \le m_k\})]^k.$$

(VI) On sait alors [FR, p. 129-134] que si on pose :

$$\mu(n,k) = \prod_{i=1}^{n} M(n-i, k+i)$$

et $H^*(n,k,m) = \text{Max}\,\{H(n,k,m),\ m + \mu(n+1,k),\ \|0\|\}$

alors $\mathcal{A}^*$ est H^*-bornée, la norme sur $\mathcal{A}^* \simeq (\mathbb{N}\setminus\{0\}|)$ étant donnée par:

$$\|p_o^{\alpha_o} \ldots p_n^{\alpha_n}\| = \max(\{n \in \mathbb{N} : \alpha_n \ne 0\} \cup \{\|\alpha_n\| : n \in \mathbb{N}\}).$$

On calcule donc H^* (ou un majorant commode), et on est ramené au (III). On cherche des m_i vérifiant les conditions du (A), et on applique la procédure de décision du (IV) : l'espace utilisé par cette procédure est inférieur à l'espace nécessaire pour écrire un n-uple de nombres x tels que $\|x\| \le m_n$.

$$\|x\| \le m_n \text{ implique } \begin{cases} V_{p_k}(x) = 0 & \text{si } k \ge m_n \\ V_{p_k}(x) = \|V_{p_k}(x)\| \le m_n \end{cases}$$

donc pour écrire x tel que $\|x\| \le m_n$, il suffit d'un espace $\le m_n(\log m_n + 2)$ et pour écrire un n-uple de tels x, il suffit d'un espace : $\le n\,(m_n(\log m_n + 2) + 1)$.

D'après ce qui précède, la première étape consiste à calculer la fonction $H(n,k,m) = m + 2^n$ associée à la structure $(\mathbb{N}, \le)$ et pour cela à étudier la relation $E_{n,k}$ associée à cette structure.

La relation $E_{n,k}$:

Si $a,n \in \mathbb{N}$, on pose $[a]_n = \begin{cases} a & \text{si } a \le n \\ n+1 & \text{si } a > n \end{cases}$

Si $n,a,b \in \mathbb{N}$, on pose $a \underset{n}{=} b$ si $[a]_n = [b]_n$

Si $n,a,b \in \mathbb{N}$, on pose $a \underset{n}{\simeq} b$ si $a \underset{2^n-1}{=\!=} b$

Enfin, si $n,k \in \mathbb{N}$, $k > 0$, $\overline{a_k} \in \mathbb{N}^k$, $\overline{b_k} \in \mathbb{N}^k$, on pose $\overline{a_k} E_{n,k} \overline{b_k}$ (ou $\overline{a_k} E_n \overline{b_k}$) si :

(1) $\forall\, i,j \quad 1 \le i,j \le k \qquad a_i < a_j \Longleftrightarrow b_i < b_j$

(2) Si c_j (resp. d_j), pour $1 \le j \le k$, est le j-ième plus petit élément des a_i (resp. b_i) pour $1 \le i \le k$, alors :

$$c_1 \underset{n}{\simeq} d_1$$

et $\forall\, i,\ \ 1 \le i \le k-1\ \ : c_{i+1} - c_i \underset{n}{\simeq} d_{i+1} - d_i$

Il faut vérifier que la relation E_n ainsi définie convient.
On vérifie d'abord aisément [FR, p.56-57] :

Lemme .- $\forall\, n,a,b \in \mathbb{N}\ \ a \underset{n+1}{\simeq} b \Longrightarrow \forall\, a' < a\ \exists\, b' < b$ tel que $a' \underset{n}{\simeq} b'$ et $a - a' \underset{n}{\simeq} b - b'$.

Soient alors $\overline{a_k}$, $\overline{b_k}$ tels que $\overline{a_k} E_{n+1} \overline{b_k}$ et soit $a_{k+1} \in \mathbb{N}$. On place a_{k+1} par rapport aux a_i, $1 \le i \le k$.

1) Si $a_{k+1} = a_i$ on pose $b_{k+1} = b_i$,
   et puisque $c \underset{n+1}{\simeq} d \Longrightarrow c \underset{n}{\simeq} d$, on a $\overline{a_{k+1}} E_n \overline{b_{k+1}}$

2) Si $c_i < a_{k+1} < c_{i+1}$, $1 \le i \le k-1$,
   alors $c_{i+1} - a_{k+1} < c_{i+1} - c_i$
   et $c_{i+1} - c_i \underset{n+1}{\simeq} d_{i+1} - d_i$

donc par le lemme, il existe $b' < d_{i+1} - d_i$ tel que

$$\begin{cases} c_{i+1} - a_{k+1} \underset{n}{\simeq} b' \\ a_{k+1} - c_i \underset{n}{\simeq} d_{i+1} - d_i - b' \end{cases}$$

On pose alors $b_{k+1} = d_{i+1} - b'$
d'où :

$$\begin{cases} c_{i+1} - a_{k+1} \underset{n}{\simeq} d_{i+1} - b_{k+1} \\ a_{k+1} - c_i \underset{n}{\simeq} b_{k+1} - d_i \end{cases}$$

de plus $b' < d_{i+1} - d_i \Longrightarrow b_{k+1} > d_i$

et $\forall\, n \geq 0$:

$$\left.\begin{cases} c_{i+1} - a_{k+1} > 0 \\ c_{i+1} - a_{k+1} \underset{n}{\simeq} b' \end{cases}\right\} \Longrightarrow b' > 0, \text{ donc } b_{k+1} < d_{i+1} .$$

donc b_{k+1} a la même place par rapport aux b_i que a_{k+1} par rapport aux a_i et $\overline{a_{k+1}}\ E_n\ \overline{b_{k+1}}$.

3) Si $a_{k+1} < c_1$: on a $c_1 \underset{n+1}{\simeq} d_1$, donc par le lemme :

$\exists\, b_{k+1} < d_1$ tel que $\begin{cases} a_{k+1} \underset{n}{\simeq} b_{k+1} & (*) \\ c_1 - a_{k+1} \underset{n}{\simeq} d_1 - b_{k+1} & (**) \end{cases}$

Alors b_{k+1} a par rapport aux b_i la même place que a_{k+1} par rapport aux c_i, et de plus, dans le nouvel ordre :

$$\begin{cases} c'_1 = a_{k+1} \quad , \quad d'_1 = b_{k+1} \\ c'_i = c_{i-1} \quad , \quad d'_i = d_{i-1} \quad \text{si } i \geq 2. \end{cases}$$

donc $c'_1 \underset{n}{\simeq} d'_1$ par (*)

et $\forall i \quad c'_{i+1} - c'_i \underset{n}{\simeq} d'_{i+1} - d'_i$

car : pour i = 1, c'est par (**),

pour $i \geq 2$, c'est car $c_i - c_{i-1} \underset{n+1}{\simeq} d_i - d_{i-1} \Longrightarrow$

$$c_i - c_{i-1} \underset{n}{\simeq} d_i - d_{i-1}.$$

4) Si $a_{k+1} > c_k$, on pose

$$b_{k+1} = d_k + \min(a_{k+1} - c_k, 2^n)$$

alors le nouvel ordre est prolongé par $c_{k+1} = a_{k+1}$, $d_{k+1} = b_{k+1}$, b_{k+1} est placé par rapport aux b_i comme a_{k+1} par rapport aux a_i, et il suffit de montrer : $c_{k+1} - c_k \underset{n}{\simeq} d_{k+1} - d_k$ c'est-à-dire : $a_{k+1} - c_k \underset{n}{\simeq} b_{k+1} - d_k$, or :

- si $a_{k+1} - c_k \leq 2^n$, on a $b_{k+1} - d_k = a_{k+1} - c_k$
- si $a_{k+1} - c_k > 2^n$, on a $b_{k+1} - d_k = 2^n > 2^n-1$

et $a_{k+1} - c_k \underset{n}{\simeq} b_{k+1} - d_k$.

Pour achever de vérifier que E_n satisfait les conditions du (I) il suffit de montrer que si $\overline{a_k}\ E_o\ \overline{b_k}$, alors $\overline{a_k}$ et $\overline{b_k}$ satisfont les mêmes formules atomiques.

On a : $\overline{a_k}\ E_o\ \overline{b_k} \Longleftrightarrow \begin{cases} 1) \text{ les } b_i \text{ sont dans le même ordre que les } a_i \\ 2)\ c_1 \underset{o}{=} d_1 \text{ et } c_{i+1} - c_i \underset{o}{=} d_{i+1} - d_i \end{cases}$

or $x \underset{o}{=} y \Longleftrightarrow (x = y = 0)$ ou $(x \neq 0$ et $y \neq 0))$ donc :

$c_{i+1} - c_i \underset{o}{=} d_{i+1} - d_i \Longleftrightarrow ((c_i = c_{i+1}$ et $d_i = d_{i+1})$ ou $(c_i \neq c_{i+1}$ et $d_i \neq d_{i+1}))$. Donc si $\overline{a_k}\ E_o\ \overline{b_k}$, a fortiori $\overline{a_k}$ et $\overline{b_k}$ vérifient les mêmes formules atomiques, qui sont de la forme $a_i \leq a_j$, $a_i > a_j$, $a_i = a_j$, $a_i \neq a_j$.

Calcul de H(n,k,m) :

On prend comme norme l'identité : $||x|| = x$.

L'examen de la démonstration précédente montre que si $b_i \leq m$ $\forall i \ (1 \leq i \leq k)$

- dans les cas 1), 2),3) $\exists i \leq k \ b_{k+1} \leq b_i \leq m \leq m + 2^n$

- dans le cas 4) $b_{k+1} \leq d_k + 2^n \leq m + 2^n$

donc on peut poser : $H(n,k,m) = m + 2^n$. C'est sur cette fonction que repose la fin de la démonstration. En outre, on en déduit la complexité de Th $(\mathbb{N}, \leq)$:

Par le (IV), si on pose $m_o = 0$, $m_i = H(n-1,i-1,m_{i-1})$, c'est-à-dire $m_i = 2^n - 2^{n-i} \leq 2^n - 1$.

On en déduit $n(\log m_n + 1) \leq n(\log 2^n + 1) \leq 2n^2$,
d'où $Th(\mathbb{N}, \leq) \in DSPACE(n^2)$.

La fonction H(n,k,m) comme on l'a indiqué aux (V) et (VI) permet de calculer les fonctions M(n,k) et $H^*(n,k,m)$ et d'en déduire la complexité de $Th(\mathbb{N}, |)$:

Calcul de M(n,k) :

En posant $m_o = 0$, $m_i = H(n+k-i, i-1, m_{i-1})$, on obtient $m_i \leq m_k \leq 2^{n+k} - 1$

donc $M(n,k) \leq (\text{card}(\{x \in \mathbb{N} : x \leq 2^{n+k} - 1\}))^k = 2^{k(n+k)}$.

Calcul de $H^*(n,k,m)$

$$\mu(n,k) = \prod_{i=1}^{n} M(n-i,k+i) \leq \prod_{i=1}^{n} 2^{(n+k)(k+i)} = 2^{(n+k)\sum_{i=1}^{n}(k+i)}$$

$$= 2^{(n+k)(nk + \frac{n(n+1)}{2})}$$

$H^*(n,k,m) = \max(H(n,k,m), m+\mu(n+1,k))$
or :

$H(n,k,m) = m + 2^n \leq m + \mu(n+1,k)$

donc $H^*(n,k,m) \le m + 2^{(n+k+1)((n+1)k + \frac{(n+1)(n+2)}{2})}$

$m + 2^{\frac{1}{2}(n+k+1)(n+1)(2k+n+2)}$.

Conclusion

On pose $m_o = 0$, $m_i = m_{i-1} + 2^{2^{\frac{n}{2}(n-i+1)(n+i)}}$

d'où $\forall\, i\ (1 \le i \le n)\quad m_i \ge H^*(n-i\ ,i-1,m_{i-1})$

Alors :

$$m_n = \sum_{i=1}^{n} 2^{2^{\frac{n}{2}(n-i+1)(n+i)}} \le n\ 2^{2^{\frac{n}{2}(n-1+1)(n+n)}} = n\ 2^{n^3}$$

et $n(m_n(\log m_n + 2)+ 1) = n(n\ 2^{n^3}(\log(n\ 2^{n^3}) + 2)+ 1) \le 2^{2n^3}$

donc : $\exists\ c > 0\quad Th(\mathcal{A}^*) \in DSPACE(2^{cn^3})$

d'où $Th(\mathbb{N} \setminus \{0\},|) \in DSPACE(2^{cn^3})$

L'adjonction d'un sous-programme examinant ce qui se passe pour la valeur 0 des variables n'augmente pas sensiblement l'espace utilisé donc $Th(\mathbb{N},|) \in DSPACE(2^{cn^3})$.

REFERENCES

[FR] J. FERRANTE et C.W. RACKOFF, The Computational Complexity of Logical Theories, Lecture notes in Mathematics N° 718 Springer-Verlag, 1979.

Some conservation results for fragments of arithmetic

J.B. Paris (Manchester)

Introduction. The main result of this paper (theorem 8) is the following.

Let $M \models B\Sigma_n$, $n \geq 2$, be countable. Then $\exists J \supseteq_e M$ such that $J \models B\Sigma_n$ and, in J, M is (n-1)-extendible.

This theorem can be viewed as a particularly strong conservation result which has value in determining the proof theoretic complexity of certain combinatorial statements.

Notation. The notation used is fairly standard and may be found in [1], [2], [3]. We recall sufficient of this to make the theorems comprehensible.

Let LA, LA* be respectively the first and second order languages of arithmetic. Σ^*_n is the set of formulae of LA* of the form

$$\exists \vec{x}_1\ \forall \vec{x}_2\ \exists \vec{x}_3\ \ldots\ \phi(\vec{x}_1, \vec{x}_2, \vec{x}_3, \ldots)$$

with n alternating blocks of like first order quantifiers where the only quantifiers in ϕ are bounded first order. Σ_n is the set of sentences of LA of this form.

Let P^- denote Peano's axioms less induction together with

$$\forall u, w(u+w = w+u \wedge u.w = w.u)$$
$$\forall u, w, t((u+w)+t = u+(w+t) \wedge (u.w).t = u.(w.t))$$
$$\forall u, w, t(u.(w+t) = u.w+u.t)$$
$$\forall u, w(u < w \to \exists t < w\ (u+t+1) = w)$$
$$\forall u, w, t(u+t+1 = w \to u < w)$$
$$\forall u, w(u < w \vee w < u \vee w = u)$$
$$\forall u, w, t(u+t=w+t \to u=w)$$
$$\forall u(u \neq 0 \to \exists w < u\ (u=w+1)).$$

Since the axiom schemas we shall be considering often need a little catalyst like P^- to get them working it is convenient to include the catalyst as part of the schema.

With this in mind let $I\Sigma^*_n$ (Σ^*_n-induction) be P^- together with the set of universal closures (under first and second order quantifiers) of formulae of LA* of the form

$$\theta(o) \wedge \forall x(\theta(x) \to \theta(x+1)) \to \forall x\theta(x)$$

with $\theta \in \Sigma^*_n$.

$B\Sigma^*_n$ (Σ^*_n collection) is $P^-+I\Sigma^*_0$ together with the universal closures of formulae of LA* of the form

$$\forall x < y\ \exists z\ \theta(x, y, z) \to \exists t\ \forall x < y\ \exists z < t\ \theta(x, y, z)$$

with $\theta \in \Sigma^*_n$.

$I\Sigma_n$, $B\Sigma_n$ are defined similarly. By theorem A of [3], $I\Sigma_{n+1}$ implies $B\Sigma_{n+1}$ which itself implies $I\Sigma_n$ and similarly for the starred versions.

Let $M \models I\Sigma_0$. For $I \subset M$, I is a cut in M, denoted $I \subseteq_e M$, if $\emptyset \neq I \neq M$ and

$$\forall x, y\ (x \leq y \in I \rightarrow x \in I)$$
$$\&\ \ \forall x (x \in I \rightarrow x+1,\ x^2 \in I).$$

We treat cuts in M as substructures of M.

Let $I \subseteq_e M$. $A \subseteq I$ is said to be coded in M if there is $a \in M$ such that for all $j \in I$,

$$j \in A \Leftrightarrow M \models \text{the j'th prime exists \& divides a.}$$

We say $I \models B\Sigma_n^*$ (in M) if the structure for LA* consisting of I with the subsets of I coded in M is a model of $B\Sigma_n^*$ etc. Notice $I \models B\Sigma_1^*$ for any $I \subseteq_e M$.

Any $I \subseteq_e M$ is said to be o-extendible in M. $I \subseteq_e M$ is (n+1)-extendible in M if $\exists K$ such that $M \prec_{\Sigma_0} K$, $I \subseteq_e K$, I is n-extendible in K and $\exists \eta \in K$, $I < \eta < M-I$. It is well known that for M countable I is 1-extendible in M just if, in M, $I \models B\Sigma_2^*$.

$I \subseteq_e M$ is said to be $\frac{1}{2}$-extendible in M if $I \models I\Sigma_1^*$ and $(n+1+\frac{1}{2})$-extendible in M if $\exists K$, $M \prec_{\Sigma_0} K$, I is $(n+\frac{1}{2})$-extendible in K and $\exists \eta \in K$, $I < \eta < M-I$.

For θ a sentence of LA we write $B\Sigma_n^* \vdash \theta$ if whenever $I \subseteq_e M \models I\Sigma_0$ and $I \models B\Sigma_n^*$ in M then $I \models \theta$. We define n-ext. $\vdash \theta$ similarly.

<u>Observation</u>. Before proceeding further it will be useful to make the following observation. Suppose $M \subseteq_e J \models I\Sigma_0$ and, say, $M \models T$ where T is a recursive theory in LA* extending $I\Sigma_1^*$. Then there is $M \subseteq_e K \subseteq_e J$ such that $K \models T$. To see this first notice that by modifying the natural indicator for models of T there is a Δ_0 function W such that for $\alpha, \beta, \gamma \in J$,

$$W(\alpha, \beta, \gamma) > N \Leftrightarrow \exists \alpha \in I < \beta,\ I \models T\ \&\ \gamma \geq \beta^{\beta^{\cdot^{\cdot^{\cdot^{\beta}}}}}\ \text{10 times.}$$

Now let $c \in J-M$. Using $I\Sigma_0$ the maximum b such that $c \geq b^{b^{\cdot^{\cdot^{\cdot^{b}}}}}$ 10 times must be in J-M. If $\exists a < b$, $M < a$ such that $W(a, b, c) > N$ then we are done. Otherwise $\text{Inf}\{i \in M \mid \exists a \in M, W(a, b, c) \leq i\} = N$ and since

$$\{\langle i, a\rangle \in M \mid W(a, b, c) \leq i\}$$

is coded in J, this gives a non-empty Σ_1^* subset of M without least element which, by a theorem of [3], contradicts $M \models I\Sigma_1^*$.

The next lemma is a mild refinement of the arithmetized completeness theorem.

<u>Lemma 1</u>. Let $M \models B\Sigma_n$, $n \geq 2$. Let L be a language in M extending LA which is Δ_1 in M and let FL (SL) denote the set of formulae (sentences) of L in the sense of M. Let $A \subseteq SL$ be Δ_{n-1} in M and such that $M \models \text{Con}(A)$. Then there is a set $SL \supseteq B \supseteq A$ such that

(i) for every $\theta \in SL$, $\theta \in B$ or $\neg\theta \in B$,

(ii) B is Δ_n in M,

(iii) $M \models \text{Con}(B)$,

(iv) $\{\theta(x) \in FL \mid \forall a \in M, \theta(\underline{a}) \in B\}$ is Δ_n in M.

[Here $\underline{a}$ is the numeral of a.]

<u>Proof</u>. Let θ_i, $i \in M$ enumerate SL in M and let $\psi_i(x)$, $i \in M$ enumerate in M those

$\psi \in FL$ which only have the single free variable x.

Let $\eta \in M$ and call a sequence $S \in M$ of length $\eta+1$ η-good if

$$S(o) = \emptyset$$

$$S(2i+1) = \begin{cases} S(2i) \cup \{2i+1\} & \text{if } \operatorname{Con}(A+[S(2i)]_{2i}+\theta_i) \\ S(2i) & \text{otherwise} \end{cases}$$

for $2i+1 \leqslant \eta$ and

$$S(2i+2) = \begin{cases} S(2i+1) \cup \{2i+2\} & \text{if } \operatorname{Con}(A+[S(2i+1)]_{2i+1}+\{\psi_i(\underline{a}) \mid a \in M\}) \\ S(2i+1) & \text{otherwise} \end{cases}$$

for $2i+2 \leqslant \eta$ where if $d \subseteq (\eta+1)$ and $j \leqslant \eta$ then

$$[d]_j = \{\theta_i \mid 2i+1 \leqslant j \ \&\ (2i+1) \in d\} + \{\neg\theta_i \mid 2i+1 \leqslant j \ \&\ (2i+1) \in' d\}$$
$$+ \{\psi_i(\underline{a}) \mid 2i+2 \leqslant j \ \&\ (2i+2) \in d \ \&\ a \in M\}.$$

Notice that for each η there is at most one η-good sequence S. It is enough to show that for each η there is an η-good sequence S with $\operatorname{Con}(A+[S(\eta)]_\eta)$ since we may then take

$$B = \{\theta_i \mid M \models \exists (2i+1)\text{-good sequence } S \ \&\ (2i+1) \in S(2i+1)\}$$
$$= \{\theta_i \mid M \models \neg\exists (2i+1)\text{-good sequence } S \ \&\ (2i+1) \in' S(2i+1)\}.$$

So let $\eta \in M$ be given. Then

$$\forall d \subseteq (\eta+1) \forall j \leqslant \eta\ \exists y [(\operatorname{Con}(A+[d]_j) \wedge y = 0) \vee \exists \text{ proof } p \leqslant y \text{ of } 0 \neq 0 \text{ from } A+[d]_j]$$

By $B\Sigma_n$ we can bound y by c say. Now let t be a sequence of length $\eta+1$ satisfying the above definition of S but with "Con(X)" replaced by "there is no proof $p \leqslant c$ from X of $0\neq 0$." Since $M \models I\Sigma_{n-1}$ such a sequence t exists. If $[t(\eta)]_\eta+A$ was not consistent then there is a proof $p \leqslant c$ from this set of $0\neq 0$. Let i be minimal such that there is a proof $p \leqslant c$ of $0\neq 0$ from $[t(i)]_i+A$. Then $[t(i-1)]_{i-1}+A$ must be consistent in M and by considering cases we see we have a contradiction. Using this fact it is easy to see that t must also be η-good as required.

We now have everyting we need to prove the main result. However to simplify matters we shall first prove an easier result.

__Theorem 2__. Let $M \models B\Sigma_n$, $n \geqslant 2$. Then $\exists J \supseteq_e M$ such that $J \models B\Sigma_n$ and $M \models B\Sigma_n^*$ in J.
__Proof__. By our observation it is enough to find such a J with just $J \models I\Sigma_0$. Let L be the smallest language extending LA containing a new constant π and such that for every $\theta(x) \in FL$ there is a new constant symbol $c_{\theta(x)}$ in L. Let A be the Δ_1 subset of SL comprising

$$I\Sigma_0 + \{\exists x\theta(x) \to \theta(c_{\theta(x)}) \mid \theta(x) \in FL\} + \{\underline{a} < \pi \mid a \in M\}.$$

Then $M \models \operatorname{Con}(A)$. This follows from corollary 40 of [2] for $n > 2$ and a proof along essentially similar lines works for $n = 2$.

Now let $B \supseteq A$ satisfy the conclusions of lemma 1, so B is Δ_2. Since A is "Skolemized" B determines a structure J for LA with universe the terms of L (in M) which is a model of $B \cap SLA$. Since in M, $A \vdash \forall x \leq \underline{a}\ (\bigvee_{b \leq a} x = \underline{b})$, M is (up to isomorphism) a cut in J. Notice π ensures $M \neq J$.

It remains to show that $M \models B\Sigma_n^*$ in J. For simplicity suppose $n = 2$ and

$$M \models \forall x < a\ \exists y \forall z\ \theta(x, y, z, D)$$

where $D \subseteq M$ is coded in J and θ is bounded. Then if c codes D there is ψ such that

$$\forall x, y, z \in M\ [\theta(x, y, z, D) \leftrightarrow \psi(x, y, z, c)]$$

Thus

$$M \models \forall x < a\ \exists y\ [\forall z\ \ \psi(\underline{x}, \underline{y}, z, \underline{c}) \in B].$$

By lemma 1 the expression in square brackets is Δ_2 so by $B\Sigma_2$ we can find k such that

$$M \models \forall x < a\ \exists y < k\ [\forall z\ \psi(\underline{x}, \underline{y}, z, \underline{c}) \in B]$$

and hence

$$M \models \forall x < a\ \exists y < k \forall z\ \theta(x, y, z, D)$$

as required.

If the reader wishes he can now plunge into the proof of theorem 8. However we shall dally a little first.

<u>Theorem 3</u>. For $n \geq 1$ and any sentence θ of LA,

$$B\Sigma_n \vdash \theta \Leftrightarrow B\Sigma_n^* \vdash \theta.$$

<u>Proof</u>. For $n > 1$ this follows from theorem 2. For $n = 1$ it follows from the next result since if $I \subseteq_e K \models I\Sigma_0$ then $I \models B\Sigma_1^*$. This next theorem is implicit in R. Solovay [4]. For the sake of completeness we include a sketch proof.

<u>Theorem 4</u>. [Solovay.] Let $M \models B\Sigma_1$ be countable and recursively saturated. Then $\exists J \subseteq_e M$, $J \cong M$.

<u>Proof</u>. Using recursive saturation we find $b \in M$ such that for $n \in N$ (the standard model) and $\theta \in \Sigma_0$,

$$\forall z_1, \ldots, z_n \exists y\ \theta(\vec{z}, y) \rightarrow \forall z_1, \ldots, z_n < b_n \exists y < b_{n+1}\ \theta(\vec{z}, y)$$

where $\qquad b = \langle b_0, c_0\rangle,\ c_0 = \langle b_1, c_1\rangle,\ c_1 = \langle b_2, c_2\rangle, \ldots$

We now attempt a back and forth construction sending M to a cut below b. Suppose at stage n we have sent $a_1, \ldots, a_n \in M$ to $\bar{a}_1, \ldots, \bar{a}_n < b_n$ and $\Sigma_1(\vec{a}) \subseteq \Sigma_1(\vec{\bar{a}})$ where $\Sigma_1(\vec{a})$ is the set of Σ_1 formulae satisfied by $\vec{a}$ in M. The "back" is standard, given $c \leq \max(\bar{a}_i)$ we can use $B\Sigma_1$ and recursive saturation to find a suitable $a_{n+1} \in M$ with $\overline{a_{n+1}} = c$.

For the forth part, given a_{n+1} first suppose

$$x < b_{n+1} + \{\lambda(x, \vec{a}) \mid M \models \lambda(a_{n+1}, \vec{a}),\ \lambda \in \Sigma_1\}$$

is finitely satisfiable. Then we can pick the required $\overline{a_{n+1}}$. Otherwise we obtain $\lambda \in \Sigma_1$ such that

$$M \models \lambda(a_{n+1}, \vec{a}) \wedge \forall x < b_{n+1}\ \neg\lambda(x, \vec{a})$$

whilst $\Sigma_1(\vec{a}) \subseteq \Sigma_1(\vec{a})$ so $M \models \exists x\ \lambda(x, \vec{a})$.

Let $\tau(\vec{z})$ be the type

$$\neg\exists x\ \lambda(x, \vec{z}) + \{\phi(\vec{z}) \mid \phi(\vec{z}) \in \Pi_1(\vec{a})\}.$$

If $\tau(\vec{z})$ is satisfied in M by $\vec{e}$ say then we have

$$\Sigma_1(\vec{e}) \subseteq \Sigma_1(\vec{a})\ \&\ M \models \neg\exists x\ \lambda(x, \vec{e}) \wedge \exists x\ \lambda(x, \vec{a})$$

so by another back and forth we can find $F: M \cong J \subseteq_e M$ such that $F(\vec{e}) = \vec{a}$ and since $J \models \neg\exists x\ \lambda(x, \vec{a})$, $J \neq M$.

If $\tau(\vec{z})$ is not satisfied in M then for some $\theta \in \Sigma_0$ we have that

$$\forall\vec{y}\ \theta(\vec{z}, \vec{y}) \wedge \neg\exists x\ \lambda(x, \vec{z})$$

is not satisfied in M whilst,

$$M \models \forall\vec{y}\ \theta(\vec{a}, \vec{y}) \wedge \neg\exists x < b_{n+1}\ \lambda(x, \vec{a}).$$

Hence $\qquad M \models \forall\vec{z}\ \exists\vec{y}, x\ (\neg\theta(\vec{z}, \vec{y}) \vee \lambda(x, \vec{z}))$.

Since $\vec{a} < b_n$, $M \models \exists\vec{y}, x < b_{n+1}\ (\neg\theta(\vec{a}, \vec{y}) \vee \lambda(x, \vec{a}))$ so $M \models \exists x < b_{n+1}\ \lambda(x, \vec{a})$, a contradiction.

Theorem 5. Let $M \models I\Sigma_n$, $n \geq 2$. Then $\exists J \supseteq_e M$ such that $J \models I\Sigma_n$ and $M \models I\Sigma_n^*$ in J.

Proof. Construct J just as in theorem 2. To show $M \models I\Sigma_n^*$ suppose for simplicity $n = 3$, $D \subseteq M$ is coded by c in J and

$$M \models \exists y\ \exists t\ \forall z\ \exists x\ \theta(y, t, z, x, D) \text{ with } \theta \text{ bounded.}$$

By theorem A of [3] it is enough to show that there is a least such y. Again we can find $\psi \in FLA$ such that

$$\forall y, t, z, x \in M[\theta(y, t, z, x, D) \leftrightarrow \psi(y, t, z, x, c)]$$

Hence

$$M \models \exists y\ \exists t\ \forall z[\ \psi(\underline{y}, \underline{t}, \underline{z}, x, c) \in' \{\phi(x) \in FL \mid \forall a \in M, \phi(a) \in B\}]$$

Since the expression in square brackets is Δ_2 there is a least such y and the result follows.

Theorem 6. For $n \geq 1$ and any sentence θ of LA,

$$I\Sigma_n \vdash \theta \Leftrightarrow I\Sigma_n^* \vdash \theta.$$

Proof. For $n > 1$ the result follows from theorem 5 so assume $n = 1$. For this proof we shall assume a familiarity with [1].

Let χ be a sentence such that $I\Sigma_1+\chi$ is consistent and let $M \models I\Sigma_1$ be countable and such that $\exists K \subseteq_e M$ such that $K \models I\Sigma_1+\chi$. Such an M can be constructed using theorem 4.

Now let Y be the usual indicator for cuts satisfying $I\Sigma_1^*$ (i.e. semi-regular cuts) and let G be the usual "game" indicator, such that for a finite set $S = \{\theta_i(\vec{a}) | i < n\} \cup \{\vec{e} \varepsilon I\} \cup \{\vec{f} \varepsilon' I\}$ with $\theta_i(x)$ formulae of LA and $\vec{a} \leq a \leq b$,

$$G_S(a, b) > N \Leftrightarrow \exists a \varepsilon J < b, J \subseteq_e M, \vec{e}, \vec{a} \varepsilon J, \vec{f} \varepsilon' J \ \& \ J \models I\Sigma_1+\chi+S^0.$$

where $S^0 = \{\theta_i(\vec{a}) | i < n\}$.

We now make two observations about G and Y.

Observation 1: Suppose we have a finite S as above, a, b ε M, $G_S(a, b)$, $Y(a, b) > N$ and the next question in the game corresponding to G is:-

"What e (if any) satisfies $\exists x\phi(x, \vec{a})$ and is d in the cut satisfying $I\Sigma_1+\chi+S$ which you claim exists?" Since $G_S(a, b) > N$ there is a finite $T \supseteq S$ and $a \leq a' \leq b' \leq b$ such that T answers these questions and $G_T(a', b') > N$. Since $\exists J \subseteq_e M$, $a' \varepsilon J < b'$, $J \models I\Sigma_1+\chi$ and since cuts satisfying $I\Sigma_1$ and $I\Sigma_1^*$ are symbiotic (see [1], [2]), $Y(a', b') > N$.

Observation 2: Suppose $G_S(a, b)$, $Y(a, b) > N$ and coded $f: a \to [a, b]$ is non decreasing $f(0) = a$, $f(a-1) = b$. Then $\exists i < a$ such that $G_S(f(i), f(i+1))$, $Y(f(i), f(i+1)) > N$. For suppose not. Then $\exists m \varepsilon N$ such that for all $i < a$,

$$H(f(i), f(i+1)) = \min\{G_S(f(i), f(i+1)), Y(f(i),f(i+1))\} \leq m.$$

Pick $a \varepsilon J < b$, $J \subseteq_e M$ and $J \models I\Sigma_1+\chi+S^0$ and define

$$h(o) = a$$

$$h(i+1) = \mu x: H(h(i), x) \geq m+1$$

Since h outstrips f $h(i) > J$ for some $i < a$. Let i be maximal such that $J \models h(i)$ is defined. Then $H(h(i), h(i+1)-1) > N$, a contradiction.

Since we can find a, b ε M such that $G_\emptyset(a, b)$, $Y(a, b) > N$ we can, by alternatly using these observations find a cut J such that $J \models I\Sigma_1^*+\chi$ as required.

Notice this result fails for n = 0 since $I\Sigma_0^* \vdash B\Sigma_1$ but by theorem A of [3] $I\Sigma_0 \not\vdash B\Sigma_1$.

Corollary 7. Let $M \models I\Sigma_1$ be countable and recursively saturated. Then $\exists K \subseteq_e M$, $K \cong M$ such that $K \models I\Sigma_1^*$ in M.

Proof. Let T be the theory of M (in LA). As in the theorem we see that $\exists K \subseteq_e M$, $K \models I\Sigma_1^*+T$. If we take $\langle M, K\rangle \prec \langle M', K'\rangle$ with $\langle M', K'\rangle$ countable and recursively saturated then $M' \cong K'$. Hence consistent with the theory of M is

$$\exists K \subseteq_e M, M \cong K \ \& \ K \models I\Sigma_1^*.$$

Since M is resplendent such a K exists and the corollary follows.

We now give a proof of the main result of this paper.

Theorem 8. Let $M \models B\Sigma_n$, $n \geq 2$ and M countable. Then $\exists J \supseteq_e M$, $J \models B\Sigma_n$ such that M is (n-1)-extendible in J.

Proof. Construct J as in the proof of theorem 2 and let A, B, L etc. be as in that proof. If n = 2 then $M \models B\Sigma_2^*$ in J so M is 1-extendible in J. Suppose then that n > 2. Add a new constant η to L and "Skolemize" to produce a language L_1 in which for every $\theta(x) \in FL_1$ there is a new constant $g_{\theta(x)}$. Let

$$A_1 = B + \{\exists x\theta(x) \rightarrow \theta(g_{\theta(x)}) \mid \theta(x) \in FL_1\} + \{\underline{a} < \eta \mid a \in M\}$$
$$+ \{\eta < c \mid c \in J \ \& \ \forall a \in M, (\underline{a} < c) \in B\}.$$

A_1 is Δ_2 in M and $M \models Con(A_1)$ since $M \models Con(B)$.

Now produce $A_1 \subseteq B_1 \subseteq SL_1$, satisfying the conclusions of lemma 1, so in particular B_1 is Δ_3. Let J_1 be the natural model of $B_1 \cap SLA$ determined by B_1. Then $M \subseteq_e J_1$, $J \prec J_1$ and $M < \eta < J\text{-}M$.

To show that in J_1 $M \models B\Sigma_2^*$ suppose $D \subseteq M$ is coded by c in J and

$$M \models \forall y < a \ \exists z \ \forall x \ \theta(y, z, x, D) \text{ with } \theta \text{ bounded.}$$

Find ψ, a formula of LA such that

$$\forall y, z, x \in M[\theta(y, z, x, D) \leftrightarrow \psi(y, z, x, c)].$$

Then $M \models \forall y < a \ \exists z \ \forall x \ [\psi(y, z, x, c)]$ and so

$$M \models \forall y < a \ \exists z \ [\psi(\underline{y}, \underline{z}, x, c) \in \{\phi(x) \in FL_1 \mid \forall a \in M, \phi(\underline{a}) \in B_1\}].$$

Since the expression in square brackets is Δ_3 and $M \models B\Sigma_3$ we can put a bound on z and hence $M \models B\Sigma_2^*$ in J_1 follows.

This shows that if $M \models B\Sigma_3$ then M is 2-extendible in J. The theorem is now clear by iterating this construction.

Theorem 9. Let $M \models I\Sigma_n$, $n \geq 2$ and M countable. Then $\exists J \supseteq_e M$, $J \models I\Sigma_n$ such that M is $(n-\frac{1}{2})$-extendible in J.

Proof. The main idea of the proof is the same as the proof of theorem 8. However since we only have theorem 5 for $n \geq 2$ we must apply a special argument to show that if $M \subseteq_e J$, $J \models I\Sigma_2$, $M \models I\Sigma_2^*$ and J is countable then M is $^3/_2$-extendible in J.

To achieve this we first produce a suitable ultrafilter Z on the coded subsets of M so that if J' is the ultrapower of J with respect to Z using coded maps from M into J then (up to the usual isomorphism)

(i) $M \subseteq_e J'$,

(ii) $\exists \eta \in J'$, $M < \eta < J\text{-}M$,

(iii) if $e \in M$ and $\tilde{g}: e \rightarrow J'$ is increasing and coded in J' then $\tilde{g}(e-1) \in M$ or $\exists i < e$ such that $\tilde{g}(j) \in M < \tilde{g}(i)$ for all $j < i$.

Condition (iii) ensures that M is semi-regular (i.e. $M \models I\Sigma_1^*$) in J', see [1], as required.

To achieve (i), (ii), (iii) it is sufficient to construct Z to satisfy:-

(i)' if $X \in Z$ then X is unbounded in M,

(ii)' if $a \in M$ and $\bigcup_{j<a} X_j \in Z$ (and coded) then $\exists j < a$, $X_j \in Z$,

(iii)' if $g: M \times e \to J$ is coded, $e \in M$ and for $\alpha \in M$, $i < j < e$, $g(\alpha, i) \leq g(\alpha, j)$ then either

$\exists b \in M$ such that $\{\alpha \in M | g(\alpha, e-1) < b\} \in Z$

or $\exists i < e$, such that $\forall b \in M\ \{\alpha \in M | b < g(\alpha, i)\} \in Z$

whilst for each $j < i$ $\exists b \in M$, $\{\alpha \in M | g(\alpha, j) \leq b\} \in Z$.

Constructing Z to satisfy (i)' and (ii)' is straightforward since $M \models B\Sigma_2^*$, (see [1]). To arrange (iii)' suppose at some finite stage in the construction of Z X is the smallest set in Z (X coded and unbounded in M) and it is time to consider g. If $\exists b \in M$ such that $\{\alpha \in X | g(\alpha, e-1) < b\}$ is unbounded in M put this set in Z and do no more at this stage. Otherwise, using $M \models I\Sigma_2^*$ let i be minimal such that

$$M \models \forall z\, \exists x > z[x \in X \wedge g(x, i) > z].$$

Put $Y \in Z$ where

$$Y = \{x \in X | \forall y < x(y \in X \wedge g(y,i) < x \to g(y, i) < g(x, i)\}.$$

Using (i)', (ii)' it is straightforward to see that with this construction (iii)' holds for Z as required.

Corollary 10. For $n \geq 1$ and any sentence θ of LA,

$$B\Sigma_{n+1} \vdash \theta \Leftrightarrow n\text{-ext.} \vdash \theta,$$

$$I\Sigma_n \vdash \theta \Leftrightarrow (n-\tfrac{1}{2})\text{-ext.} \vdash \theta.$$

Remark. The potential value of this result is that for combinatorial statements θ it may be comparatively easy to decide if n-ext. $\vdash \theta$ and hence we may obtain derivability and independence results. Several examples of such statements are mentioned in [2], e.g. corollary 28. Perhaps such an approach may help decide the proof theoretic complexity of Van der Waerdens Theorem.

Our next result connects the collection and induction schemas. The following theorem appears as corollary 35 of [2] and has also been proved independently by H. Friedman. The proof we give here is considerably simpler than previous proofs.

Theorem 11. [Also proved independently by H. Friedman.] Let $n \geq 0$, $M \models I\Sigma_n$ and M countable. Then $\exists K$ such that M is cofinal in K $M \prec_{\Sigma_{n+1}} K$ and $K \models B\Sigma_{n+1}$.

Proof. First suppose $n = 0$. Let J be a full ultrapower of M, so M is not cofinal in J, and let

$$K = \{x \in J | \exists y \in M,\ x \leq y\}.$$

Since $J \models I\Sigma_0$, $K \models B\Sigma_1$ and since M is cofinal in K, $M \prec_{\Sigma_1} K$.

Now suppose $n > 0$ and suppose $B\Sigma_{n+1}$ fails in M, say

$$M \models \forall x < a\, \exists y\, \beta(x, y) \wedge \neg \exists t\, \forall x < a\, \exists y < t\, \beta(x, y),\ \beta \in \Pi_n.$$

Produce an ultrafilter Z on the coded subsets of a such that

$$b \in Z \Rightarrow M \models \neg\exists t\ \forall x \in b\ \exists y < t\ \beta(x, y). \qquad \ldots *.$$

Let M_1 be the ultrapower of M with respect to Z, using coded maps from a into M. For $f \in M^a$ let $\tilde{f}$ be the equivalence class of f with respect to Z.

We now make a series of observations from which the theorem follows.

(i) M is cofinal in M_1 since for $f \in M^a$, $f(i) \leq \tilde{f}$ for all $i \in a$.

(ii) For $\theta \in \Sigma_n \cup \Pi_n$, $f \in M^a$,

$$M_1 \models \theta(\tilde{f}) \Leftrightarrow \{i < a | M \models \theta(f(i))\} \in Z.$$

First notice that the right hand side set is coded, namely by the least element of the set

$$\{r < 2^a | M \models \forall i < a\ (r_i = 0 \rightarrow \theta(f(i))\}$$

where r_i is the coefficient of 2^i in the binary expansion of r. Observation (ii) is proved by induction on the length of θ. There is only one non-trivial case namely when

$$b = \{i < a | M \models \exists x\ \theta(x, f(i))\} \in Z$$

and θ is Σ_n. In this case we show by induction on $j \leq a$ that

$$\exists h\ \forall i \leq j\ (i \in b \rightarrow \theta(h(i), f(i)))$$

(iii) $M \prec_{\Sigma_{n+1}} M_1$. To see this suppose that

$$M_1 \models \exists x\ \theta(x)$$

where $\theta \in \Pi_n$, say $M_1 \models \theta(\tilde{f})$. Then by (ii)

$$\{i < a | M \models \theta(f(i))\} \in Z$$

so $\exists i < a\ M \models \theta(f(i))$ as required.

(iv) $M_1 \models I\Sigma_n$. To see this let $\theta \in \Sigma_n$ and $M_1 \models \exists z\ \theta(z, \tilde{f})$. Let

$$b = \{i < a | M \models \exists z\ \theta(z, f(i))\} \in Z,$$

and by $B\Sigma_n$ pick d such that

$$M \models \forall i \in b\ \exists z < d\ \theta(z, f(i)).$$

Let $k = \{<i, z> \in b \times d | M \models \theta(z, f(i))\}$ and let $h: a \rightarrow k$, $h \in M$ be such that

$$h(i) = \mu z: <i, z> \in k \text{ for } i \in b.$$

Then $M_1 \models \theta(\tilde{h}, \tilde{f})$. Also suppose $\tilde{t} < \tilde{h}$ and $M_1 \models \theta(\tilde{t}, \tilde{f})$. Then

$$\emptyset = b \cap \{i < a | t(i) < h(i)\ \&\ <i, t(i)> \in k\} \in Z$$

which is a contradiction. Hence $\tilde{h}$ is the least element of M_1 satisfying $\theta(z, \tilde{f})$ in M_1.

(v) The chosen instance of $B\Sigma_{n+1}$ which fails in M holds in M_1. To see this let $\pi(i) = i$ for $i < a$. If in $M_1 \models \exists y\ \beta(\tilde{\pi}, y)$ then, by (i), for some $q \in M$,

$$M_1 \models \exists y < q\ \beta(\tilde{\pi}, y).$$

Since $M_1 \models B\Sigma_n$, this formula is Π_n so by (ii)

$$\{i < a | M \models \exists y < q\, \beta(\pi(i), y)\} \in Z.$$

But this contradicts *. Hence

$$M_1 \models \neg \forall x < a\, \exists y\, \beta(x, y)$$

and the given instance of $B\Sigma_{n+1}$ holds in M_1.

Theorem 11 now follows by iterating this construction.

Corollary 12. [Also proved independently by H. Friedman.] For $n \geq 0$, θ a Π_{n+2} sentence of LA,

$$B\Sigma_{n+1} \vdash \theta \Leftrightarrow I\Sigma_n \vdash \theta.$$

Remark. Corollary 12 is optimal in that Π_{n+2} cannot be replaced by Σ_{n+2}. To see this first suppose $n > 0$ and let M be a model of Peano's axioms and t a non-standard Σ_0 definable element of M. Let

$$K = \{x \in M | x \text{ is } \Sigma_{n+1} \text{ definable in } M\}.$$

Then $K \prec_{\Sigma_{n+1}} M$ and $K \models I\Sigma_n$ (see [3], proposition 7). Let $\exists w\, \gamma(z, w, x)$ be a complete Σ_{n+1} formula where $\gamma \in \Pi_n$. Then

$$K \models \forall y\, \exists z < t\, \exists u[\gamma(z, u_0, u_1) \wedge u_1 = y \wedge \forall s < u \neg\gamma(z, s_0, s_1)]$$

where $u = \langle u_0, u_1\rangle$ etc. Let $\exists w\, \lambda(z, u, y, w)$ be provably equivalent in $I\Sigma_n$ to the expression in square brackets where λ is Π_n.

Replacing t by its Σ_0 definition we obtain a Π_{n+2} sentence true in K. However suppose $J \models B\Sigma_{n+1}$ and

$$J \models \forall y\, \exists z < t\, \exists u\, \exists w\, \lambda(z, u, y, w)$$

Then for some $d \in J$, using $B\Sigma_{n+1}$,

$$J \models \forall y < (t+1)\, \exists z < t\, \exists u, w < d\, \lambda(z, u, y, w).$$

Since $\exists u, w < d\, \lambda(z, u, y, w)$ is Π_n in J and $J \models I\Sigma_n$ there is a map coded in J which associates with each $y < (t+1)$ a suitable $z < t$. By the pigeon hole principle there are distinct $a, b < (t+1)$ and $e < t$ such that

$$J \models \exists u, w < d\, \lambda(e, u, a, w) \wedge \exists u, w < d\, \lambda(e, u, b, w).$$

Referring back to the definition of λ we see that this is impossible.

The case for $n = 0$ is proved similarly except that we must adjoint $\exists x\, (x = t^{t^t})$ to the Π_{n+2} sentence mentioned above to ensure that the required maps can be coded.

The next result also appears as theorem 1 of [2].

Corollary 13. Let $M \models I\Sigma_0$ be countable and $n \geq 1$. Then the cuts satisfying any of the following are symbiotic in M:-

$$I\Sigma_n,\ I\Sigma_n^*,\ B\Sigma_{n+1},\ B\Sigma_{n+1}^*,\ (n-\tfrac{1}{2})\text{-extendible, } n\text{-extendible}.$$

Proof. Suppose $I \subseteq_e M$, $I \models I\Sigma_n$. By considering the usual indicator for n-extendible cuts it is not difficult to see that there is a Δ_0 function W such that for a, b, c ϵ M,

$$W(a, b, c) > N \Rightarrow \exists J \subseteq_e M,\ a \in J < b,\ J \text{ is n-extendible}$$
$$\text{and } c \geq b^{b^{\cdot^{\cdot^{\cdot^{b}}}}} \text{ 10 times.}$$

For m ϵ N, since n-extendible cuts are models of $I\Sigma_1$ and so closed under exponentiation,

$$\text{n-ext.} \vdash \forall x\, \exists y, z\ W(x, y, z) > \underline{m}.$$

Since this sentence is Π_2, by corollaries 10 and 12,

$$I\Sigma_n \vdash \forall x\, \exists y, z\ W(x, y, z) > \underline{m} \ \ldots\ *.$$

Now let $a \in I < b$ and let b be sufficiently small that $c = b^{b^{\cdot^{\cdot^{\cdot^{b}}}}}$ 10 times exists in M. Such a b exists since $I \models I\Sigma_1$. By *, since $M \models I\Sigma_0$,

$$\max_{a \leq e \leq b} W(a, e, c) > N$$

so $\exists J \subseteq_e M$, $a \in J < b$ such that J is n-extendible in M.

A similar argument works between any other pair of the above properties and the result follows.

Remark. It is perhaps surprising how easily corollary 13 can be derived considering the original torturous proof given in [2]. Of course in proving corollary 13 we have referred to [2] to justify assuming $B\Sigma_2 \vdash \mathrm{Con}(I\Sigma_0)$. However this result, although messy, can be proved directly.

We conclude with a couple of problems.

Problem 1. Does every countable model of $B\Sigma_1$ have a proper end extension to a model of $I\Sigma_0$? Similarly does theorem 5 hold with n = 1?

Problem 2. It is well known (see [2]) that every n-extendible cut satisfies $B\Sigma^*_{n+1}$ but is the converse true? For n = 1 the answer is known to be yes. However results in a forthcoming paper by George Mills and the author suggest that the answer is no for n > 1.

Similarly from unpublished work of Mills, Harrington and the author it is known that every (n-½)-extendible cut satisfies $I\Sigma^*_n$ and that the converse is true for n = 1,2,3. Is it true for n > 3?

References

[1] L. Kirby and J. Paris, "Initial segments of models of Peano's axioms." Springer-Verlag lecture notes in mathematics, Vol.619.

[2] J. Paris. "A hierarchy of cuts in models of arithmetic." Proceedings of the 1979 Karpačz conference, to appear in the Springer-Verlag lecture notes in mathematics series.

[3] J. Paris and L. Kirby, "Σ_n-collection schemas in arithmetic." Logic Colloquium

'77, North Holland 1978.

[4] R. Solovay. "Cuts in models of Peano" to appear

PARTITION PROPERTIES AND DEFINABLE TYPES IN PEANO ARITHMETIC

Anand PILLAY

We point out here how the existence of end extension types and minimal types follows easily from the fact that certain partition properties are provable in Peano arithmetic. (Gaifman already proved the existence of such types using the fact that certain 2nd order constructions can be formalised in Peano. So the content here is essentially the same).

Ramsey's theorem states that if I is an infinite set, $n < \omega$ and $f : [I]^n \longrightarrow 2$, where $[I]^n$ is the set of n-element subsets of I, then there is infinite $X \subseteq I$ such that $[X]^n$ is homogeneous for f, namely for each $\{i_1,\ldots,i_n\} \in [X]^n$, $f(\{i_1,\ldots,i_n\}) = 0$, or for each $\{i_1,\ldots,i_n\} \in [X]^n$, $f(\{i_1,\ldots,i_n\}) = 1$.

Now if I is an infinite definable subset of $\mathbb{N}$ (natural numbers, with $+,\times,0$), and if f is definable in $\mathbb{N}$, then it can be shown that we can choose the homogeneous set X to be definable in $\mathbb{N}$. The crucial extra observation (see Lemma 1.1 of (1)) is that the existence of such an X, follows only from the axioms of $\mathbb{P}$ (Peano arithmetic). Namely

PROPOSITION - Let M be any model of $\mathbb{P}$, and $I \subseteq M$ be unbounded and definable in M. Then if $n < \omega$ and E_0, E_1 is a definable partition of $[I]^n$, then there is $X \subseteq I$, definable and unbounded, such that $[X]^n \subseteq E_i$ for i = 0 or 1.

1. MINIMAL AND END-EXTENSION TYPES.

Now let T be any complete extension of $\mathbb{P}$. Let M_0 be the minimal model of T. (This exists as T has definable Skolem functions).

Recall that if $M \models T$ and p is a complete type over M, then M(p) denotes the model generated by $M \cup \bar{a}$ where $\bar{a}$ realises p. This model is an elementary extension of M (again by Skolem functions).
We know already the definition of an end-extension of a model. We say that N is a minimal elementary extension of M, if $M < N$, $M \neq N$, and if $M < N_1 < N$ then $M = N_1$ or $N_1 = N$.
A type p(x) over M is said to be unbounded if for all $a \in M$, $a < x \in p(x)$.

We will be concerned here with 1-types. Note that a pure type p(x) of T is a type over M_0, the minimal model.

DEFINITION (Gaifman) - Let p be a complete type on M_0. p is said to be and end-extension type if i) p is unbounded and ii) if $M \models T$, and $p' \in S(M)$, p' unbounded and $p \subseteq p'$, then M(p') is an end extension of M. p is said to be a minimal type, if we have i) p is unbounded and ii) if $M \models T$, $p' \in S(M)$, p' unbounded and $p \subseteq p'$, then M(p') is a minimal extension of M.

2. CONSTRUCTION OF END-EXTENSION TYPE.

Let us first list all the formulae of the form $\varphi(u,x)$ (u,x are variables) of the language, as $<\varphi_n(u,x) : n < \omega>$. We define a sequence $<X_n : n < \omega>$ of unbounded definable subsets of M_0 such that

a) $X_n \supseteq X_{n+1}$ for all $n < \omega$, and

b) for all n, and all $a \in M_0$, there is $a' \in M_0$ such that either

$$M_0 \models (\forall x > a')(x \in X_{n+1} \longrightarrow \varphi_n(a,x))$$

or
$$M_0 \models (\forall x > a')(x \in X_{n+1} \longrightarrow \neg\varphi_n(a,x)) .$$

We let X_0 be the universe of M_0. Now suppose that X_n has already been defined. We show how to define X_{n+1}. We define the following partition on $[X_n]^3$.

for $a < b < c$, $a,b,c \subseteq X_n$, we put,

$$\{a,b,c\} \in E_0 \text{ if } M_0 \models (\forall u < a)(\varphi_n(u,b) \leftrightarrow \varphi_n(u,c))$$

$$\{a,b,c\} \in E_1 \text{ if not.}$$

By the above Proposition, as this partition is definable, and $M_0 \models \mathbb{P}$, there is a definable unbounded $X \subseteq X_n$ such that $[X]^3 \subseteq E_0$ or $[X]^3 \subseteq E_1$. I assert that $[X]^3 \subseteq E_0$. Let me prove this. If not $[X]^3 \subseteq E_0$, then $[X]^3 \subseteq E_1$. Fix $a \in X$. For each $b \in X \cap (> a)$, let $Y_b = \{u < a : M_0 \models \varphi_n(u,b)\}$. Y_b is definable and thus, Y_b is coded by a unique $y_b < 2^a$ in M_0. Now define $f : <2^a \rightarrow M_0$ as follows : $f(y)$ = the least $b \in X \cap (> a)$ such that $y = y_b$, if such a b exists, otherwise $f(y) = 0$. As $M_0 \models \mathbb{P}$ and f is definable, Range f is bounded (this is the "semiregularity of M_0"). X is unbounded, so pick $c \in X$, $c > a$ and $c >$ Range f. Now $f(y_c) \in X$ and $a < f(y_c) < c$. Let $f(y_c) = b$. Then we have that $Y_c = Y_b$, namely for all $u < a$, $M_0 \models \varphi_n(u,b) \leftrightarrow \varphi_n(u,c)$. But this contradicts the fact that $\{a,b,c\} \in E_1$.

This contradiction shows that $[X]^3 \subseteq E_0$.

Let us put $X_{n+1} = X$. Then $X_{n+1} \subseteq X_n$, and X_{n+1} is unbounded (in M_0). Now let $d \in M_0$. As X_{n+1} is unbounded there is $a \in X_{n+1}$, $a > d$. It is now clear, as $[X_{n+1}]^3 \subseteq E_0$, that for all $b \in X_{n+1}$ with $b > a$, $M_0 \models \varphi_n(d,b)$, or for all such $b \in X_{n+1}$ $M_0 \models \neg\varphi_n(d,b)$. Thus b) is satisfied, and the construction can be carried out.

We now put $p(x) = \{x \in X_n : n \in \omega\} \cup \{x > a : a \in M_0\}$. p is clearly consistent. Moreover p is complete, for let $\varphi(a,x)$ be a formula, $a \in M_0$ (as finite sequences in M_0 are coded into elements, it is enough to look at such formulae). Then φ is $\varphi_n(u,x)$ for some n. So if for some a', $x \in X_{n+1} \wedge x > a' \longrightarrow \varphi_n(a,x)$, then $p(x) \vdash \varphi_n(a,x)$, and if for some a', $x \in X_{n+1} \wedge x > a' \longrightarrow \neg\varphi_n(a,x)$, then

$p(x) \vdash \neg\varphi_n(a,x)$. As one of these possibilities is realised, so p is complete.

Note that we actually have a definable function f_n such that

$$(*) \qquad M_0 \models (\forall u)((\forall x)(x > f_n(u) \wedge x \in X_{n+1} \longrightarrow \varphi_n(u,x))$$
$$\vee \ (\forall x)(x > f_n(u) \wedge x \in X_{n+1}) \longrightarrow \varphi_n(u,x))).$$

Now let $M_0 < M$, and $p' \in S(M)$, $p \subseteq p'$ and p' unbounded. So $(x \in X_n) \in p'$ for all $n < \omega$. So by (*) and the unboundedness of p', p' is definable, namely for $a \in M$

$$\varphi_n(a,x) \in p' \text{ iff } M \models (\exists x > f(a))\ (x \in X_{n+1} \wedge \varphi_n(a,x)) .$$

But it us known that a definable unbounded type determines an end-extension, namely M(p') is an end extension of M. Thus p is an end extension type.

3. CONSTRUCTION OF MINIMAL TYPES.

In this case we first list all "Skolem-functions" of T of the form f(u,v) as

$$\langle f_n(u,v) : n < \omega \rangle$$

We again define a decreasing sequence of unbounded definable subsets of M_0, $\langle X_n : n < \omega \rangle$, this time with the property that for any $n < \omega$ and $a \in M_0$, either $f_n(a,v) \restriction X_{n+1}$ is eventually constant (i.e. after some a', $f_n(a,v)$ takes the same value on X_{n+1})

or $\qquad f_n(a,v) \restriction X_{n+1}$ is eventually one-one.

So again, suppose that X_n has been defined. Define now the following partition of $[X_n]^4$.

for $\qquad a < b < c < d$ in X_n,

$\{a,b,c,d\} \in B_0$ if

$$M_0 \models (\forall u < a)((f_n(u,b) = f_n(u,c) = f_n(u,d)) \vee (f_n(u,b) < f_n(u,c) < f_n(u,d))$$

and $\{a,b,c,d\} \in B_1$ if not.

So by the Proposition there is X definable anc unbounded in X_n such that $[X]^4 \subseteq B_0$ or $[X]^4 \subseteq B_1$. As in section 2, we must have that $[X]^4 \subseteq B_0$. Put $X_{n+1} = X$. We now show that X_{n+1} satisfies the required condition.

So choose $e \in M_0$ and we look at $f_n(e,v) \restriction X_{n+1}$. Let $a > e$, where $a \in X_{n+1}$.

Case i) for all $b,c \in X_{n+1}$ with $a < b,c$

$$M_0 \models f(e,b) = f(e,c)$$

So we clearly finish .

Case ii) There are $b,c \in X_{n+1}$, $a < b < c$

and $M_0 \models f(e,b) < f(e,c)$.

We now show that for $x,y \in X_{n+1}$, with $c < x,y$.

$$x < y \Rightarrow f(e,x) < f(e,y) .$$

So suppose $c < x < y$, with $x,y \in X_{n+1}$. Firstly we must have that $\underline{f(e,c) < f(e,x)}$, for otherwise we would have

$$f(e,b) < f(e,c) = f(e,x)$$

where $e < a < b < c < x$ which contradicts the fact that $[X_{n+1}]^4 \subseteq B_0$. Similarly we must have $\underline{f(e,x) < f(e,y)}$, for othewise $f(e,c) < f(e,x) = f(e,y)$.

Thus $f(e,v)$ is 1-1 on $\{x \in X_{n+1} : x > c\}$ and so we finish.

Put again $p(x) = \{x \in X_n : n \subset \omega\} \cup \{x > a : a \subset M_0\}$. To see that $p(x)$ is minimal, it is enough to show that for any $M \models T$, $p'(x) = \{x \in X_n : n \in \omega\} \cup \{x > a : a \in M$ determines a unique complete type, and $M'(p)$ is minimal extension of M.

Note that again we have for each $f_n(u,v)$ some $f'_n(u)$ such that

(*) $$M_0 \models (\forall u)(f_n(u,v) \text{ is constant on } \{x : x > f'_n(u) \wedge x \in X_{n+1}\}$$
$$\text{or } f_n(u,v) \text{ is 1-1 on } \{x : x > f'_n(u) \wedge x \in X_{n+1}\})$$

So this is true in M also. For a formula $\varphi(u,v)$, $a \in M$, we have $f(u,v)$ a Skolem function, where $f(u,v) = 0$ if $\varphi(u,v)$, and $= 1$ if $\neg\varphi(u,v)$. So for any $a \in M$, $\varphi(a,v)$ is decided by p'. Thus p' determines a complete type on M. Now look at $M(p')$ where b realises p'. Every element of $M(p')$ is of the form $f(a,b)$ for some $a \in M$, and $f(u,v)$ Skolem function. Let $f(a,b) \in M(p') - M$. Then by (*), if f is f_n, we have that $f_n(a,v)$ is 1-1 on $\{x : x > f'_n(a) \wedge x \in X_{n+1}\}$ in M.

Define $f''(u,u') = \mu v(v \in X_{n+1} \wedge v > f'_n(u) \wedge f_n(u,v) = u')$.

Then clearly $f''(a,f_n(a,v)) = v \in p$. So $M(p') \models f''(a,f(a,b)) = b$.

So b is recoverable from $f(a,b)$ by a function (with parameter in M). This shows that $M(p')$ is minimal. In particular we have shown that p is a complete type on M_0, and p is a minimal type, as desired.

REFERENCES

1 J.B. PARIS - "On Models of Arithmetic". Conference in Mathematical Logic. London 1970. Lecture Notes in Mathematics, Springer-Verlag.

Anand Pillay
73 Twyford avenue.
London N.2 9NP
Great Britain

DE LA STRUCTURE ADDITIVE A LA SATURATION DES MODELES DE PEANO ET A UNE CLASSIFICATION DES SOUS-LANGAGES DE L'ARITHMETIQUE

par

Denis RICHARD

UNIVERSITE CLAUDE-BERNARD - LYON I

(It will be found as an appendix to the paper an english translation of our main results).

INTRODUCTION. -

Chacun des paragraphes (*) 1, 2 et 3 de ce texte est *logiquement indépendant des deux autres*, mais la succession des paragraphes en elle-même a été choisie dans un but heuristique. Nous espérons, par exemple, montrer comment nous est, peu à peu, venue l'idée que la ω_1-saturation d'un modèle de l'arithmétique $\mathcal{P}$ de Peano pourrait être caractérisée par le type d'ordre du modèle. Les étapes de cette démonstration introduisent naturellement *une* certaine classification des sous-langages du langage $\mathcal{L}(\mathcal{P})$ de l'arithmétique $\mathcal{P}$.

Le paragraphe 1 est consacré à l'étude de la structure additive des modèles de $\mathcal{P}$. Nous commençons par rechercher la structure additive $\mathrm{Red}_{\{+\}}\mathcal{M}$ d'un modèle $\mathcal{M}$ *quelconque* de $\mathcal{P}$, ou plutôt du groupe symétrisé $S_a(\mathcal{M})$ de $\mathrm{Red}_{\{+\}}\mathcal{M}$. Le plongement de $\mathrm{Red}_{\{+\}}\mathcal{M}$ dans la complétion Z-adique de Z (notée $\hat{Z}$) qu'utilisèrent, les premiers, Mac Dowell et Specker en [M et D] nous a permis de préciser quelques bonnes propriétés, que *n'a*, en général, *pas* le groupe $S_a(\mathcal{M})$. Mais l'utilisation (habituelle en analyse non-standard) du prolongement des ω-suites -lorsqu'il existe- suffit à caractériser $S_a(\mathcal{M})$. Plus précisément les modèles $\mathcal{M}$ dans lesquels toute ω-suite est segment initial d'une suite codée dans $\mathcal{M}$ (propriété notée $CS_\omega(\mathcal{M})$) ont un symétrisé additif $S_a(\mathcal{M})$ isomorphe à $Q^{(c)} \oplus \hat{Z}$, où $c = |\mathcal{M}|$. L'étude algébrique et logique (cf. [CH]) de la théorie des groupes abéliens nous indique que ce dernier groupe

---

(*) Ce travail a été, en ce qui concerne les paragraphes 2 et 3, effectué sous la direction et en collaboration avec J.F.Pabion.

est ω_1-saturé. En conséquence la propriété $CS_\omega(\mathcal{M})$ de codage des ω-suites implique la ω_1-saturation de $Red_{\{+\}}\mathcal{M}$. De plus, si $S_m(\mathcal{M})$ désigne le groupe multiplicatif symétrisé de $Red_{\{.\}}\mathcal{M}$, alors la ω_1-saturation de $\mathcal{M}$ implique la α-saturation de $S_a(\mathcal{M})$ et $S_m(\mathcal{M})$ pour tout $\alpha \geqslant |\mathcal{M}|$.

Nous avions remarqué en [R2] que, si un sous-langage K permettait de coder un prolongement de chaque ω-suite, alors la ω_1-saturation de $Red_K\mathcal{M}$ impliquait la ω_1-saturation de $Red_{K'}\mathcal{M}$ pour tout sous-langage K' fortement complet au sens de Jensen et Ehrenfeucht en [J et E] (*). Le paragraphe 2 commence par une généralisation de ce résultat : la ω_1-saturation d'un modèle $\mathcal{M}$ de $\mathcal{P}$ équivaut à la propriété $CS_\omega(\mathcal{M})$. Appelons ici α-saturant tout sous-langage K de $\mathcal{L}(\mathcal{P})$ tel que, pour tout modèle $\mathcal{M}$ de $\mathcal{P}$, la α-saturation de $Red_K\mathcal{M}$ implique celle de $\mathcal{M}$. Un sous-langage K qui suffit à coder des suites finies est ω_1-saturant : la preuve découlera du critère cité ci-dessus. Des exemples de langage ω_1-saturant seront donc $\{x^y\}$, $\{(x)_y\}$, $\{\beta(x,y,z)\}$ où β est la fonction usuelle de Gödel ; le sous-langage $\{.\}$ convient aussi et, de façon moins immédiate, le sous-langage réduit à l'ordre, $\{<\}$, est ω_1-saturant (par conséquent $\{+\}$ l'est aussi). Cela conduit au fait qu'un modèle $\mathcal{M}$ est ω_1-saturé si et seulement si $Red_{\{<\}}\mathcal{M}$ l'est, donc au fait que $\mathcal{M}$, de cardinal ω_1, est saturé si et seulement si son type d'ordre est $\omega + (\omega^* + \omega)\,\eta_1$. On verra également que les $\{J(x,y)\}$, où $J(x,y)$ est une fonction de couplage quelconque , sont ω_1-saturants. Enfin pour clore ce paragraphe, nous montrerons que, si $\alpha \geqslant \omega_1$, tout modèle $\mathcal{M}$ de $\mathcal{P}$ qui est α-saturé pour l'ordre a un réduit $Red_{\{+\}}\mathcal{M}$ additif tout aussi α-saturé. [Indiquons que J.F.Pabion a récemment prouvé que le résultat peut s'étendre à la saturation complète, à savoir qu'un modèle $\mathcal{M}$ de $\mathcal{P}$ est α-saturé si et seulement si $Red_{\{<\}}\mathcal{M}$ l'est aussi (voir [P])].

Le dernier paragraphe reprend la notion de sous-langage qui code les suites finies pour constater que les plus naturels d'entre eux, comme $\{\beta(x,y,z)\}$, ne sont pas stricts -et on les dit synonymes à celui de l'arithmétique- au sens où l'on peut

---

(*) Nous ne redémontrons pas ici ce résultat initialement obtenu par Gödelisation puiqu'il est généralisé par le critère qui figure au début du paragraphe 2.

y définir, par exemple, l'addition et la multiplication. Tous les sous-langages stricts qui codent les suites finies uniformément sont ω_1-saturants. Parmi ceux qui codent uniformément les suites finies, il y en a qui, comme $\{(x)_y \neq 0\}$, ont la propriété dite de ré-interprétation isomorphe PRI (ils permettent, dans tout modèle, de définir un modèle interne isomorphe à celui de départ) et d'autres qui ne l'ont pas. Pour exhiber un exemple de ces derniers nous faisons appel à des modèles syntaxiques. Nous remarquons au passage que l'existence de sous-langages synonymes comme $\{x^y\}$ ou $\{(x)_y\}$ (cf. [P et R]) pose le problème de trouver une axiomatique de $\mathcal{P}$ exprimée dans ceux-ci : pour $\{x^y\}$ et certains sous-langages qui s'en déduisent, cela est facilement résolu. Ce doit être plus difficile pour $\{(x)_y\}$. Nous terminons par quelques questions, dont celle-ci : puisque l'ensemble des sous-langages récursivement saturants est non vide ($\{<\}$, $\{+\}$, $\{|\}$ et $\{.\}$ n'y figurent cependant pas, mais $\{(x)_y \neq 0\}$ y appartient), exhiber un sous-langage récursivement saturant qui n'a pas la propriété de ré-interprétation isomorphe.

§ 0 - NOTATION. -

Soit $\mathcal{P}$ l'arithmétique de Peano dont le langage $\{0, S, <, +, .\}$ est noté $\mathcal{L}(\mathcal{P})$. Soit $\mathcal{T}$ la théorie des nombres entiers positifs ou négatifs que l'on peut définir axiomatiquement dans $\mathcal{L}(\mathcal{P})$ de façon naturelle en étendant $\mathcal{P}$. Si $\mathcal{M} \models \mathcal{P}$, il existe un unique modèle $S(\mathcal{M})$ de $\mathcal{T}$ dont $\mathcal{M}$ constitue l'ensemble des éléments positifs. Si $\mathcal{L}^*$ est le langage obtenu en ajoutant à $\mathcal{L}(\mathcal{P})$ tous les symboles définissables dans $\mathcal{P}$, alors $\mathcal{P}^*$ est la sur-théorie obtenue en adjoignant à $\mathcal{P}$ les énoncés définissant ces symboles. Si K est un sous-langage de $\mathcal{L}^*$, $\mathrm{Red}_K \mathcal{M}$ désignera le réduit à K du modèle $\mathcal{M} \models \mathcal{P}^*$ (i.e. $\mathcal{M} \models \mathcal{P}$). Les notations N, Q, $\mathcal{M} \setminus N$ (pour un modèle donné $\mathcal{M} \models \mathcal{P}$) et $\mathcal{P}(N)$ nomment respectivement l'ensemble des entiers standards, rationnels, non-standards ou infinis et premiers standards. Par Q, J_p et Z_p ($p \in \mathcal{P}(N)$), nous notons le corps des rationnels, le groupe des entiers p-adiques et leur anneau. Les produits ΠJ_p ou ΠZ_p s'entendent pour $p \in \mathcal{P}(N)$. Par $\hat{Z}$, on désigne la complétion Z-adique de $< Z, + >$. Par $X^{(\alpha)}$, nous désignons le produit direct de α-copies de X. Le cardinal de l'ensemble X sera $|X|$. Soit $< D, * >$ un demi-groupe unitaire et régulier où e est l'élément neutre. On note S(D) la structure $< D\times D, \underline{*}, \equiv >$ définie par symétrisation de D. Soient $S_a(\mathcal{M}) = S(\mathrm{Red}_{\{+\}}\mathcal{M})$ et $S_m(\mathcal{M}) = S(\mathrm{Red}_{\{.\}}\mathcal{M})$. Ces deux groupes sont interprétables dans $\mathcal{M}$ sur $\{z \in \mathcal{M} | \exists\, xy\ (z = 2^x 3^y)\}$ en traduisant le procédé de symétrisation sur ces "couples". Les notations pour les nombres de Gödel ($\ulcorner \varphi \urcorner$, $\overline{\varphi}(\dot{\overline{x}})$, etc.) sont celles de [J et E] et plus généralement, pour les questions d'arithmétisation, du paragraphe 3, de [SM].

§ 1. - SUR LA STRUCTURE ADDITIVE DES MODELES DE PEANO. -

Les résultats qui précèdent la proposition 1.1 sont tirés de [M et S]. Ils sont redémontrés en détails dans [R1].

Soit $\mathcal{M}$ un modèle quelconque de $\mathcal{P}$ et $f : S(\mathcal{M}) \to \prod_{n \geqslant 2} Z/_{nZ}$ le morphisme d'anneaux $x \mapsto (\ldots, x + nZ, \ldots)_{n \geqslant 2}$, où n est standard. Alors comme sous-groupe additif, Ker f est divisible et maximal parmi les sous-groupes divisibles de $S_a(\mathcal{M})$. Il existe donc un sous-groupe G tel que $S_a(\mathcal{M}) = \mathrm{Ker}\, f \oplus G$; $S_a(\mathcal{M})/_{\mathrm{Ker}\, f}$ et G sont ainsi isomorphes. Comme espace vectoriel sur Q, Ker f est isomorphe à

$Q^{(c)}$, où $c = |\mathcal{M}|$. Soit φ le morphisme de groupes topologiques (pour les topologies Z-adiques respectives (cf. [F])) qui injecte G dans $\Pi\, J_p$.

Proposition 1.1. - Avec les notations ci-dessus :

(1) - Tout $\varphi(G)$ est pur et dense dans $\Pi\, J_p$; on peut choisir G tel que $Z \subset G$;

(2) - Pour tout $g \in G$, $\varphi(g)$ est une unité de $\Pi\, Z_p$ si et seulement si les diviseurs de g sont non-standards ;

(3) - Pour tout $p \in \mathcal{P}(N)$, les projections canoniques de $\varphi(G)$ sur J_p ne sont ni $\{0\}$ ni Z ;

(4) - Si le modèle est dénombrable, G n'est pas produit direct de sous-groupes des J_p ;

(5) - Pour tout cardinal $\alpha \geq \omega_o$, il existe un modèle de cardinal α tel que $\varphi(G)$ ne soit pas produit direct de sous-groupes des J_p.

Preuve. -

(1) - Le groupe $\Pi\, J_p$ est la complétion Z-adique de Z et est isomorphe à $\varprojlim Z/nZ$; par le morphisme canonique $z \mapsto (\ldots, z + nZ, \ldots)$ l'image de $S(\mathcal{M})$ est $\varphi(G)$ et est donc un sous-groupe pur et dense de $\Pi\, J_p$; on peut choisir G contenant Z par application du théorème de Baer puisque $\mathrm{Ker}\, f$ est divisible et $\mathrm{Ker}\, f \cap G = \{0\}$

(2) - Si G a un diviseur p premier standard, la projection de $\varphi(g)$ sur J_p s'écrit pa pour un $a \in J_p$ et $\varphi(g)$ n'est pas une unité. Réciproquement si $\varphi(g)$ n'est pas une unité, $\varphi(g) = p_o a$, où $a \in S(\mathcal{M})$ et $p_o \in \mathcal{P}(N)$, mais comme G est pur dans $S(\mathcal{M})$, $a = \varphi(g')$ pour un $g' \in G$: par suite $g = p_o g'$;

(3) - On montre d'abord que si g possède une infinité de diviseurs standards et si la projection de $\varphi(G)$ sur J_p est contenue dans Z, $\varphi(g) = 0$; même processus si g est divisible par une puissance non standard d'un premier standard : on choisit alors des éléments non nuls adéquats dans G qui contredisent l'injectivité de φ, lorsque l'assertion ne tient pas ;

(4) - Sinon il existe $\{p_1, \ldots, p_n\} \subset \mathcal{P}(N)$ tel que $G \cong J_o^{p_1} \times \ldots \times J_o^{p_n}$,

où $J_o^{p_i}$ est un sous-groupe non nul de J_{p_i}. Pour $\beta \in \mathcal{M}\setminus N$, il existe Ker f tel que $p_1^{\beta} \ldots p_n^{\beta} - k \in G\setminus\{0\}$: cet élément contredit l'injectivité de φ ;

(5) - Si G_o est un G d'un modèle dénombrable, le théorème de Mac Dowell et Specker sur les extensions finales permet d'en faire un G d'un modèle de cardinal α (remarque sur (5) : cette assertion n'est pas conséquence directe de l'écriture des unités de $S(\mathcal{M})/_{\text{Ker } f}$ car il n'y a pas transport de la structure d'anneau).

La proposition 1.1 montre que, pour un modèle quelconque, la description de $\text{Red}_{\{+\}}\mathcal{M}$ est problématique. Cependant il y a des cas où nous savons déterminer le type d'isomorphisme de $S_a(\mathcal{M})$.

Proposition 1.2. -

Si toute suite $(a_i)_{i \in \omega}$ d'un modèle $\mathcal{M}$ de $\mathcal{P}$ est segment initial d'une suite codée de $\mathcal{M}$, alors $S_a(\mathcal{M}) \simeq Q^{(c)} \oplus \hat{Z}$, où $c = |\mathcal{M}|$.

Démonstration. - Elle se décompose en deux lemmes :

Lemme 1.2.1. -

Dans les conditions de la proposition 1.2, pour tout α non standard et tout p premier standard, l'anneau Z_p des entiers p-adiques est image homomorphe de $S(\mathcal{M})/_{p^{\alpha}S(\mathcal{M})}$ par une application dont le noyau est $K_p/_{p^{\alpha}S(\mathcal{M})}$ avec $K_p = \bigcap_{n \in N} p^n S(\mathcal{M})$.

Lemme 1.2.2. -

Dans les conditions de la proposition 1.2, et avec les notations du lemme 1.2, les anneaux $S(\mathcal{M})/_{K_p}$ et Z_p sont isomorphes, pour tout $p \in \mathcal{P}(N)$, ainsi que les anneaux $S(\mathcal{M})/_{\text{Ker } f}$ et $\Pi\, Z_p$ (f désigne encore ici le morphisme canonique introduit au début du paragraphe 1).

Preuve du Lemme 1.2.1. -

En utilisant la *numération en base* p pour les représentants canoniques des classes modulo p de $S(\mathcal{M})/_{p^{\alpha}S(\mathcal{M})}$, nous posons :

$$h_{\alpha}\Big(\sum_{i=0}^{\alpha-1} a_i\, p^i + p^{\alpha}S(\mathcal{M})\Big) = (a'_n)_{n \in \omega\setminus\{0\}} \quad \text{où} \quad a'_i = \sum_{j=0}^{i-1} a_j\, p^j$$

Comme, pour tout $n \in \omega$, $a'_{n+1} \equiv a'_n (p^n)$, il est clair que $h_\alpha(S(\mathcal{M})/_{p^\alpha S(\mathcal{M})}) \subset Z_p$. On constate aussi que h_α est un morphisme d'anneaux. Montrons que h_α est surjectif. Soit $s = (b_n)_{n \in \omega\setminus\{0\}}$ $(b_n < p^n)$ un p-adique. Il existe une suite codée -donc une suite de longueur α que nous notons σ dont s est segment initial. Alors en posant $a_o \equiv \sigma(1)$ et $0 \leq a_o < p$, et $a_i = \sigma(i)$ avec $0 \leq a_i < p$ pour tout i tel que $0 \leq i \leq \alpha$, il vient $h_\alpha(\sum_{i=0}^{\alpha-1} a_i p^i + p^\alpha S(\mathcal{M})) = (b_n)_{n \in \omega\setminus\{0\}}$. L'application h_α est, par conséquent surjective et toute classe du noyau est représentée par des entiers $\sum_{i=0}^{\alpha-1} a_i p^i$ $(0 \leq a_i < p)$ tels que $a_i = 0$ pour tout $i \in N$; donc :

$$\mathrm{Ker}\, h_\alpha = \{p^\beta a + p^\alpha S(\mathcal{M}) \mid a \in \mathcal{M} \text{ et } \beta \in \mathcal{M}\setminus N\}.$$

Montrons que $K_p = \bigcup_{\beta \in \mathcal{M}\setminus N} p^\beta S(\mathcal{M})$. Il est clair que, pour tout $\beta \in \mathcal{M}\setminus N$, $p^\beta S(\mathcal{M}) \subset K_p$. Réciproquement, si $x \in K_p = \bigcap_{n \in N} p^n S(\mathcal{M})$ alors $E(x) = \{y \in \mathcal{M} \mid x \in p^y S(\mathcal{M})\}$ est une partie définissable qui a un plus petit élément $a \in \mathcal{M}\setminus N$. Alors $K_p = \bigcup_{\beta \in \mathcal{M}\setminus N} p^\beta S(\mathcal{M})$, égalité qui prouve que $\mathrm{Ker}\, h_\alpha$ est bien l'ensemble souhaité.

<u>Preuve du lemme 1.2.2.</u> -

• Par un théorème usuel d'isomorphisme des anneaux

$$S(\mathcal{M})/_{p^\alpha S(\mathcal{M})} \Big/ K_p/_{p^\alpha S(\mathcal{M})} \simeq S(\mathcal{M})/_{K_p}$$

Comme $\mathrm{Ker}\, h_\alpha = K_p/_{p^\alpha S(\mathcal{M})}$ et comme h_α est surjectif, on déduit de l'isomorphisme explicité ci-dessus que $Z_p \simeq S(\mathcal{M})/_{K_p}$.

• Considérons $\psi : S(\mathcal{M}) \to \prod_{p \in \mathcal{P}(N)} S(\mathcal{M})/_{K_p}$ canoniquement défini ; son noyau est $\bigcap_{p \in \mathcal{P}(N)} K_p$, c'est-à-dire $\bigcap_{n \in N} n\, S(\mathcal{M})$, ou encore Ker f. On a donc un morphisme $\tilde{\psi}$ injectif de $S(\mathcal{M})/_{\mathrm{Ker}\, f}$ dans $\prod_{p \in \mathcal{P}(N)} S(\mathcal{M})/_{K_p} = \prod_{i \in N} S(\mathcal{M})/_{K_{p_i}}$.

Soit maintenant s une ω-suite de $\mathcal{M}$: on peut la considérer comme segment initial de la suite $(\sigma(i))_{0 \leq i \leq \alpha}$ et résoudre (théorème des restes chinois) $x \equiv \sigma(0)\ (p_o^\alpha)$,..., $x \equiv \sigma(i)\ (p_i^\alpha)$ pour tout i vérifiant $0 \leq i \leq \alpha$. En conséquence $x \equiv s(i)\ (p_i^\alpha)$ pour $i \in N$ a une solution et l'application canonique :

$$f : S(\mathcal{M}) \to \prod_{i \in N} S(\mathcal{M})/_{K_{p_i}}$$

est surjective. On en déduit aisément que $\tilde{\psi}$ est surjectif, donc que $S(\mathcal{M})/_{\text{Ker } f} \simeq \prod_{p \in \mathscr{P}(N)} S(\mathcal{M})/_{K_p}$ (isomorphisme d'anneaux), d'où le lemme 1.2.2.

Démonstration de la proposition 1.2. -

De $S(\mathcal{M})/_{\text{Ker } f} \simeq \Pi Z_p$ on tire -pour les structures additives- :

$$S_a(\mathcal{M})/_{\text{Ker } f} \simeq \Pi J_p$$

et l'on sait que $\Pi J_p \simeq \hat{Z}$ (cf. [F]). D'autre part, nous avons rappelé au début du paragraphe que $S_a(\mathcal{M}) = \text{Ker } f \oplus G$ et $\text{Ker } f \simeq Q^{(c)}$ où $c = |\mathcal{M}|$ (isomorphisme d'espace vectoriel, donc de groupes). On a donc $G \simeq S_a(\mathcal{M})/_{\text{Ker } f} \simeq \hat{Z}$

et $S_a(\mathcal{M}) \simeq Q^{(c)} \oplus \hat{Z}$.

Nous avons une réciproque à la proprosition 1.2 et c'est :

Proposition 1.3. -

1) - Si $S_a(\mathcal{M}) \simeq Q^{(c)} \oplus \hat{Z}$ où $c = |\mathcal{M}| \geqslant \omega_1$, alors $S_a(\mathcal{M})$ est ω_1-saturé.

2) - La ω_1-saturation de $\mathcal{M}$ implique, pour tout $\alpha \geqslant |\mathcal{M}|$, la α-saturation de $S_a(\mathcal{M})$ et de $S_m(\mathcal{M})$.

Démonstration. -

(1) - Le théorème 23 énoncé p.197 de [CH] assure que tout groupe abélien est α-saturé si et seulement s'il est isomorphe à un groupe de la forme

$$\prod_{p \in \mathscr{P}(N)} (\oplus \Sigma\, (Z/_{p^n Z})^{\alpha(p,n)} \oplus Z_p^{\beta_p})^{\wedge} \oplus (Z/_{p^\infty})^{\gamma_p} \oplus Q^{(\delta)}$$

avec $\alpha(p,n)$, β_p, γ_p et $\delta \geqslant \alpha$ s'ils sont infinis et en désignant par $X^{\wedge}$ le complété Z-adique du groupe X. En prenant dans notre cas $\alpha(p,n) = 0$ (car il n'y a pas de torsion) $\beta_p = 1$, $\gamma_p = 0$ pour tout $p \in \mathscr{P}(N)$ (il n'y a pas non plus de p torsion) et $\delta = |\mathcal{M}|$; on constate que $S_a(\mathcal{M})$ est ω_1-saturé.

(2) - Comme les groupes $S_a(\mathcal{M})$ et $S_m(\mathcal{M})$ sont interprétables dans $\mathcal{M}$ sur $\{z \in \mathcal{M} | \exists\, xy\ z = 2^x 3^y\}$ en traduisant le procédé de symétrisation sur ces "couples", la ω_1-saturation de $\mathcal{M}$ assure déjà la ω_1-saturation de $S_a(\mathcal{M})$ et $S_m(\mathcal{M})$.

• Il est clair, en utilisant 1) ci-dessus, que la ω_1-saturation de $S_a(\mathcal{M})$

équivaut à sa α-saturation pour tout $\alpha \geq |\mathcal{M}|$.

• Par ce même théorème de [CH], $S_m(\mathcal{M}) \simeq \Pi\, Z_p^{\beta_p} \oplus Q^{(\delta)}$ (notation additive pour le 2ème membre) du fait de la ω_1-saturation de $S_m(\mathcal{M})$. Evaluons les β_p et δ. Notons que $K = \{x \in \mathcal{M} | \forall n \in N\ (\exists y\ (x = y^n))\}$ est le sous-groupe divisible maximal de $S_m(\mathcal{M})$, et, comme tel, K est isomorphe au Q-espace vectoriel $Q^{(\delta)}$. Considérons aussi $K_o = \{x \in \mathcal{M} | \forall n \in \omega\ (x \equiv 0)(n)\}$. Comme $K_o = \text{Ker } f$ (où f est défini au $\S_1$), nous savons que K_o est un Q-espace vectoriel isomorphe à $Q^{(c)}$ où $c = |\mathcal{M}|$.
Soit $k \in K$ et $\varphi_k : K_o \to K$ défini par $\varphi_k(x) = k^x$. Alors φ_k est un morphisme injectif du Q-espace vectoriel K_o dans le groupe multiplicatif K considéré comme Q-espace vectoriel en considérant $k^{p/q}$ comme produit du vecteur $k \in K$ par le scalaire $p/_q \in Q$. Par suite $\delta \geq |\mathcal{M}|$. Il est donc clair que $\delta = |\mathcal{M}|$ et donc que $\delta \geq \alpha$. Reste à calculer $\beta_p = \dim_{Z/pZ}(S_m(\mathcal{M})/S_m(\mathcal{M})^p)$ avec $S_m(\mathcal{M})^p = \{x^p | x \in S_m(\mathcal{M})\}$.
Soit $\mathcal{P}(\mathcal{M})$ l'ensemble des éléments premiers $p_\alpha \in \mathcal{M}$ indexés par tous les $\alpha \in \mathcal{M}$.
La classe de $p_\alpha \neq p$ dans le groupe $S_m(\mathcal{M})/\ S_m(\mathcal{M})^p$ est représentée par p_α. De plus, $p_{\alpha_1}^{\lambda_1} \dots p_{\alpha_n}^{\lambda_n} = 1$ avec $1 \leq \lambda_i < p$ implique $\lambda_i = 0$ pour tout $i \in \{1,\dots,n\}$ $(n \in \omega)$; en conséquence $\mathcal{P}(\mathcal{M})\backslash\{p\}$ est une partie libre sur Z/pZ.
Comme $|\mathcal{P}(\mathcal{M})| = |\mathcal{M}|$, on a $\beta_p \geq |\mathcal{M}| \geq \alpha$. La réciproque du théorème 23 p.197 de [CH] nous assure que $S_m(\mathcal{M})$ est un groupe abélien α-saturé.

Remarque sur les rapports entre structure additive et multiplicative de $\mathcal{M} \models \mathcal{P}$.

Mac Dowell et Specker ont prouvé en utilisant la division euclidienne, (cf. [M et S] ou [R2]) que si $\mathcal{M}_1$ est une extension finale de $\mathcal{M}$ de même cardinal que $\mathcal{M}$ alors $S(\mathcal{M})$ et $S(\mathcal{M}_1)$ ont même structure additive. L'isomorphisme entre la structure $< p^m (m \in \mathcal{M}),\ .\ >$, où p est un élément premier fixé de $\mathcal{M}$, et $\text{Red}_{\{+\}}\mathcal{M}$, nous assure que si les structures multiplicatives de $\mathcal{M}$ et $\mathcal{M}'$, modèles de $\mathcal{M}$, sont isomorphes leurs structures additives le sont aussi. Par ailleurs encore Jensen et Erhenfeuc ont montré en [J et E] que si $\mathcal{M}$ et $\mathcal{M}'$ sont des modèles *dénombrables* (restriction importante) et si K_1 et K_2 sont des sous-langages de $\mathcal{L}^*$ pris dans $\{\{+\},\{.\},\{|\}\}$, alors l'isomorphisme pour les structures réduites à K_1 de $\mathcal{M}$ ou $\mathcal{M}'$ implique l'isomorphisme des structures réduites à K_2 (i.e. $\text{Red}_{K_1}\mathcal{M} \simeq \text{Red}_{K_1}\mathcal{M}'$ implique

$Red_{K_2}\mathcal{M} \simeq Red_{K_2}\mathcal{M}'$). En fait Jensen et Erhenfeucht ont même montré que l'on peut prendre pour K_1 ou K_2 tout sous-langage riche et fortement complet au sens de leur terminologie. Par contre, la restriction de cardinalité fait problème et pose la question d'étendre ce résultat. Nous l'étendons dans le sens suivant au paragraphe 2 : la saturation de $Red_{\{+\}}\mathcal{M}$ équivaut à celle de $\mathcal{M}$ et aussi à celle de $Red_{\{.\}}\mathcal{M}$. Dans ce cas, la complétude pour $\{+\}$ et $\{.\}$ assure qu'un isomorphisme entre les structures additives équivaut à un isomorphisme entre les structures multiplicatives quel que soit la cardinalité du modèle de $\mathcal{M}$ considéré.

§ 2 - ω_1-SATURER UN MODELE DE PEANO EQUIVAUT A LE SATURER POUR L'ORDRE, OU POUR L'ADDITION, OU POUR LA MULTIPLICATION, ETC.

Nous allons maintenant étudier pour des modèles $\mathcal{M}$ de $\mathcal{P}$ de cardinal $> \omega_o$, les effets de ω_1-saturation de $Red_{\{+\}}\mathcal{M}$ et de $Red_{\{.\}}\mathcal{M}$ sur la ω_1-saturation de lui-même.

Soit T une théorie de langage $\mathcal{L}(T)$. Soit $\mathcal{L}_o \subset \mathcal{L}(T)$. On dira que $\mathcal{L}_o$ est κ-saturant pour un cardinal κ (ou que T est κ-saturée sur $\mathcal{L}_o$) si et seulement si la κ-saturation de $Red_{\mathcal{L}_o}\mathcal{A}$, pour tout $\mathcal{A} \models T$, entraîne celle de $\mathcal{A}$. (cf. [C et K] p.425). Un exemple : tout corps réel clos dont la structure d'ordre est $\eta_{\alpha+1}$ est $\omega_{\alpha+1}$-saturé. Le théorème de catégoricité de Morley nous indique aussi que si T est α-saturé sur $\mathcal{L}_o = \emptyset$ (et complète) pour un α non dénombrable, alors il en est de même pour tout β non dénombrable.

Le théorème 2.1 va donner de bons exemples de sous-langages α-saturants de $\mathcal{L}(P)$. Par abus nous mettons $\{J(x,y)\}$ parmi eux, bien que le langage ne soit sous--langage que de l'extension par définition de $\mathcal{L}(\mathcal{P})$ à $\mathcal{L}^*$.

Théorème 2.1. -

(a) - L'arithmétique $\mathcal{P}$ est ω_1-saturée sur l'ordre et donc sur l'addition et la multiplication. Elle l'est aussi sur $\{J(x,y)\}$ pour toute fonction J de codage des couples.

.../...

(b) - L'arithmétique $\mathcal{T}$ de Peano étendue aux entiers négatifs n'est pas ω_1-saturée sur l'addition ni sur la multiplication.

Corollaire 2.2. -

Un modèle $\mathcal{M} \models \mathcal{P}$ de cardinal ω_1 est saturé si, et seulement si, son type d'ordre est $\omega + (\omega^* + \omega)\,\eta_1$.

Preuve du théorème 2.1. -

Elle se décompose comme suit pour la partie (a) :

Lemme 2.1.1. - (Critère de ω_1-saturation).

Un modèle $\mathcal{M} \models \mathcal{P}$ est ω_1-saturé si, et seulement si, toute ω-suite $(a_i)_{i \in \omega}$ d'éléments de $\mathcal{M}$ est segment initial d'une suite codée dans $\mathcal{M}$.

Preuve du critère. -

Considérons une suite $(r(a))_{a \in \mathcal{M}}$ codée qui prolonge la suite $(r(i))_{i \in \omega}$, où chaque $r(i) \in \mathcal{M}$ réalise les formules φ_j pour $j \leqslant i$, d'un type $\Sigma(x)$ donné. Soit $\psi_k(u)$ la formule $\forall\, y\,(k \leqslant y < u \rightarrow \varphi_k(r(y)))$. Comme pour tout $n \in N, \mathcal{M} \models \psi_k(n)$ il existe, par débordement (overspill), $a_k \in \mathcal{M} \backslash N$ tel que $\mathcal{M} \models \psi_k(a_k)$. Comme $\mathcal{M} \models v \leqslant u \rightarrow (\psi_k(u) \rightarrow \psi_k(v))$, l'existence des a_k permet de définir une suite s *décroissante* telle que $\mathcal{M} \models \psi_k(s(k))$ pour tout $k \in N$. A l'aide d'un code d'une suite indéxée par $\mathcal{M}$ qui prolonge s on peut définir une formule $\theta(v)$ par :

$$\forall\, ij(i < j < v \rightarrow v < s(j) \leqslant s(i))$$

Alors $\mathcal{M} \models \theta(n)$ pour tout $n \in N$, donc existe $\alpha \in \mathcal{M} \backslash N$ tel que $\mathcal{M} \models \psi_k(\alpha)$ pour tout $k \in N$. Il en résulte que $\mathcal{M} \models \Sigma(r(y))$ pour tout y de $\mathcal{M}$ tel que $N < y \leqslant \alpha$. (La méthode de démonstration du lemme 2.2.1. ne permet pas une généralisation à la α-saturation pour $\alpha > \omega_1$).

Remarques. -

- Premier exemple. - Le sous-langage $\{|\}$, (donc aussi le sous-langage $\{.\}$) est ω_1-saturant. Soit $(a(i))_{i \in \omega}$ une suite ; supposons $\mathrm{Red}_{\{|\}}\mathcal{M}$ ω_1-saturé. Soit $p \in \mathcal{P}(N)$. Soit $c \in \mathcal{M}$ réalisant le type $\{\overline{p_n^{a(n)+1}} \mid x \wedge \neg\, \overline{p_n^{a(n)+2}} \mid x\}$. Alors la suite $v_{p_i}(c)-1$, où $v_p(x)$ désigne la valuation en p de x, est une suite codée dont la suite a est segment initial. Par le critère, $\mathcal{M}$ est donc ω_1-saturé.

• Contre-exemple. - Le sous-langage de la fonction successeur $\{S\}$ n'est évidemment pas ω_1-saturant pour $\mathcal{P}$ pour des raisons de catégoricité.

Reprenons la preuve (a) du théorème 2.2 en démontrant le :

Lemme 2.1.2. -

Pour toute ω-suite a d'éléments de $\mathcal{M}$, la ω_1-saturation de $\mathrm{Red}_{\{<\}}\mathcal{M}$ (respectivement de $\mathrm{Red}_{\{+\}}\mathcal{M}$, de $\mathrm{Red}_{\{.\}}\mathcal{M}$ et de $\mathrm{Red}_{\{J(x,y)\}}\mathcal{M}$) permet de coder une suite de $\mathcal{M}$ dont la ω-suite a est segment initial.

Preuve du lemme 2.1.2. -

On associe dans $\mathcal{L}(\mathcal{M}) = \mathcal{L}^* \cup \{\overline{m} | m \in \mathcal{M}\}$ à la suite $(a_i)_{i \in \omega}$, la suite $(b_i)_{i \in \omega}$ donné par $b_i = \sum_{j=0}^{i} a_i + 1$. Par hypothèse, il existe $c \in \mathcal{M}$ tel que $(b_i)_{i \in \omega} < c$. La nouvelle suite $(c_i)_{i \in \omega}$, où $c_i = c - b_i$ étant strictement décroissante peut être codée en réalisant le type :

$$\{2^{\overline{c_o}} \leqslant x < 2^{\overline{c_o}+1} \; ; \; \sum_{i=0}^{n+1} 2^{\overline{c_i}} \leqslant x < \sum_{i=0}^{n} 2^{\overline{c_i}} + 2^{\overline{c_{n+1}}+\overline{1}}\}$$

On applique alors le critère qui montre que l'ordre est ω_1-saturant pour $\mathcal{P}$.

Comme l'ordre est définissable par l'addition, celle-ci est ω_1-saturante pour $\mathcal{P}$. L'isomorphisme entre la structure $< p^m | m \in \mathcal{M}, . >$ et $\mathrm{Red}_{\{+\}}\mathcal{M}$ assure que la multiplication est ω_1-saturante ; on peut aussi le montrer directement à partir du critère précédent. Pour $\mathcal{L}_o = \{J(x,y)\}$, on pose :

$$x = p_1(z) \leftrightarrow \exists\, y(z = J(x,y)) \quad \text{et} \quad y = p_2(z) \leftrightarrow \exists\, x(z = J(x,y))$$

Soit $(a_o, \ldots, a_n) \in \mathcal{M}^n$ avec $n \in \omega$. Posons pour $i \leqslant n$,

$$\Phi_n(x, \overline{0}, y) \leftrightarrow y = p_1(x) \; ; \; \Phi_n(x, \overline{i}, y) \leftrightarrow y = p_1(p_2^i(x))$$

dans $\mathcal{L}_o \cup \{\overline{n}\}_{n \in \omega}$. Alors $\mathcal{P} \models \Phi_n(c, \overline{i}, y) \leftrightarrow y = a_i$ pour $i \leqslant n$ et pour

$$c = J(a_o, J(a_1(J(\ldots(a_n)\ldots)))).$$

La définition inductive de Φ_n pouvant être formalisée dans $\mathcal{P}$, on peut utiliser le critère de ω_1-saturation pour conclure.

Preuve de la partie (b) du théorème 1. -

Soit $\mathcal{M}$ un modèle saturé de cardinal ω_1 de $\mathcal{P}$. Alors $S(\mathcal{M})$ qui est définissable dans $\mathcal{M}$ est également un modèle saturé, de cardinal ω_1, de $\mathcal{C}$. Soit $\mathcal{M}_1$ une extension finale élémentaire propre de $\mathcal{M}$ de même cardinal et, par récurrence soit $\mathcal{M}_{k+1}$ une extension finale élémentaire propre de $\mathcal{M}_k$ pour tout $k \in \omega$. Il est clair que $\mathcal{F} = \bigcup_{k \in \omega}$. est une extension finale de $\mathcal{M}$ et, comme telle (cf. (M et S) ou [R_2]), nous savons que $S_a(\mathcal{M}) \simeq S_a(\mathcal{F})$. Nous en concluons, d'une part, que $S_a(\mathcal{F})$ est ω_1-saturé (puisque S(et donc $S_a(\mathcal{M})$ le sont) et, d'autre part, que le type $\{x > \overline{a}_k\}_{k \in \omega}$ où $a_k \in \mathcal{M}_{k+1} \setminus \mathcal{M}$ n'est pas réalisé dans $\mathcal{F}$, donc ne l'est pas dans $S(\mathcal{F})$. Par suite $S(\mathcal{F})$ n'est pas ω_1-turé bien que $S_a(\mathcal{F})$, sa structure additive, le soit.

La question naturelle qui se pose maintenant est celle de la généralisation du téorème 2.1 à la κ-saturation pour $\kappa < \omega_1$.

Théorème 2.3. -

Tout modèle $\mathcal{M} \models \mathcal{P}$ qui est κ-saturé pour l'ordre $(\kappa \geqslant \omega_1)$ est κ-saturé pour l'addition.

Preuve. - Un type additif $\Sigma(x)$ est décomposable par élimination des quantificateurs en $\Sigma_1(x) = \{x < \overline{M}_i \mid i \in I\}$, $\Sigma_2(x) = \{\overline{m}_j < x \mid j \in J\}$ et $\Sigma_3(x) = \{x \equiv \overline{a}_k(n) \mid k \in L, n \in \omega\}$,

avec $\overline{\overline{I}} < \kappa$, $\overline{\overline{J}} < \kappa$ et $\overline{\overline{L}} < \kappa$. Par hypothèse, existent $m \in \mathcal{M}$ et $M \in \mathcal{M}$ tels que $m < M$ et $\mathcal{M} \models \Sigma_1(M) \wedge \Sigma_2(m)$. Si, pour tout (m,M) convenable, $M - m \in N$, alors la consistance de $\Sigma(x)$ assure en raisonnant par l'absurde que $\Sigma(x)$ est réalisé dans $\mathcal{M}$. Sinon, par débordement, soit $x_o \in \mathcal{M} \setminus N$ tel que $x_o! < M-m$. Soit (th.1.3) $\alpha \in S_a(\mathcal{M})$ réalisant $\Sigma_3(x)$. Il existe alors $y_o \in S_a(\mathcal{M})$ tel que $m < \beta = \alpha + x_o! y_o < M$ et $\mathcal{M} \models \Sigma(\beta)$.

- On peut montrer aussi que tout modèle $\mathcal{M} \models \mathcal{P}$ qui est κ-saturé pour l'ordre $(\kappa \geqslant \omega_1)$ est κ-saturé pour la multiplication. En fait les présents résultats (essentiellement ceux du théorème 2.1, et ceux développés dans sa démonstration) permettent de montrer plus : J.F.Pabion, en P , vient de prouver qu'un modèle de Peano e

κ-saturé si, et seulement si, son réduit à l'ordre l'est (par exemple un modèle de Peano de cardinal ω_α est saturé si, et seulement si, son type d'ordre est $\omega + (\omega^* + \omega)\,\eta_\alpha$).

Le théorème 2 met en évidence dans $\mathcal{T}$ ($\mathcal{P}$ ≪ avec ≫ les entiers négatifs) des sous-langages $\mathcal{L}_o$ tels que les réduits à $\mathcal{L}_o$ des modèles assez grands de $\mathcal{M}$ sont κ-saturés ($\kappa > \omega_1$) dès que ces réduits sont ω_1-saturés, bien que le modèle lui-même ne le soit pas (th.2.1 (b)). Une telle situation dans $\mathcal{T}$ (ou $\mathcal{P}$) pour un $\mathcal{L}_o$ qui soit en même temps ω_1-saturant peut conduire à une réfutation d'une conjecture de Chang (cf. [P]).

Pour ce qui est de la saturation récursive, un modèle $\mathcal{M} \models \mathcal{P}$ peut être non récursivement saturé bien que $\mathrm{Red}_{\{+\}}\mathcal{M}$ et $\mathrm{Red}_{\{.\}}\mathcal{M}$ le soit toujours.

<u>Proposition 2.4</u>. - <u>Pour tout $\mathcal{M} \not\cong \mathbf{N}$, $\mathrm{Red}_{\{+\}}\mathcal{M}$ et $\mathrm{Red}_{\{.\}}\mathcal{M}$ sont récursivement saturés (donc $\mathrm{Red}_{\{<\}}\mathcal{M}$ et $\mathrm{Red}_{\{|\}}\mathcal{M}$ également).</u>

<u>Démonstration</u>. -

Soit $\Sigma(x) = \{\varphi_n(x) \mid n \in \omega\}$ un type récursif dans le sous-langage $K = \{+\}$ ou $K = \{.\}$. Soit ψ une Δ_1^1-formule qui représente le type $\Sigma(x)$, i.e. les nombres de Gödel des formules du type. Soit γ la Δ_1^1-formule de $\mathcal{L}$ assurant la satisfaction (1) pour le langage K : cela signifie que si $\varphi(x_1, \ldots, x_n)$ est une *formule de* K, alors avec les notations de [J et E], $\mathcal{P} \vdash \gamma(\overline{\varphi}(\dot{\overline{x}}_1, \ldots, \dot{\overline{x}}_n) \leftrightarrow \varphi(x_1, \ldots, x_n))$.

Soit $\mathcal{M} \models \mathcal{P}$. Alors, pour tout $k \in \mathrm{N}$, $\mathcal{M} \models \forall\, i \leqslant k\ (\gamma(\overline{\psi(k)})(\dot{\overline{r}}_k))$ pour un $r_k \in \mathcal{M}$ qui réalise $\bigwedge_{j=0}^{k} \varphi_j(x)$. Soit la formule $\exists\, x\ \forall\, i \leqslant u\ (\gamma(\overline{\psi(u)})(\dot{\overline{x}}))$ que nous notons $\theta(u)$. Alors pour tout $k \in \mathrm{N}$, $\mathcal{M} \models \theta(k)$ et l'on conclut par débordement à la réalisation de $\Sigma(x)$ dans $\mathrm{Red}_K\mathcal{M}$. Nous pouvons ainsi considérer $\{+\}$ et $\{.\}$ comme des sous-langages non "récursivement saturants". Mais il y a des sous-langages sur lesquels $\mathcal{P}$ est récursivement saturée et même des sous-langages "stricts" de $\mathcal{L}$ ayant cette propriété comme $\{(x)_y \neq 0\}$. Cela résultera de l'étude des sous-langages de $\mathcal{L}$ présentée au paragraphe qui suit.

.../...

(1) Des travaux de P.CEGIELSKI développés à partir de [C] ont conduit récemment cet auteur à expliciter une telle formule γ.

§ 3 - UNE CLASSIFICATION DES SOUS-LANGAGES DU LANGAGE $\mathcal{L}^*$ DE L'ARITHMETIQUE $\mathcal{P}$ DE PEANO.

Soit $\mathcal{L}^*$ le langage obtenu en ajoutant à $\mathcal{L}(\mathcal{P})$ tous les symboles que l'on peut définir dans $\mathcal{P}$. Soit $\mathcal{P}^*$ la sur-théorie de $\mathcal{P}$ obtenue en ajoutant à $\mathcal{P}$ les énoncés qui définissent ces symboles. On dira que $\mathcal{L}_o \subset \mathcal{L}^*$ est *strict* si, en lui ajoutant les symboles que l'on peut définir dans $\mathcal{L}^*$ à partir de $\mathcal{L}_o$, alors $\mathcal{L}_o \neq \mathcal{L}$. Dans le cas contraire, on dira que $\mathcal{L}_o$ est un sous-langage *synonyme* de $\mathcal{L}^*$ ou de $\mathcal{L}(\mathcal{P})$.

Pour une théorie T, de langage $\mathcal{L}(T)$, on dira que le sous-langage $\mathcal{L}_o$ de $\mathcal{L}(T)$ possède la propriété de *ré-interprétation isomorphe* (PRI) si, pour tout $\mathcal{A} \models T$, on peut, en utilisant exclusivement $\mathcal{L}_o$, définir une interprétation $\mathcal{X}$ qui fournit un modèle interne de T isomorphe à $\mathcal{A}$.

Nous avons défini au paragraphe 2, la notion de sous-langage α-*saturant* de $\mathcal{L}(T)$ pour une théorie T. En prenant $\mathcal{L}^*$ pour $\mathcal{L}(T)$, nous dirons, par abus, que $\mathcal{L}_o \subset \mathcal{L}^*$ est α-*saturant* pour $\mathcal{L}$, s'il l'est pour $\mathcal{L}^*$. Un sous-langage *récursivement saturant* K de $\mathcal{L}^*$ (ou de $\mathcal{L}(\mathcal{P})$) sera naturellement défini par le fait que la saturation récursive de $\mathrm{Red}_K \mathcal{M}$ équivaut à celle de $\mathcal{M}$, pour tout $\mathcal{M} \models \mathcal{P}$ (i.e. pour tout $\mathcal{M} \models \mathcal{P}^*$

Nous dirons qu'un sous-langage $\mathcal{L}_o \subset \mathcal{L}^*$ *code uniformément les suites finies* (en abrégé CUSF) s'il existe une formule $\Phi(u,v,w)$ de $\mathcal{L}_o$ et, pour tout modèle $\mathcal{M}$ de $\mathcal{P}$, une immersion h de $\mathcal{M}$ dans $\mathcal{M}$ représentable dans $\mathcal{P}$ telle que, pour toute suite finie $(a_o, \ldots, a_n)$ de $\mathcal{M}$ $(n \in \omega)$, il existe un code $c \in \mathcal{M}$ avec les conditions :

(1) - $\mathcal{M} \models \forall\, u\, v\ \exists\, !\, w\ \Phi(u,v,w)$

(2) - $\mathcal{M} \models w = h(\overline{a}_i) \leftrightarrow \Phi(c,i,w)$, pour tout $\overline{i} \in \omega$.

3.A - Sous-langages synonymes du langage de l'arithmétique.

Proposition 3.1. -

Les sous-langages $\{x^y\}$ et $\{\beta(x,y,z)\}$ où :

$\beta(x,y,z) = \mu r(\exists\, q(x = q(1 + (1+y)z) + r))$ sont synonymes de $\mathcal{L}^*$.

Démonstration. -

• La preuve pour $\{x^y\}$ est dûe à J.F.Pabion. Nous posons, par raison de commodité typographique, $x^y = f(x,y)$. On peut alors définir 0, 1 et 2 de $\mathcal{L}(\mathscr{P})$ par $x=2 \leftrightarrow f(f(x,x),x) = f(x, f(x,x)) \wedge f(x,x) \neq x$; $x=1 \leftrightarrow f(2,x) = 2$ et $x=0 \leftrightarrow f(2,x) = 1$. Il suffit alors de poser $z = xy \leftrightarrow f(2,z) = f(f(2,x),y)$ et $z = x+y \leftrightarrow f(2, f(2,z)) = f(f(2, f(2,x)), f(2,y))$.

• Pour $\{\beta(x,y,z)\}$, remarquons que l'on peut définir 0 par

$$y = 0 \leftrightarrow \forall x \quad \beta(x,y,y) = y$$

et que l'on peut définir l'ordre par $x \leqslant z \leftrightarrow \beta(x,0,z) = x$. On peut donc définir la fonction successeur S à partir de $\beta(x,y,z)$. Enfin,

$$y|x \leftrightarrow (x=0) \vee (y = S(z) \wedge \beta(x,0,z) = 0).$$

Par un résultat classique dû à Julia Robinson $\{S,|\}$ est synonyme de $\mathcal{L}^*$ et nous avons prouvé la proposition 3.1..

Autres exemples. -

E.N.Schwartz a montré dans sa thèse (cf. [S]) qu'il y a de très nombreuses possibilités d'obtenir des sous-langages synonymes de $\mathcal{L}^*$ dans lesquels $\mathcal{L}(\mathscr{P})$ soit existentiellement définissable, en utilisant des formes quadratiques. Citons : $\{., x^2 - y^2\}$; $\{+, x^2\}$; $\{+, x^2 - y^2\}$; $\{x^2 + y^2, x^2 - y^2\}$; $\{., x^2 + y\}$ (qui contient $\{|,S\}$) ; $\{(x+y)^2\}$; $\{x^2 + 2m\, xy + m^2y^2\}$, $\{., x^2 + xy + y^2\}$ etc... Par la méthode du modèle interne, mais c'est trop long pour être ici explicité, il est prouvé en [P et R] que $\{(x)_y\}$ est aussi synonyme de $\mathcal{L}(\mathscr{P})$.

A tout sous-langage synonyme de $\mathcal{L}^*$ correspond une axiomatique. Ainsi :

Proposition 3.2. -

L'arithmétique $\mathscr{P}$ peut être axiomatisée dans le sous-langage $\{x^y\}$ de la façon suivante (par commodité typographique, nous posons encore $x^y = f(x,y)$) :

.../...

(1) En fait J.ROBINSON a même montré que $\{+\}$ et $\{.\}$ sont exponentiellement disphantiennes.

(A) - Définitions de 0,1,2 et de {+} et de {.}.

(A_1) $x = 2 \leftrightarrow f(f(x,x),x) = f(x, f(x,x)) \wedge f(x,x) \neq x$

(A_2) $x = 1 \leftrightarrow f(2,x) = 2$

(A_3) $x = 0 \leftrightarrow f(2,x) = 1$

(A_4) $\forall x\ f(x,2) \neq 2 \wedge f(x,0) = 1$

(A_5) $\forall xy \quad \exists x\ f(2,z) = f(f(2,x),y)$

(on pose $z = x.y$)

(A_6) $\forall xy \quad \exists z\ f(2, f(2,z)) = (f(2,x)), f(2,y))$

(on pose $z = x+y$)

(A'_6) $\forall x \quad \exists y\ f(2, f(2,y)) = f(f(2, f(2,x)), 2)$.

(B) - Injectivité des fonctions partielles de $f(x,y)$.

(B_1) $x \neq 0 \wedge x \neq 1 \wedge f(x,y) = f(x,y') \rightarrow y = y'$

(B_2) $x \neq 0 \wedge x' \neq 0 \wedge y \neq 0 \wedge f(x,y) = f(x',y) \rightarrow x = x'$

(C) - Commutativité et distributivité.

(C_1) $f(f(2,x),y) = f(f(2,y),x)$

(C_2) $f(2, f(2,z)) = f(f(2, f(2,y)),2)) \rightarrow f(2, f(x,z)) = f(f(2,x), f(x,y))$

(D) - Induction. Pour toute formule φ de $\{x^y\}$:

(D_φ) $(\varphi(0) \wedge \forall x((\varphi(x) \wedge f(2, f(2,y)) = f(f(2, f(2,x)),2) \rightarrow \varphi(y))) \rightarrow \forall x\ \varphi(x$

Remarque. -

Les quantificateurs universels sont, par raison typographique, sous-entendu en A_1, A_2, A_3, B et C.

La démonstration de la proposition 3.2 est laissée au lecteur. L'axiome A' superflu n'est là que pour faciliter cette preuve en ramenant notre axiomatique à ce le donnée en [C et K] p.42.

3.B - Quelques sous-langages stricts du langage de l'arithmétique. -

Il est bien connu que {S}, { < }, {+}, { | }, {.} sont des sous-langages stricts de $\mathcal{L}$. Introduisons-en d'autres :

Proposition 3.3. -

Les sous-langages suivants sont stricts :

(a) - $\{R(x,y)\}$, où la relation $R(x,y)$ est $(x)_y \neq 0$; $\{R,\bar{0}\}$; $\{R,\bar{1}\}$;

(b) - $\{J(x,y)\}$ pour toute fonction de couplage injective non surjective $J(x,y)$ telle que, pour $x > 0$ et $y > 0$, on ait $x > J(x,y)$, $y > J(x,y)$ et $J(0,0) = 0$.

Preuve. -

(a) - Soit $f : N \to N$ définie par $f(0) = 0$, $f(1) = 1$, $f(4) = 8$, $f(8) = 4$, $f(2^x) = 2^x$ pour $x \neq 2$ et $x \neq 3$, $f(p_x^\alpha) = p_{f(x)}^\alpha$ et $f(ab) = f(a)\, f(b)$ lorsque a et b sont premiers entre eux. Par récurrence, on voit que f est un $R(x,y)$-automorhisme de N qui ne préserve pas l'ordre. Comme 0 et 1 ne peuvent pas être discernés par $R(x,y)$, les deux sous-langages sont différents. Ils sont stricts.

(b) - Ordonnons $X = N \setminus J(N \times N)$ en une suite croissante $(a_n)_{n \in \omega}$. Posons $f(a_o) = a_1$ et $f(a_1) = a_o$. On complète la définition de l'application f de N dans N en exigeant que $f(0) = 0$, que pour $u = J(x,y)$, $f(u) = J(f(x), f(y))$ et que la restriction de f à $X \setminus \{a_o, a_1\}$ soit l'identité. Par récurrence, et à cause de la propriété $x < J(x,y)$ et $y < J(x,y)$, f est partout definie. Par construction f est un homomorphisme sur J. Par récurrence, on vérifie que f^2 est l'identité sur N donc f est un J-automorphisme de N qui ne respecte pas l'ordre. CQFD.

3.C - Sous-langage strict du langage de l'arithmétique ayant la propriété de ré-interprétation isomorphe.

Théorème 3.4. -

Le sous-langage strict $\{(x)_y \neq 0\}$ possède la PRI. Plus précisément, pour tout $\mathscr{M} \models \mathscr{P}$, il existe une interprétation interne $< \mathrm{Int}(\mathscr{M}), \oplus, \otimes > \models \mathscr{P}$ définissable dans $\{(x)_y \neq 0\}$ et isomorphe à $\mathscr{M}$ par un isomorphisme non définissable dans $\{(x)_y \neq 0\}$.

Démonstration. -

Dans tout modèle $\mathscr{M} \models \mathscr{P}$, on peut coder les notions analogues de singleton, couple, paire, fonctions à support fini.

Nous appelons "analogue" du couple, par exemple, la notion obtenue en faisant jouer à $(x)_y \neq 0$ le rôle de l'appartenance (bien que $(x)_y$ ne définisse pas dans $\mathcal{M} \models \mathcal{P}$ un modèle de ZF sans axiome d'infini). Disons que a code respectivement un singleton ou une paire si $(\exists\, t((a)_t \neq 0)) \wedge ((a)_t \neq 0 \leftrightarrow x = t))$ ou $(\exists\, t((a)_t \neq 0)) \wedge ((a)_t \neq 0 \leftrightarrow t = x \vee t = y))$. Avec cette notion de "paire" et celle de "singleton", le concept de "couple" se dérive usuellement. Soient cp(a,x,y), fonc(a) et dom(a,|f|) les relations exprimant que a est le code d'un couple, d'une fonction, du domaine d'une fonction |f| codée par f. Prenons maintenant dans $\mathcal{M}$ les éléments α pour lesquels $(x)_y \neq 0$ (dorénavant notée ε) qui vérifient les conditions : (1) - $a \varepsilon b \wedge b \varepsilon \alpha \rightarrow a \varepsilon \alpha$

(2) - $a \varepsilon \alpha \wedge b \varepsilon \alpha \rightarrow a \varepsilon b \vee b \varepsilon a$

Soit Int($\mathcal{M}$) l'ensemble de tels α dans $\mathcal{M}$ que nous noterons par de petites lettres grecques.

Soit $\alpha \equiv_\varepsilon \beta$ si et seulement s'il existe un ε-définissable ε-isomorphisme de $\{x \in \mathcal{M} \mid x \varepsilon \alpha\}$ sur $\{x \in \mathcal{M} \mid x \varepsilon \beta\}$. En remplaçant ε-isomorphisme ci-dessus par ε-homomorphisme injectif, nous obtenons la définition de $\leqslant_\varepsilon$. Cet ordre nous donne une relation Suc(α,β) signifiant que β est un successeur de α. Comme addition prenons :

$$\alpha \oplus_\varepsilon \beta \equiv_\varepsilon \gamma \leftrightarrow \exists\, f\, u\, v\, (\mathrm{fonc}(f) \wedge \mathrm{dom}(a,|f|) \wedge \mathrm{Suc}(\beta,a)$$
$$u \varepsilon f \wedge v \varepsilon f \wedge \mathrm{cp}(u,0,\alpha) \wedge \mathrm{cp}(v,\beta,\gamma)$$
$$\wedge \forall\, i\, (i \varepsilon \beta \wedge j \varepsilon \beta \wedge \mathrm{Suc}(i,j) \rightarrow \mathrm{Suc}(|f|(i), |f|(j)).$$

Pour définir la multiplication, on remplace dans le deuxième membre de l'équivalence logique ci-dessus Suc(|f|(i), |f|(j)) par $|f|(j) \equiv_\varepsilon |f|(i) \oplus_\varepsilon \beta$ et aussi cp(u,0,α) par cp(u,1,α). Enfin l'application $\varphi = \mathcal{M} \rightarrow \mathrm{Int}(\mathcal{M})$ telle que $\varphi(0_{\mathcal{M}}) = 0_{\mathrm{Int}(\mathcal{M})}$ and $\varphi(x+1) \equiv_\varepsilon \varphi(x) \oplus \varphi(1)$ est un isomorphisme définissable (dans $\mathcal{L}(\mathcal{P})$) de modèles de $\mathcal{P}$. Si φ était définissable dans $\{(x)_y \neq 0\}$, alors ce dernier sous-langage serait synonyme de $\mathcal{L}^*$, contrairement à la proposition 3.4..

Il est clair que les sous-langages ayant la PRI sont α-saturants et récursivement saturants.

3.D - Sous-langages codant uniformément les suites finies (CUSF).

Les sous-langages synonymes de $\mathcal{L}^*$, comme $\mathcal{L}(\mathscr{P})$ lui-même ainsi que les sous-langages ayant la PRI ont évidemment aussi la CUSF.

Par ailleurs :

Proposition 3.5. -

Tout sous-langage K ayant la propriété CUSF est ω_1-saturant.

Preuve. -

Si le codage est obtenu au moyen de la formule $\Phi(u,v,w)$ et de l'immersion h et si on se donne la ω-suite $(a_i)_{i \in \omega}$ de $\mathscr{M}$, où $\mathscr{M} \models \mathscr{P}$, nous considérons le type $\{\bigwedge_{i=0}^{n} \Phi(u,0,h(a_i))\}_{n \in \omega}$ qui, en supposant $\mathrm{Red}_K \mathscr{M}$ ω_1-saturé est réalisé par un $c \in \mathscr{M}$. La suite $\sigma = (\Phi(c,\alpha, b_\alpha))_{\alpha \in \mathscr{M}}$ prolonge la suite $(h(a_i))_{i \in \omega}$ et permet de définir dans $\mathcal{L}^*$, puisque h est définissable, un prolongement $h^{-1}(\sigma)$ de la suite $(a_i)_{i \in \omega}$ considérée.

3.E - Une classification des sous-langages de l'arithmétique. -

Si nous désignons les ensembles de sous-langages synonymes de $\mathcal{L}^*$ par SYN, de ceux ayant la propriété de ré-interprétation isomorphe par PRI, de ceux qui sont α-saturés par α-SAT, de ceux qui sont récursivement saturés par RecSAT et de ceux qui codent uniformément les suites finies par CUSF, nous avons jusqu'ici, en désignant les inclusions par des flèches ($\rightarrow$) et les ensembles distincts par le symbole ($\neq$), obtenu les résulats suivants :

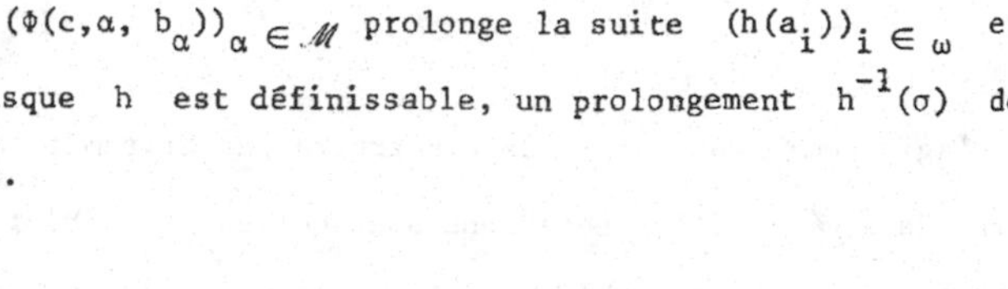

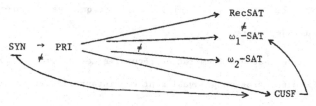

puisque $\{(x)_y \neq 0\} \notin$ SYN et $\{(x)_y \neq 0\} \in$ PRI ;

puisque $\{<\} \notin$ PRI et $\{<\} \in \omega_1$-SAT

puisque $\{+\} \notin$ RecSAT, $\{+\} \notin$ PRI et $\{+\} \in \omega_1$-SAT.

Prouver dans ce diagramme que ω_1-SAT $\neq$ ω_2-SAT, c'est réfuter la conjecture de Chang citée. J.F.Pabion vient récemment de montrer que $\{J(x,y)\} \in \omega_1$-SAT alors que $\{J(x,y)\} \notin \omega_2$-SAT.

Nous allons terminer cet article en montrant que PRI $\underset{\neq}{\rightarrow}$ CUSF et aussi que SYN $\underset{\neq}{\rightarrow}$ CUSF. Pour cela nous allons exhiber, par utilisation de modèles syntaxiques, un sous-langage $\{VAL(x)\}$ qui possède la propriété de coder uniformément les suites finies sans que l'on puisse définir, dans tout modèle $\mathcal{M} \models \mathcal{P}$, au seul moyen de {VAL(x un modèle de $\mathcal{M}$ interne et isomorphe à $\mathcal{M}$.

Theorem 3.6. -

Il existe des sous-langages stricts codant uniformément les suites finies, sans avoir la propriété de ré-interprétation isomorphe.

Démonstration. -

Il s'agit comme dans [M] de construire par arithmétisation une extension finale interne dans $\mathcal{M} \models \mathcal{P}$. Les notations sont celles de [SM] : ainsi $\ulcorner\varphi\urcorner$ est le nombre de Gödel de la formule φ, Enon (x) exprime que x est le nombre de Gödel d'un énoncé, etc. Une relation $\alpha(x,y)$ est une énumération dans $\mathcal{P}$ si elle est *prouvablement* fonctionnelle et si $\mathcal{P} \vdash \forall\, xy(\alpha(x,y) \rightarrow \underline{\text{Enon}}(y))$. Cette relation α énumère les énoncés $\{(E_i)_{i \in \omega}\}$ si $\mathcal{P} \vdash \alpha(\overline{n},y) \rightarrow y = \ulcorner E_n \urcorner$.

On peut, par induction, à partir de Neg et de Imp qui formalisent négatio et multiplication dans [SM], définir dans $\mathcal{P}$ une formule Conj(x) qui exprime que x est le nombre de Gödel de la conjonction des x premiers énoncés énumérés par α. Soit $CON_\alpha(x)$ la formule qui signifie, dans $\mathcal{P}$, que les x premiers énoncés énumérés par α sont consistants.

• Si e est une énumération récursive des axiomes $(A_i)_{i \in \omega}$ de $\mathcal{P}$, on défi nit epc (pour énumération prouvablement consistante) à partir de e par :

$$\vdash epc(x,y) \leftrightarrow \exists\, z((z \leqslant x \rightarrow CON_e(z) \wedge \forall\, t\,(z < t \leqslant x \rightarrow \neg\, CON_e(t)) \wedge e(z,y)).$$

On vérifie par induction que l'énumération epc vérifie $\mathscr{P} \vdash \forall x\, CON_{epc}(x)$. De plus, $\mathscr{P} \vdash epc(\bar{n},y) \leftrightarrow y = \ulcorner A_n \urcorner$.

• En arithmétisant la preuve de Henkin du théorème de complétude comme suggéré en [SM] pour prouver le théorème de Hilbert-Bernays, on construit une formule VAL telle que $\mathscr{P} \vdash \forall xy(epc(x,y) \rightarrow VAL(y))$ et $\mathscr{P} \vdash VAL(\ulcorner A_n \urcorner)$, pour tout $n \in \omega$.

• Soient $\mathscr{X}_\forall$, $\mathscr{X}_=$, $\mathscr{X}_0$, $\mathscr{X}_S$, $\mathscr{X}_+$ et $\mathscr{X}_\cdot$ le domaine, l'égalité, le zéro, les fonctions successeur, addition et multiplication correspondant à l'interprétation de $\mathscr{M}$ dans $\mathscr{M}$ déterminée par VAL. En prenant dans chaque classe d'équivalence modulo $\mathscr{X}_=$ le plus petit représentant on peut supposer que cette relation est l'égalité Comme $\mathscr{P} \vdash \forall x \;\exists y \;\forall z < x\, (\mathscr{X}_\forall(z) \rightarrow z < y)$ peut être prouvé par induction sur x, alors pour tout $\mathscr{M} \models \mathscr{P}$, $\mathscr{X}_\forall^{\mathscr{M}}$ est (prouvablement) infini. Il existe donc une bijection définissable f entre le domaine de $\mathscr{M}$ et $\mathscr{X}_\forall$ qui permet de remplacer $\mathscr{X}^{\mathscr{M}}$ par $\mathscr{M}$, en transportant $\mathscr{X}_0^{\mathscr{M}}$, $\mathscr{X}_S^{\mathscr{M}}$, $\mathscr{X}_+^{\mathscr{M}}$ et $\mathscr{X}_\cdot^{\mathscr{M}}$ par f sur ⓪, Ⓢ, ⊕ et ⊙. Ce remplacement effectué, l'application g de $\mathscr{M}$ dans $\mathscr{M}$ définie par $g(0_{\mathscr{M}})$ = ⓪ et $g(S_{\mathscr{M}}(x))$ = (S) (g(x)) est une bijection définissable de $\mathscr{M}$ sur un de ses segments initiaux. Si g était surjective, alors comme isomorphisme de $\mathscr{M}$ sur $\mathscr{X}^{\mathscr{M}}$, g permettrait de définir une formule de satisfaction de $\mathscr{M}$, puisque VAL en est une pour $\mathscr{X}^{\mathscr{M}}$, ce qui est impossible.

• Considérons le sous-langage $\mathscr{L}_o = \{\mathscr{X}_\forall, \mathscr{X}_0, \mathscr{X}_A, \mathscr{X}_M\}$ de $\mathscr{L}^*$. Si $\mathscr{L}_o$ était synonyme de $\mathscr{L}^*$, alors on pourrait définir $g(\mathscr{M})$ dans $\mathscr{M}$, c'est-à-dire un segment initial propre qui serait clos par la fonction successeur. Cela est impossible du fait du schéma d'induction de $\mathscr{P}$.

• Par définition, en utilisant g et, par exemple, $\mathscr{X}_{(x)_y}$ le sous-langage $\mathscr{L}_o$ code uniformément les suites finies. CQFD.

Questions pour conclure. -

• Trouver, s'il en existe, un sous-langage $\mathscr{L}_o$ n'ayant pas la propriété de ré-interprétation isomorphe mais récursivement saturant (i.e. montrer que PRI ≠ RecSAT si cela est vrai).

• Trouver un sous-langage *strict* codant uniformément les suites finies avec l'identité pour immersion dans la définition.

• Montrer que $\{<\}$, $\{+\}$, $\{|\}$, $\{.\}$ n'ont pas la propriété de CUSF (ce qui montrera que CUSF $\neq \omega_1$-SAT).

• Classer les sous-langages fortement complets, ou riches et fortement complets (au sens de [J et E]). Sont-ils ω_1-saturants ?

Références. -

[C et K]. C.C.CHANG and H.J.KEISLER - *Model Theory. North-Holland. Pub. Co. Amsterdam 2nd édition (1973).*

[CH]. G.CHERLIN - *Model Theoretic Algebra. Springer L N M 521 (1976).*

[C]. P.CEGIELSKI - *La théorie élémentaire de la multiplication des entiers naturels. (Ce volume).*

[F]. L.FUCHS - *Infinite Abelian groups - Academic Press (N.Y. and London 1970).*

[J et E]. D.JENSEN and A.EHRENFEUCHT - *Some problem(s) in elementary arithmetics. Fundamenta Mathematicae XCII (1976).*

[K et R]. J.P.KELLER et D.RICHARD - *Remarques sur les structures additives des modèles de l'arithmétique. Comptes-Rendus de l'Académie des Sciences. T.287 (17 juillet 1978). Série A-101.*

[M et S]. R.MAC DOWELL und E.SPECKER - *Modelle der Aritmetik. Proc. Symp. Infinistic Methods. Foundations of Mathematics, Warsow (1959).*

[M]. L.M.MANEVITZ - *Internal end extensions of Peano Arithmetic and a problem of Gaifman. J. London Math. Society (2), 13 (1976).*

[P]. J.F.PABION - *Saturated models of Peano Arithmetic (to appear).*

[P et R]. J.F.PABION and D.RICHARD - *Definability of* $\mathcal{L}$(PA) *from* $\{(x)_y\}$ *and* $\{\beta\}$. *Strict sublanguages of* $\mathcal{L}$(PA) *having the re--interpretation property (to appear. An abstract will appear in the J.S.L. reviewing the Karpacz congress (1979)).*

[R1]. D.RICHARD - *On external properties of Non-standard Models of Arithmetic. Publications du Département de Mathématiques. LYON (1977) T.14-4.*

[R2]. D.RICHARD - *Thèse de 3° Cycle. Université Claude-Bernard - LYON I - N°849.*

[S]. E.N.SCHWARTZ - *Existential definability in terms of some quadratic functions. Yeshiva University, Ph. D., (1974).*

[SM]. C.SMORYNSKI - *The incompleteness Theorems in Handbook of Mathematical Logic. North-Holland Pub. Co. Amsterdam (1978).*

Denis RICHARD
Saint-Maurice de Gourdans
01800 - FRANCE

UNIVERSITE Claude-Bernard (LYON I)
U.E.R. de Mathématiques (Bat.101)
43, boulevard du 11 novembre 1918
69622 - VILLEURBANNE - Cedex (France)

APPENDIX. - ENGLISH ABSTRACT OF THE RESULTS.

§ 0 - NOTATIONS. -

Let $\mathscr{P}$ be the Peano arithmetic, whose language $\{0, S, \leqslant, +, .\}$ is denoted by $\mathcal{L}(\mathscr{P})$. Let $\mathcal{T}$ be the theory of positive or negative integers, that we can axiomatically define in $\mathcal{L}(\mathscr{P})$ from $\mathscr{P}$. If $\mathscr{M} \models \mathscr{P}$, there is an unique model $S(\mathscr{M}) \models \mathscr{P}$ whose $\mathscr{M}$ is the set of positive elements. If $\mathcal{L}^*$ is the language that we can obtained by adding to $\mathcal{L}(\mathscr{P})$ all symbol definable in $\mathscr{P}$, then $\mathscr{P}^*$ is the over-theory got from $\mathscr{P}$ by adding sentences defining new symbols. If K is any sublanguage of $\mathcal{L}^*$, $\mathrm{Red}_K \mathscr{M}$ will be the reduct to K of $\mathscr{M} \models \mathscr{P}$. By N, Z, $\mathscr{P}(N)$ we mean the natural integers, the rationals integers, and the standard primes of $\mathscr{M} \models \mathscr{P}$. By Q, J_p, and Z_p $(p \in \mathscr{P}(N))$, we denote the field of rational , the group of the p-adic numbers and their ring. The products ΠJ_p (which is isomorphic to the Z-adic completion $\hat{Z}$ of $< Z,+ >$) or ΠZ_p are supposed to be taken for $p \in \mathcal{P}(N)$. By $Q^{(\alpha)}$, we mean the direct product of α copies of Q. The cardinal of the set X will be $|X|$. Let $< D,* >$ be a regular and unitary semi-group where e is its neutral element. We denote by S(D) the structure $< D\times D, \underline{+}, \equiv >$ that we can define by symetrisation of D. Let $S_a(\mathcal{M})$ and $S_m(\mathcal{M})$ be $S(Red_{\{+\}} \mathcal{M})$ and $S(Red_{\{.\}} \mathcal{M})$ for any $\mathcal{M} \models \mathcal{P}$.

Theorem 1.1. -

For any $\mathcal{M} \models \mathcal{P}$, if $f : S(\mathcal{M}) \rightarrow \prod_{n \geqslant 2} Z/_{nZ}$ is the ring homomorphism $x \rightarrow (\ldots, x+nZ, \ldots)$, where n is standard, then $S_a(\mathcal{M}) = \text{Ker } f \oplus G$ for an additiv subgroup G of Z. Let φ be the group homomorphism from the topoligical group G into ΠJ_p (for their respective Z-adic topologies).

(1) - The group $\varphi(G)$ is pure and dense in ΠJ_p ; one can choose G such that $Z \subset G$;

(2) - For any $g \in G$, $\varphi(g)$ is an unit of ΠZ_p if and only if every divisc of g is non-standard ;

(3) - For any $p \in \mathcal{P}(N)$, the canonical projections of $\varphi(G)$ into J_p are neither $\{0\}$ nor Z ;

(4) - If $\mathcal{M}$ is countable, G is not a direct product of subgroups of the J_p's ;

(5) - For any cardinal $\alpha \geqslant \omega_0$, there is a model of cardinality α such that $\varphi(G)$ is not a direct product of the subgroups of the J_p's.

Theorem 1.2. -

If any ω-sequence $(a_i)_{i \in \omega}$ of a model $\mathcal{M} \models \mathcal{P}$ is an initial segment of a coded sequence in $\mathcal{P}$, then $S_a(\mathcal{M}) \simeq Q^{(c)} \oplus Z$, for $c = |\mathcal{M}|$.

.../...

Theorem 1.3. -

(1) - If $S_a(\mathcal{M}) \simeq Q^{(c)} \oplus Z$, for $c = |\mathcal{M}| \geqslant \omega_1$ then $S_a(\mathcal{M})$ is ω_1-saturated.

(2) - The ω_1-saturation of $\mathcal{M}$ implies, for any $\alpha \geqslant |\mathcal{M}|$, the α-saturation of $S_a(\mathcal{M})$ and $S_m(\mathcal{M})$.

If $\mathcal{L}_o$ is a sublanguage of $\mathcal{L}$, we say that T is α-saturated over $\mathcal{L}_o$ iff for every model $\mathcal{A}$ of T, if the reduct of $\mathcal{A}$ to $\mathcal{L}_o$ is α-saturated, then $\mathcal{A}$ is α-saturated [C et K].

Theorem 2.1. -

(a) - The Peano arithmetic is ω_1-saturated over order and, hence, over addition and multiplication ; $\mathcal{P}$ is ω_1-saturated too over $\{J(x,y)\} \subset \mathcal{L}^*$ for any function which codes the couples ;

(b) - The Peano arithmetic with negative elements (that we denote by $\mathcal{T}$) is ω_1-saturated neither over addition nor multiplication.

Corollary 2.2. -

Any model $\mathcal{M} \models \mathcal{P}$ of cardinality ω_1 is saturated iff its order type is $\omega + (\omega^* + \omega)\,\eta_1$.

Lemma 2.1.1. - (Criterion of ω_1-saturation).

Any model $\mathcal{M} \models \mathcal{P}$ is ω_1-saturated iff any ω-sequence $(a_i)_{i \in \omega}$ of elements belonging to $\mathcal{M}$ is an initial segment of a coded sequence of $\mathcal{M}$.

Theorem 2.3. -

For any model $\mathcal{M} \models \mathcal{P}$, if $\mathrm{Red}_{\{<\}}\mathcal{M}$ is ω_1-saturated, then $\mathrm{Red}_{\{+\}}\mathcal{M}$ is ω_1-saturated too.

Theorem 2.4. -

For any model $\mathcal{M} \models \mathcal{P}$, $\mathrm{Red}_{\{+\}}\mathcal{M}$ and $\mathrm{Red}_{\{.\}}\mathcal{M}$ are recursively saturated.

.../...

Theorem 3.1. -

In $\mathcal{P}^*$, $\mathcal{L}(\dot{\mathcal{P}})$ can be defined in every one of the sublanguages $\{x^y\}$ and $\{\beta(x,y,z)\}$, when $\beta(x,y,z) = \mu r(\exists\, q(x = q(1 + (1+y)z) + r))$. (We will say that such sublanguages are synonymous of $\mathcal{L}^*$ and their set will be dènote by SYN).

Theorem 3.3. -

The following sublanguages of $\mathcal{L}^*$ are strict (one cannot define $\{+\}$ and $\{.\}$ from then in $\mathcal{L}^*$) : $\{(x)_y \neq 0\}$, $\{(x)_y \neq 0,\underline{0}\}$, $\{(x)_y \neq 0,\underline{1}\}$ and $\{J(x,y)\}$, when $J(x,y)$ is any one-to-one but not onto map coding the couples and such that $J(0,0) = 0$, $x < J(x,y)$, $y < J(x,y)$.

Theorem 3.4. -

For any model $\mathcal{M} \models \mathcal{P}$, there is an internal interpretation $< \mathrm{Int}(\mathcal{M}), \oplus, \otimes > \models \mathcal{P}$ which is definable in $\{(x)_y \neq 0\}$ and isomorphic to $\mathcal{M}$ by an isomorphic which is not $((x)_y \neq 0)$-definable. (Such a sublanguage $\mathcal{L}_o$ has the isomorphic re-interpretation property : $\mathcal{L}_o \in$ IRP).

Theorem 3.5. -

Let us say that a sublanguage $\mathcal{L}_o \subset \mathcal{L}^*$ uniformly code the finite sequences ($\mathcal{L}_o \in$ UCFS) if there are a formula $\Phi(u,v,w)$ of $\mathcal{L}_o$, and for any model $\mathcal{M} \models \mathcal{P}$, an elementary embedding h from $\mathcal{M}$ to $\mathcal{M}$, which is definable in $\mathcal{M}$, such that, for any finite sequence $(a_o ,\ldots, a_n) \in \mathcal{M}^n$ $(n \in \omega)$, there is a code $c \in \mathcal{M}$ satisfying the conditions :

1) - $\mathcal{M} \models \forall\, u\, v\ \ \exists\, !\, w\ \Phi(u,v,w)$

2) - $\mathcal{M} \models w = h(a_i) \leftrightarrow \Phi(c,i,w)$, for each $i \in \omega$.

The Peano arithmetic is ω_1-saturated over any sublanguage $\mathcal{L}_o \in$ UCFS.

Theorem 3.6. -

There is a sublanguage $\{\mathrm{VAL}(x)\}$, obtained by arithmetisation of the Henkin's proof of the completeness theorem such that $\{\mathrm{VAL}(x)\} \in$ UCFS and $\{\mathrm{VAL}(x)\} \notin$ PRI.

On discretely ordered rings in which every definable ideal is principal

A. J. Wilkie

Let $L = \{+, \cdot, -, \leq, 0, 1\}$, and T_0 be the axioms, formulated in L, for discretely ordered integral domains. $\mathbb{Z}$, the ordered ring of integers, is the standard model of T_0.

We call a formula, $Ⓗ(S)$, of L with an extra predicate symbol S, $\mathbb{Z}$-categorical if (i) $\mathbb{Z} \models \forall S\, Ⓗ(S)$ and (ii) whenever the L-structure M satisfies $M \models T_0 + \forall S\, Ⓗ(S)$ then $M \cong \mathbb{Z}$. Thus, as is well known, the formula $P(S)$ expressing "if S is a non-empty set of non-negative elements, then S has a least element" is $\mathbb{Z}$-categorical, $T_0 + \forall S P(S)$ being essentially the second order Peano axioms.

Given a $\mathbb{Z}$-categorical formula $Ⓗ(S)$ it seems natural to investigate the corresponding first order scheme $T(Ⓗ) = T_0 + \{\forall \vec{y}\, Ⓗ(\phi(\vec{y},x)) : \phi(\vec{y},x)$ an L-formula$\}$, although this has only been done for $T(P)$, i.e. usual first order Peano arithmetic. In particular we ask the

Question

Does first order Peano arithmetic occupy any special place amongst schemes of the form $T(Ⓗ)$ for $\mathbb{Z}$-categorical $Ⓗ$. Is it the weakest? or the strongest (modulo, say, a true first order sentence)? or are all such schemes logically equivalent (again, modulo a true first order sentence)?

For the remainder of this paper we investigate one particular scheme, namely $T_0 + T(I)$ where $I(S)$ is the formula asserting "if $\{x : S(x)\}$ is a non-zero ideal, then it is principal".

It turns out that $T_0 + \forall S I(S)$ is not quite $\mathbb{Z}$-categorical (theorem 2) because the base theory, T_0, is too weak. However, define

$$\delta(x) \iff (x \geq 0 \wedge \exists y \forall z\ (0 < z \leq x \to z|y))$$

where $z|y$ denotes the formula $\exists t(z \cdot t = y)$, and if $M \models T_o$ let

$$M^\delta = \{\pm a \in M : M \models \delta(a)\}.$$

We show that $\forall x \geq 0\ \ \delta(x) + \forall SI(S)$ is $\mathbb{Z}$-categorical and that the corresponding scheme $T_o + \forall x \geq 0\ \ \delta(x) + T(I)$ is equivalent to Peano Arithmetic. More generally we have

Theorem 1.

Suppose $M \models T_o + T(I)$. Then $M^\delta \models T_o + T(P)$.

Proof.

Since M^δ is clearly a definable convex subset of M it is sufficient to work in M (rather than M^δ) and to show that if U is a definable subset of $M^+ = \{x \in M : x \geq 0\}$, such that $U \cap M^\delta \neq \phi$, then U contains a least element. (This is also enough to show M^δ is closed under $+$ and $\cdot$, so that $M^\delta \models T_o$, since M^δ is clearly closed under $+1$.)

Suppose U has no such least element, and let

$$U_o = \{a \in M : \forall x \in U,\ 0 \leq a \leq x\}.$$

Then U_o is a proper, non-empty, definable initial segment of $M^+ \cap M^\delta$ closed under $+1$. Let

$$U_1 = \{a \in U_o : \forall x \in U_o\ (a+x) \in U_o\}.$$

Then U_1 is a definable initial segment of U_o containing every standard non-negative integer, and it is easy to see that U_1 is closed under $+$.

Let

$$J = \{a \in M : \exists t > 0\ (t \notin U_1 \wedge \forall x(0 < x \le t \rightarrow x|a))\ .$$

Clearly J is a definable ideal of M, and is non-zero since $U_1 \subsetneqq M^+ \cap M^\delta$. Since $M \models T(I)$ J is principal, generated by a_o, say. Clearly $2|a_o$. Let $b_o = \frac{a_o}{2}$. We show that $b_o \in J$ which obviously contradicts the fact that M is discretely ordered, and completes the proof.

Choose $t > 0$, $t \notin U_1$ such that $0 < x \le t \rightarrow x|a_o$. Now if $0 < x \le t \rightarrow 2x|a_o$ then $0 < x \le t \rightarrow x|b_o$ so $b_o \in J$ and we are done. Hence we may suppose that there is some x_o such that $0 < x_o \le t$, $x_o|a_o$ but $2x_o \nmid a_o$ (so, in particular, $t < 2x_o$). Since the ideal (x_o, b_o) is clearly definable, and hence principal, we may find k, α, β such that $h > 0$, $h|x_o$, $k|b_o$ and $h = \alpha x_o + \beta b_o$, whence $2h = 2\alpha x_o + \beta a_o$ so $h|x_o|2h$.

The discrete ordering of M now implies $x_o = h$ or $x_o = 2h$.

If $x_o = h$, $x_o|b_o$ so $2x_o|a_o$ - contradicting the choice of x_o. Hence $x_o = 2h$. Since $0 < x_o \le t < 2x_o$, we have $0 < h \le t < 4h$ so $h \notin U_1$ since U_1 is an initial segment of M closed under addition and $t \notin U_1$.

However, if $0 < x \le h$, then $0 < 2x \le 2h = x_o \le t$, so $2x|a_o$, and hence $x|b_o$, which shows $b_o \in J$. □

Corollary 1.

If $M \models T_0 + \forall SI(S)$, then $M^\delta \cong \mathbb{Z}$.

Proof.

Theorem 1 implies that $M^\delta \models T(P)$. If M^δ were non-standard $\{a \in M : \forall n \in \mathbb{Z}\ n|a\}$ would be a non-zero, non-principal ideal of M.

Corollary 2.

$T(I) + \forall x \geq 0\ \delta(x)$ is equivalent to $T(P)$. The formula $\forall x \geq \delta(x) \wedge I(S)$ is $\mathbb{Z}$-categorical.

Proof.

It is easy to show (by giving a proof) that $T(P) \vdash T(I) + \forall x \geq 0\ \delta(x)$. Conversely, if $M = T(I) + \forall x \geq 0\ \delta(x)$, then $M^{\delta} = M$ so $M \models T(P)$ by theorem 1. That $\forall x \geq \delta(x) \wedge I(S)$ is $\mathbb{Z}$-categorical follows immediately from corollary 1. □

We now show that some extension of the base theory T_o is needed in corollary 2, by constructing a discretely orderable principal ideal domain, M, such that $\mathbb{Z}[x] \subseteq M \subseteq Q[x]$. It follows that $M \models T_o + \forall SI(S)$ (so in particular $M \models T(I)$) but $M \not\models T(P)$, since for example, the M-definable set $\{y \in M : M \models y^2 \geq z\}$ can have no least element in M.

For this construction we require the following

Lemma 1.

Let $\mathbb{Z}^*$ be an ω-saturated elementary extension of $\mathbb{Z}$. Then there is $b \in \mathbb{Z}^* \setminus \mathbb{Z}$ such that $\forall f \in \mathbb{Z}[x]$, $\{n \in \mathbb{Z} : \mathbb{Z}^* \models n | f(b)\}$ is finite.

Proof.

We require the following result, the proof of which can be found in T. Nagell, Introduction to Number Theory, 1964, Chelsea. p 90:

If $f(x) \in \mathbb{Z}[x]$ then $\exists M = M(f)$ such that the congruence $f(x) \equiv 0 \pmod Q$ has at most M incongruent (mod Q) solutions for any prime-power Q.

Let $f_1(x), f_2(x), \ldots$ be an enumeration of $\mathbb{Z}[x]$. For a prime, p, define $h(p) = \max\{n : n + \sum_{i\le n} M(f_i) < p\}$, where $h(p) = 0$ if this set is empty. Further, let $r(p)$ satisfy: $0 \le r(p) < p$ and $f_i(r(p)) \not\equiv 0 \pmod p$ for all i such that $1 \le i \le h(p)$ (and set $r(p) = 0$ if $h(p) = 0$).

This is possible since, by the result above, there are at least $p - \sum_{i\le h(p)} M(f_i)$ numbers x in the interval $0 \le x < p$ which satisfy none of the congruences $f_i(x) \equiv 0 \pmod p$ for $1 \le i \le h(p)$, and $\sum_{i\le h(p)} M(f_i) < p$. Choose positive integers $k(i,p)$, $i \ge 1$, p prime, satisfying $k(1,p) = 1$ and $\dfrac{p^{k(i+1,p)}}{p^{k(i,p)}} > M(f_i)$, and define integers $s(i,p)$ to satisfy $s(1,p) = r(p)$, $s(i+1, p) \equiv s(i,p) \pmod{p^{k(i,p)}}$, and $f_i(s(i+1,p)) \not\equiv 0 \pmod{p^{k(i+1,p)}}$. This is possible, using induction on i, since $|\{x : 0 \le x < p^{k(i+1,p)} \wedge x \equiv s(i,p) \pmod{p^{k(i,p)}}\}|$ $= \dfrac{p^{k(i+1,p)}}{p^{k(i,p)}} > M(f_i)$.

By the Chinese Remainder Theorem, the set $\{x \equiv s(i,p) \pmod{p^{k(i,p)}} : i \ge 1,\ p \text{ prime}\}$ of L-formulas is finitely satisfiable and so realized in $\mathbb{Z}^*$, by b, say.

Suppose $p^t | f_i(b)$, (in $\mathbb{Z}^*$) for some prime power p^t. Since $b \equiv r(p) \pmod p$, $p | f_i(r(p))$ and hence $h(p) < i$. Also $t < k(i+1,p)$, for otherwise $f_i(b) \equiv f_i(s(i+1,p) \not\equiv 0 \pmod{p^{k(i+1,p)}}$ and hence $p^t \nmid f_i(b)$.

Since $h(p) \to \infty$ as $p \to \infty$, it follows that $f_i(b)$ has only finitely many prime power divisors, which clearly gives the required result.

Lemma 2.

For $\mathbb{Z}^*$, b as in lemma 1, the ordered subring $M = \{\frac{f(b)}{n} : f(x) \in \mathbb{Z}[x]$ and $\mathbb{Z}^* \models n | f(b)\}$ of $\mathbb{Z}^*$, is a principal ideal domain.

Proof.

Clearly M is an ordered subring of $\mathbb{Z}^*$. Suppose J is an ideal of M. Let f(x) be of minimal degree such that $f(b) \in J$ and n the largest integer such that $\frac{f(b)}{n} \in J$. We show that $\beta = \frac{f(b)}{n}$ generates J, so suppose $\gamma = \frac{g(b)}{m} \in J$. We must show $\beta|\gamma$ (in M).

Choose $q, r \in Q[x]$ such that $\frac{g(x)}{m} = q(x) \cdot \frac{f(x)}{m} + r(x)$ where $\deg r < \deg f$. Choose $a \in \mathbb{Z}$ such that $aq(x), ar(x) \in \mathbb{Z}[x]$. Then $M = ar(b) = a\gamma - aq(b)\beta = a\gamma - \eta\beta$, where $\eta = g(b) \in M$. Thus $r(b) = 0$ by the choice of f, and $\gamma = \frac{\eta\beta}{a}$. Now we may write $\gamma = \frac{\eta'\beta}{a'}$, where η' ($\in M$) and a' have no common factor in M.

We now use repeatedly the fact that for $k \in \mathbb{Z}$, and $y \in M$ we clearly have $M \models k|y \iff \mathbb{Z}^* \models k|y$. In particular, η' and a' have no common factor in $\mathbb{Z}^*$ and hence $a'|\beta$, say $\beta = a'\beta'$. Further $\exists \eta'' \in M$ and $k \in \mathbb{Z}$ such that $\eta' = a'\eta'' + k$ and necessarily $(a', k) = 1$. Choose $s, t \in \mathbb{Z}$ such that $sa' + tk = 1$. Then

$$\begin{aligned}\beta' = sa'\beta' + tk\beta' = s\beta + tk\beta' &\equiv tk\beta' \pmod J \text{ (since } \beta \in J)\\ &= t(\eta' - a'\eta'')\beta'\\ &= t\eta'\beta' - t\eta''\beta\\ &\equiv t\eta'\beta' \pmod J \text{ (since } \beta \in J).\end{aligned}$$

But $\eta'\beta' = \frac{\eta'\beta}{a'} = \gamma \in J$. Therefore $\beta' \in J$, i.e. $\frac{\beta}{a'} = \frac{f(b)}{na'} \in J$. By the choice of n, $a' = \pm 1$, so $\gamma = \pm\eta'\beta$ and hence $\beta|\gamma$ (in M) as required. □

Theorem 2.

T(I) is strictly weaker than T(P) (in the presence of T_o, by definition).

Proof.

Clearly the M of lemma 2 is discretely orderable and satisfies $\mathbb{Z}[x] \subseteq M \subseteq Q[x]$ (as a ring) up to isomorphism, so the theorem follows from previous remarks. □

AN OBSERVATION CONCERNING THE RELATIONSHIP BETWEEN FINITE AND INFINITARY Σ^1_1-SENTENCES

by

George WILMERS

Let L be a language of finite type, and let T be an L-theory with no finite models.

$L_{\omega_1^c}$ denotes the infinitary language L_A based on L, where A is the smallest admissible set such that $\omega \in A$.

A <u>$\Sigma(L)$-sentence</u> is a sentence of the form $\exists X_1 \ldots X_n \phi$ where $X_1 \ldots X_n$ are new predicate symbols and ϕ is a sentence of $L \cup \{X_1 \ldots X_n\}$.

A <u>$\Sigma(L_{\omega_1^c})$-sentence</u> is a sentence of the form $\exists X_1 \ldots X_n \phi$ where $\phi \in \mathrm{Sent}(L^*_{\omega_1^c})$ and $L^* = L \cup \{X_1 \ldots X_n\}$.

A $\Sigma(L)$-sentence Ψ is <u>conservative over T</u> if every L-consequence of $T \cup \{\Psi\}$ is a consequence of T.

If M is a model of ZF-set theory, possibly non-standard, $A \in |M|$ and $M \models [A$ is an L-structure], then we denote by A^* the real structure corresponding to A. In order to simplify our exposition we shall assume a metatheory in which there are arbitrarily large ordinals α s.t. $R(\alpha)$ is a natural model for ZF. It is easily seen however that this assumption is irrelevant for our main result.

<u>Definition 0</u>.- ΣE denotes the $\Sigma(L)$-sentence asserting $\exists M \exists A \exists H[M$ is an ω-non-standard model of ZF and $A \in |M|$ and H is

an isomorphism from the universe onto A^*] .

Thus ΣE asserts that the structure can be embedded as an "element" of an ω-non-standard model of ZF.

Then as observed by the author [75],[76] and independently by Schlipf [ ], for countable infinite L-structure A

$$A \models \Sigma E \Longleftrightarrow A \text{ is resplendent}$$

[Following Barwise and Schlipf's terminology A is resplendent if for any $\vec{a} \in |A|$ any $\Sigma(L \cup \{\vec{a}\})$-sentence consistent with $Th(A,\vec{a})$ is true in $(A,\vec{a})$].

Lachlan [76] has shown that in general the notion of resplendency cannot be expressed by a $\Sigma(L)$-sentence ; this implies in particular that the above equivalence does not hold for uncountable A.

We denote by $\models_\omega$ the relation of logical consequence w.r.t. all countable structures.

Theorem 1.- Let ϕ be a $\Sigma(L_{\omega_1^c})$-sentence such that for some $\Sigma(L)$-sentence Ψ , conservative over T, T $\models_\omega \Psi \rightarrow \phi$. Then there is some $\Sigma(L)$-sentence ϕ' such that T $\models_\omega \phi' \longleftrightarrow \phi$.

Proof.- Let ϕ' be the $\Sigma(L)$-sentence asserting : $\exists M \exists A \exists H$ [M is a model of ZF and $A \in |M|$ and $M \models$ [A satisfies ϕ] and H is an isomorphism from the universe onto A^*].

Clearly, by reflection, $\models \phi \rightarrow \phi'$.

Now suppose b is a countable model of T $\cup \{\phi'\}$. Then for some $M \models$ ZF there is an $A \in |M|$ such that $b \cong A^*$ and $M \models$ [A satisfies ϕ] There are two cases:

Case (i) : M is ω-standard. In this case since the satisfaction relation for $\Sigma(L_{\omega_1^c})$-sentences is easily seen to be outward reflecting for ω-standard models, (since $L_{\omega_1^c}$ is included in the standard part of M) it follows that $A^* \models \phi$, so $b \models \phi$.

Case (ii) : M is ω-non-standard. In this case, $A^* \models \Sigma E$, so by the above-mentioned result A^* is resplendent, so $A^* \models \Psi$ since Ψ is conservative over T and hence is certainly consistent with $Th(A^*)$. Thus $b \models \Psi$ whence $b \models \phi$ by hypothesis of theorem.

This concludes the proof.

The same proof as that of Theorem 1 shows that for L-structures of arbitrary cardinality we have the weaker result :

Theorem 2.- Let ϕ be a $\Sigma(L_{\omega_1^c})$-sentence such that $T \models \Sigma E \rightarrow \phi$. Then, there is some $\Sigma(L)$-sentence ϕ' such that $T \models \phi' \leftrightarrow \phi$.

Expressing these results algebraically we can say that in the Lindenbaum lattice of equivalence classes of $\Sigma(L_{\omega_1^c})$-sentence under T-equivalence, the principal filter generated by ΣE contains only members which are equivalence classes of $\Sigma(L)$-sentences. If we consider instead T-equivalence with respect to just countable structures, then ΣE generates a principal filter which consists of exactly those $\Sigma(L)$-properties which are conservative over T.

Our observation is useful as a technical device for showing that certain model theoretic properties are $\Sigma(L)$: e.g. the following follows immediatly from Theorem 2 :

Corollary 3.- The property of recursive saturation (for infinite L-structures) can be expressed by a $\Sigma(L)$-sentence.

Proof.- The obvious definition of recursive saturation is an $L_{\omega_1^c}$-sentence ϕ. But, as is well-known $\models \Sigma E \rightarrow \phi$. (cf. Wilmers [75] or Schlipf [ ] for proof). So result follows.

REFERENCES

A. LACHLAN [76] : On "Universal" Σ_1^1-sentences (unpublished).

J.S. SCHLIPF : A Guide to the Identification of Admissible Sets above Structures.

G.M. WILMERS [75] : Non-standard models and their Application to Model Theory Ph. D. Thesis, Oxford 1975.

G.M. WILMERS [76] : Lecture Notes (mimeographed). Wrocław 1976.